地基基础工程学习指导

卓 玲 编著

中国建材工业出版社

图书在版编目(CIP)数据

地基基础工程学习指导 / 卓玲编著 .— 北京 ：中国建材工业出版社，2014.11

ISBN 978-7—5160-1026-6

Ⅰ. ①地… Ⅱ. ①卓… Ⅲ. ①地基-基础（工程）-高等学校-教学参考资料 Ⅳ. ①TU47

中国版本图书馆 CIP 数据核字（2014）第 266400 号

内 容 简 介

本书是《地基基础工程》的配套学习辅助用书。全书共九章，每章由学习指导、考核要点、典型题解、习题及习题解答五部分组成，学习指导和考核要点是对各章的知识点进行归纳和提炼，帮助读者梳理清楚各章脉络，以便读者抓住各章的重点；典型题解是对典型习题做详细的分析和提纲挈领的点评；习题及习题解答包括本章知识点的填空题、单项选择题、多项选择题、判断题、简答题和计算题等六种题型和解答，方便读者理解和掌握地基基础工程的基本知识，提高知识运用能力。

该书编写脉络清晰，具有较强的针对性和实用性，可作为土木工程及其相关专业的教学用书和参考书，也可供广大土建类工程技术人员参加国家相关职业资格考试等参考阅读使用。

地基基础工程学习指导

卓　玲　编著

出版发行：中国建材工业出版社

地　　址：北京市海淀区三里河路 1 号

邮　　编：100044

经　　销：全国各地新华书店

印　　刷：北京鑫正大印刷有限公司

开　　本：787mm×1092mm　1/16

印　　张：16

字　　数：396 千字

版　　次：2014 年 11 月第 1 版

印　　次：2014 年 11 月第 1 次

定　　价：41.80 元

本社网址：www.jccbs.com.cn　　微信公众号：zgjcgycbs

本书如出现印装质量问题，由我社市场营销部负责调换。联系电话：(010) 88386906

前　言

目前，随着世界科学技术的发展和高层建筑的兴建，地基基础技术尤显重要。无论是进行建筑工程设计还是进行建筑工程施工或管理，均必须熟悉、掌握地基基础工程及其施工技术应用，为此，编著者依据国家已颁布的现行标准和规范，结合近几年土木工程中的“四新”技术及在工程中的实际应用，编写了《地基基础工程》及配套学习的辅导书《地基基础工程学习指导》。本书是《地基基础工程》的配套学习辅助用书，全书共九章，每章由学习指导、考核要点、典型题解、习题及习题解答五部分组成，学习指导和考核要点是对各章的知识点进行归纳和提炼，帮助读者梳理清楚各章脉络，以便读者抓住各章的重点；典型题解是对典型习题做详细的分析和提纲挈领的点评；习题及习题解答包括本章知识点的填空题、单项选择题、多项选择题、判断题、简答题和计算题等六种题型和解答，方便读者理解和掌握地基基础工程的基本知识，提高知识运用能力。

本书可作为土木工程及其相关专业的教学用书和参考书，也可供广大土建类工程技术人员参加国家相关职业资格考试等参考阅读使用。

本书由黎明职业大学卓玲撰写。在撰写过程中，承蒙黎明职业大学陈宝播、王玫、张璐、刘丽玲、庄占龙、张玉华、蔡耀东、蔡永晖、王广利、蔡益兴、李晓耕和泉州理工学院吴铭辉等同志的大力帮助，在此深表感谢！

由于笔者水平有限，书中不妥与疏漏之处在所难免，恳请读者批评指正。

卓　玲

2014 年 10 月

中国建材工业出版社
China Building Materials Press

目　　录

第1章　绪　　论

本章学习要求

通过本章的学习，了解和掌握地基与基础的概念、地基与基础的设计要求；了解地基与基础的重要性；熟悉本课程的特点和学习要求。

1.1　学习指导

地基与基础工程具有较强的实践性和理论性，随着建筑行业的迅速发展，基础型式的创新、地下空间的发展，以及新技术、新设计方法的不断涌现等，使该学科不断面临新的问题。

1.1.1　地基、基础的基本概念

1. 地基的概念

任何建筑物都是建造在一定的土层或岩层上的。通常把直接承受上部建筑物荷载作用且应力发生变化的那部分地层称为地基。

地基是有一定深度和范围的，当地基由两层或两层以上土层组成时，通常将直接与基础底面接触的土层称为持力层；在地基范围内持力层以下的土层称为下卧层；当下卧层的承载力低于持力层的承载力时，称为软弱下卧层。

良好的地基应该具有较高的承载力和较低的压缩性。未经过人工加固处理而直接利用天然土层作为地基就可以满足设计要求的，称为天然地基；如果地基土质软弱，工程地质较差，需对地基进行人工加固处理后才能作为建筑物地基的，称为人工地基。

2. 基础的概念

建筑物的下部通常要埋入地面下一定深度，使之坐落在较好的土层上。我们将地面以上的结构称为建筑物的上部结构；地面以下的结构称为建筑物的下部结构，也称建筑物的基础，它位于建筑物上部结构与地基之间，承受着上部结构传来的荷载，并将上部荷载传递给地基。因此，基础起着上承和下传的作用。

基础都有一定的埋置深度（简称埋深），根据基础埋深的不同，可分为浅基础和深基础。一般地，若地基土质较好，基础埋深不大（$d \leqslant 5$m），只需要经过挖槽、排水，采用一般方法与施工机械施工的基础，称为浅基础；若上部结构荷载较大或浅层土质软弱，需将基础埋置于较深处（$d > 5$m）的较好土层上，并需采用特殊的施工方法及施工机械施工的基础，称为深基础。

1.1.2　地基基础设计的基本要求

为了保证建筑物的安全和正常使用，地基与基础设计应满足以下基本要求：

（1）地基承载力要求：即要求作用于地基上的荷载不超过地基承载力，以保证在荷载作

用下地基不发生剪切破坏或失稳。

（2）地基变形要求：控制基础沉降使之不超过地基变形的允许值，保证建筑正常使用。

（3）基础结构本身应具有足够的强度、刚度和稳定性，以保证建筑物安全正常地使用，并具有良好的耐久性。

1.1.3 地基与基础的重要性

地基与基础统称为基础工程，是建筑物的根本，其勘察、设计和施工质量的优劣将直接影响建筑的安危、经济和正常使用。基础工程施工是在地下或水下进行，属于隐蔽工程，具有施工难度大、工期长、质量不易保证的特点，一旦出现质量问题或质量事故，补救和处理十分困难，甚至往往不能奏效。此外，基础工程造价在整个工程造价中所占比例较大，一般多层建筑基础工程造价占建筑总造价的25％～30％，高层建筑可占到30％～40％，相应的施工工期约占建筑总工期的20％～25％。

1.1.4 本课程的特点及学习要求

（1）涉及面广；（2）综合性强；（3）较强的理论性和实践性；（4）知识更新周期短。

对于本课程的学习要求是：掌握土的基本物理性质和力学特性；掌握一般土工建筑物设计中有关计算理论和方法，分析和解决地基基础的工程问题。在学习过程中注意与其他学科的联系，理论联系实际，注重提高分析问题和解决问题的能力。

1.2 考核要点

1. 地基、基础的概念

考核要点：天然地基、人工地基、浅基础、深基础的基本概念。

2. 地基基础设计的基本要求

考核要点：地基承载力要求和变形要求；基础本身的强度和刚度要求。

1.3 习　　题

1.3.1 名词解释

1-1 地基　　**1-2** 天然地基　　**1-3** 人工地基

1-4 基础　　**1-5** 基础埋置深度　　**1-6** 浅基础

1-7 深基础　　**1-8** 持力层　　**1-9** 下卧层

1.3.2 简答题

2-1 地基和基础的各自作用是什么？

2-2 简述地基与基础设计的基本要求。

1.4　习题解答

1.4.1　名词解释解答

1-1 【答】 受上部建筑物荷载影响且应力发生变化的那部分地层称为地基。

1-2 【答】 未经过人工加固处理而直接利用天然土层作为地基就可以满足设计要求的，称为天然地基。

1-3 【答】 如果地基土质软弱，工程地质较差，需对地基进行人工加固处理后才能作为建筑物地基的，称为人工地基。

1-4 【答】 埋入地面以下一定深度、承受着上部结构传来的荷载，并将上部荷载传递给地基的建筑物的下部结构，称为基础。

1-5 【答】 天然地面至基础底面的距离称为基础埋置深度，简称基础埋深。

1-6 【答】 若地基土质较好，基础埋深不大（$d \leqslant 5\text{m}$），只需要经过挖槽、排水，采用一般方法与施工机械施工的基础，称为浅基础。

1-7 【答】 若上部结构荷载较大或浅层土质软弱，需将基础埋置于较深处（$d > 5\text{m}$）的较好土层上，并需采用特殊的施工方法及施工机械施工的基础，称为深基础。

1-8 【答】 当地基由两层或两层以上土层组成时，通常将直接与基础底面接触的土层称为持力层。

1-9 【答】 在地基范围内持力层以下的土层称为下卧层。

1.4.2　简答题解答

2-1 【答】 基础位于建筑物上部结构与地基之间，承受着上部结构传来的荷载，并将上部荷载传递给地基，起着上承和下传的作用；而地基直接承受上部建筑物荷载作用。

2-2 【答】 为了保证建筑物的安全和正常使用，地基与基础设计应满足以下基本要求：

① 地基承载力要求：即要求作用于地基上的荷载不超过地基承载力，以保证在荷载作用下地基不发生剪切破坏或失稳。

② 地基变形要求：控制基础沉降使之不超过地基变形的允许值，保证建筑正常使用。

③ 基础结构本身应具有足够的强度、刚度和稳定性，以保证建筑物安全正常地使用，并具有良好的耐久性。

第 2 章　地基土的物理性质及工程分类

本章学习要求

通过本章的学习，了解地基土的组成、地基土的结构和构造；掌握地基土颗粒级配的分析方法；熟练掌握地基土的物理性质指标的定义、试验方法及其计算；了解表征地基土的状态指标，掌握如何利用这些指标对土体的状态做出判断；能对土体进行分类、定名。

2.1　学习指导

2.1.1　土的组成及其结构与构造

在天然状态下，土是由构成骨架的固体颗粒（固相）、存在于孔隙中的水（液相）和气体（气相）三部分所组成的三相体系。土体三相组成部分本身的性质、相对含量和相互作用影响着土的物理力学性质。

1. 土的组成

(1) 土的固体颗粒

土的固体颗粒的大小、形状、矿物成分等是决定土体物理性质的重要因素。

当土粒粒径由粗变细，土的性质也相应变化。一般将土中各种不同粒径的土粒，按适当范围分成若干粒组，划分粒组的分界尺寸称为界限粒径。根据界限粒径 200mm、60mm、2mm、0.075mm 和 0.005mm 把土粒分为六大粒组：漂石（块石）、卵石（碎石）、圆砾（角砾）、砂粒、粉粒和黏粒。

① 土的颗粒级配

天然土体中包含有大小不同的土粒，工程上常用土中各个粒组相对含量（即各粒组占土粒总量的百分数）来表示土粒的大小及组成情况，称为土的颗粒级配。

土的颗粒级配通过颗粒分析试验来测定，实验室常用筛分法和比重计法（或移液管法）。粒径大于 0.075mm 的粗粒土适用于筛分法测定；粒径小于 0.075mm 的细粒土适用于比重计法测定。

根据土的颗粒分析试验结果，可绘制土的颗粒级配曲线。根据颗粒级配曲线的坡度和曲率可判断土样的级配状况。如所绘制的级配曲线平缓，表示土粒粒径相差悬殊，土粒粒径不均匀，即级配良好；反之，如曲线较陡，则表示土粒粒径相差不大，土粒粒径较均匀，即级配不良。

为了定量分析土粒的不均匀程度，工程上常用土粒的不均匀系数 C_u 来描述颗粒级配的不均匀程度，即

$$C_u = \frac{d_{60}}{d_{10}} \tag{2.1}$$

式中　d_{60}——小于某粒径土的质量占土总质量的 60%时的粒径，也称限定粒径；

d_{10}——小于某粒径土的质量占土总质量的 10%时的粒径，也称有效粒径。

C_u值越大，颗粒级配曲线越平缓，表示土粒越不均匀；反之，C_u值越小，颗粒级配曲线越陡，土粒越均匀。工程上把 $C_u<5$ 的土视为级配不良，$C_u>10$ 的土视为级配良好。但有时只用 C_u值还不能完全确定土的级配情况，而需要同时考虑级配曲线的整体形状。级配曲线的形状、曲线是否连续，可用曲率系数 C_c来描述：

$$C_c=\frac{d_{30}^2}{d_{60}\times d_{10}} \tag{2.2}$$

式中　d_{30}——小于某粒径土的质量占土总质量的 30%时的粒径。

根据我国《土的工程分类标准》（GB/T 50145—2007），砾石土或砂土同时满足 $C_u\geqslant5$ 和 $C_c=1\sim3$ 两个条件时，为级配良好的砾石土或砂土；如不能同时满足，则可以判定为级配不良。

② 土粒的矿物成分

土粒的矿物成分可分为原生矿物和次生矿物，其主要取决于母岩的成分及风化作用。

原生矿物由岩石经过物理风化形成，其矿物成分与母岩相同，常见的如石英、长石和云母等。一般较粗颗粒的砾石、砂等主要是由原生矿物组成，土体的性质稳定，具有无黏性、透水性较大、压缩性较低的工程特性。

次生矿物是岩石经化学风化后所形成的新的矿物，其矿物成分与母岩不同，常见的如黏土矿物、铝铁氧化物及氢氧化合物等。土中含黏土矿物越多，土的黏性、塑性和胀缩性也越大。

（2）土中水

土中水即为土的液相，其含量对细粒土的性质影响较大，主要是使其产生黏性、塑性及胀缩性等一系列变化。土中水除一部分以结晶水的形式吸附于固体颗粒的晶格内部外，还存在结合水和自由水两大类。

① 结合水

结合水是指由电分子引力吸附于土粒表面成薄膜状的水。根据受电场作用力的大小及离颗粒表面的远近，结合水又可以分为强结合水和弱结合水两类。

强结合水：又称吸着水，指受土粒表面强大吸引力作用而吸附于土粒表面的结合水。

弱结合水：又称薄膜水，指强结合水以外、电场作用范围以内的结合水。

随着与土粒表面距离的增大，吸附力减小，弱结合水逐渐过渡为自由水。

② 自由水

自由水是存在于土粒表面电场影响范围以外的水。它的性质和普通水一样，能传递静水压力，冰点为 0℃，有溶解能力。自由水又可分为重力水和毛细水两类。

重力水：指地下水位以下的透水土层中的自由水，对于土粒和结构物水下部分产生浮力。在重力和压力差作用下能在土的孔隙中流动。重力水对土层中的应力状态和开挖基槽、基坑以及修筑地下构筑物时所应采取的排水、防水措施有重要的影响。

毛细水：指位于潜水位以上的透水土层中的自由水，受水与气交界面处的表面张力作用。它的上升高度与土的性质有关。

（3）土中气

土中气体存在于土孔隙中未被水占据的部位。在粗粒的沉积物中常见与大气相连通的自由气体，在土层受到外部压力后，土体压缩时气体逸出，对土的力学性质影响不大。在细粒土中则存在与大气隔绝的封闭气泡，当土层受到外部荷载作用时，封闭气泡被压缩。土中的封闭气泡较多时，土的压缩性提高，渗透性减小。

2. 土的结构

土的结构是指土颗粒之间的空间排列和相互联结的形式，与组成土的颗粒大小、颗粒形状、所含矿物成分和沉积条件有关。一般可分为单粒结构、蜂窝结构和絮状结构三种基本类型。

单粒结构为砂土和碎石土的基本组成形式，特点是土粒间存在点和点的接触。根据其形成条件不同，分为疏松状态和密实状态。疏松状态的单粒结构稳定性差，而密实的单粒结构则较稳定，力学性能好，是良好的天然地基。

蜂窝结构是粉粒为主的土所具有的结构形式，其特点是孔隙较大。

絮状结构又称絮凝结构，是黏性土的主要结构形式。

蜂窝结构和絮状结构的土中存在大量孔隙，土质松软，含水量高，压缩性大，结构破坏后强度降低较大，工程性质极差，不可用作天然地基。

3. 土的构造

土的构造是指土体中各结构单元之间的关系。一般分为层状构造、分散构造和裂隙构造。

2.1.2 土的物理性质指标

土是由固相、液相和气相所组成。土的各组成部分的比例关系反映土的物理状态，如土的干湿、软硬、松密等。表示土的三相组成之间比例关系的指标，称为土的三相比例指标，它们对评价土的物理、力学性质有重要意义。

1. 土的三相简图

为便于说明三相比例指标的基本定义和它们之间的换算关系，常将土体中的三相抽象地分开表示，画出如图 2-1 所示的三相简图。

2. 土的三相指标定义

(1) 基本指标

将土中可直接通过土工试验测定的物理性质指标，称为基本指标，也称直接测定指标。

① 土的天然重度 γ——常用环刀法测定

天然状态下，单位体积土的重力，称为土的重度，单位为 kN/m^3，即

$$\gamma = \frac{mg}{V} \tag{2.3}$$

式中 g——重力加速度，取 $g=9.8m/s^2$，实用计算时取 $g=10m/s^2$。

② 土的天然含水量 w——常用烘干法测定

天然状态下，土中水的质量与土粒质量比值的百分率，称为土的天然含水量，也称含水率。

$$w = \frac{m_w}{m_s} \times 100\% \tag{2.4}$$

土的天然含水量与土的种类、埋藏条件及所处的地理环境有关，其变化范围较大。

③ 土粒的相对密度（土粒比重）d_s——常用比重瓶法测定

土粒质量与同体积4℃时水的质量之比，称为土粒的相对密度，其是无量纲数值。

$$d_s = \frac{m_s}{V_s \rho_w} = \frac{\rho_s}{\rho_w} \tag{2.5}$$

土粒的相对密度与土中有机质含量有关。土中有机质含量增加，土粒的相对密度减小。

（2）导出指标

通过土工试验测定出基本指标后，可导出其余物理性质指标。

① 土的孔隙比 e 和孔隙率 n

土中孔隙体积与土粒体积的比值，称为孔隙比。

$$e = \frac{V_v}{V_s} \tag{2.6}$$

孔隙比是反映土体密实程度的一个重要物理性质指标。一般 $e<0.6$ 的砂土为密实状态，属良好的地基；$1.0<e<1.5$ 的黏性土为淤泥质土，属软弱地基。

土中孔隙体积与土的总体积之比，称为孔隙率，用百分数表示。

$$n = \frac{V_v}{V} \times 100\% \tag{2.7}$$

孔隙率也可反映土的密实程度，并随土形成过程中所受的压力、粒径级配和颗粒排列的状况而发生变化。

② 土的饱和度 S_r

土中被水充填的孔隙体积与孔隙总体积之比，称为饱和度，用百分数表示。

$$S_r = \frac{V_w}{V_v} \times 100\% \tag{2.8}$$

饱和度是用于描述土中孔隙被水所充满的程度，即反映土的潮湿程度。对干土，$S_r=0$，土体完全饱和时，$S_r=1$。砂土和粉土根据饱和度可划分为以下三种湿度状态：

$S_r \leqslant 50\%$　　稍湿

$50\% < S_r \leqslant 80\%$　　很湿

$S_r > 80\%$　　饱和

（3）不同状态下土的重度

① 土的干重度 γ_d

单位体积中土粒的重力称为干重度，单位为 kN/m^3。

$$\gamma_d = \frac{m_s g}{V} \tag{2.9}$$

干重度也反映了土的密实程度，工程上常用来检查填方过程中土体的压实质量。一般 γ_d 越大，土体越密实，压实质量越好。其参考值范围：13～18kN/m^3。

② 土的饱和重度 γ_{sat}

土中孔隙完全被水所充满时的单位体积土的重力，称为饱和重度，单位为 kN/m^3。

$$\gamma_{sat} = \frac{m_s g + V_v \gamma_w}{V} \tag{2.10}$$

一般土的饱和重度的参考值范围：18～23kN/m^3。

③ 土的有效重度（浮重度）γ'

在地下水位以下，单位体积土中土颗粒所受的重力扣除浮力后的重度，称为有效重度，单位为 kN/m^3。

$$\gamma' = \frac{m_s g - V_s \gamma_w}{V} \tag{2.11}$$

一般土的有效重度的参考值范围：$8 \sim 13 kN/m^3$。

3. 三相指标间的换算

在土的三相比例指标中，只要通过试验直接测定出土的天然重度 γ、土粒的相对密度 d_s 和土的含水量 w，就可以利用三相简图推算出其余各项指标（表 2-1）。因为各指标之间是相对比例关系，故推算时可令 $V_s=1$ 或 $V=1$。

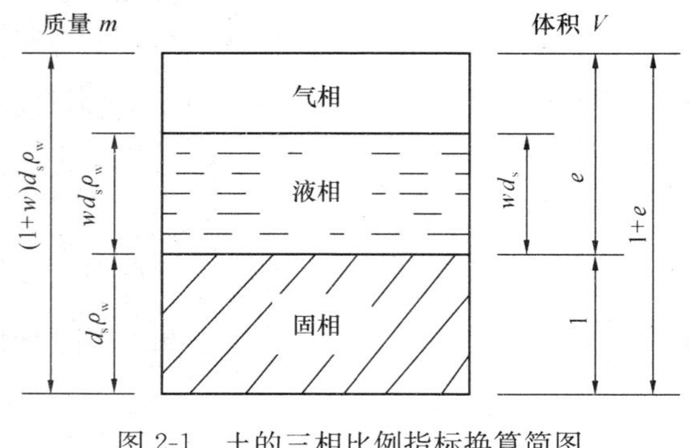

图 2-1　土的三相比例指标换算简图

若设 $V_s=1$，则 $V=1+e$。

$$m_s = d_s \rho_w V_s = d_s \rho_w$$

$$m_w = w m_s = w d_s \rho_w$$

$$m = m_s + m_w = d_s \rho_w (1+w)$$

根据图 2-1，可由各指标的定义得到下列换算公式：

$$e = \frac{V_v}{V_s} = \frac{V - V_s}{V_s} = \frac{m}{\rho} - 1 = \frac{(1+w) d_s \rho_w}{\rho} - 1$$

$$\gamma' = \frac{m_s g - V_s \gamma_w}{V} = \frac{(d_s - 1)\gamma_w}{1+e}$$

$$n = \frac{V_v}{V} = \frac{e}{1+e}$$

$$S_r = \frac{V_w}{V_v} = \frac{w d_s}{e}$$

表 2-1　常用三相比例指标之间的换算公式

指标名称	三相指标定义式	常用换算公式	单　位	常见的数值范围	备　注
天然重度 γ	$\gamma = \frac{mg}{V}$	$\gamma = \frac{(1+w) d_s \gamma_w}{1+e}$ $\gamma = \frac{d_s + S_r e}{1+e}\gamma_w$	kN/m^3	$18 \sim 20 kN/m^3$	试验测定 （一般用环刀法）
含水量 w	$w = \frac{m_w}{m_s} \times 100\%$	$w = \frac{S_r e}{d_s} \times 100\%$		砂土 0～40% 黏性土 20%～60%	试验测定 （一般用烘干法）
相对密度 d_s	$d_s = \frac{m_s}{V_s \rho_w}$	$d_s = \frac{S_r e}{w}$		黏性土 2.7～2.75 砂土 2.65～2.69	试验测定 （一般用比重瓶法）
孔隙比 e	$e = \frac{V_v}{V_s}$	$e = \frac{d_s \gamma_w}{\gamma_d} - 1$ $e = \frac{d_s (1+w)\gamma_w}{\gamma} - 1$		黏性土 0.5～1.2 砂土 0.5～1.0	导出指标
孔隙率 n	$n = \frac{V_v}{V} \times 100\%$	$n = \frac{e}{1+e}$　$n = 1 - \frac{\gamma_d}{d_s \gamma_w}$		黏性土 30%～60% 砂土 25%～45%	导出指标
饱和度 S_r	$S_r = \frac{V_w}{V_v} \times 100\%$	$S_r = \frac{w d_s}{e}$　$S_r = \frac{w \gamma_d}{n \gamma_w}$		0～1.0	导出指标

续表

指标名称	三相指标定义式	常用换算公式	单　位	常见的数值范围	备　注
干重度	$\gamma_d=\frac{m_s g}{V}$	$\gamma_d=\frac{d_s}{1+e}\gamma_w$	kN/m^3	$13\sim18kN/m^3$	计算求得
饱和重度	$\gamma_{sat}=\frac{m_s g+V_v\gamma_w}{V}$	$\gamma_{sat}=\frac{d_s+e}{1+e}\gamma_w$	kN/m^3	$18\sim23kN/m^3$	计算求得
有效重度	$\gamma'=\frac{m_s g-V_s\gamma_w}{V}$	$\gamma'=\frac{d_s-1}{1+e}\gamma_w$	kN/m^3	$8\sim13kN/m^3$	计算求得

2.1.3　土的物理状态指标

土的物理状态，对于无黏性土是指土的密实程度，对于黏性土则指土的软硬程度。

1. 无黏性土的密实度

无黏性土一般指碎石土和砂土，其土粒间无黏结力，为单粒结构，其工程性质与土的密实程度有密切关系。呈密实状态的无黏性土，由于压缩性小，强度较大，可作为建筑的良好地基；反之，处于疏松状态时，则是不良地基。

（1）砂土的密实度

描述砂土密实状态的指标有：

① 以孔隙比 e 为判别指标，见表 2-2。

表 2-2　按孔隙比 e 评定砂土的密实度

砂土名称	密　实　度		
	密实的	中密的	松散的
砾砂、粗砂、中砂	$e<0.55$	$0.55\leqslant e\leqslant0.65$	$e>0.65$
细　砂	$e<0.60$	$0.60\leqslant e\leqslant0.70$	$e>0.70$
粉　砂	$e<0.60$	$0.60\leqslant e\leqslant0.80$	$e>0.80$

② 以相对密实度 D_r 为判别指标，见表 2-3。

$$D_r=\frac{e_{max}-e}{e_{max}-e_{min}} \tag{2.12}$$

式中　e——砂土在天然状态下的孔隙比；

e_{max}——砂土在最松散状态下的孔隙比，即最大孔隙比；

e_{min}——砂土在最密实状态下的孔隙比，即最小孔隙比。

当 $D_r=0$ 时，$e=e_{max}$，土体处于最疏松状态；当 $D_r=1$ 时，$e=e_{min}$，土体处于最密实状态。

表 2-3　按相对密实度 D_r 评定砂土的密实度

密　实　度	密实的	中密的	松散的
相对密实度 D_r	$1\geqslant D_r>0.67$	$0.67\geqslant D_r>0.33$	$0.33\geqslant D_r>0$

③ 以标准贯入锤击数 N 为标准，见表 2-4。

表 2-4 按标准贯入锤击数评定砂土和碎石土密实度

密 实 度	松 散	稍 密	中 密	密 实
按 N 评定砂土的密实度	$N \leqslant 10$	$10 < N \leqslant 15$	$15 < N \leqslant 30$	$N > 30$
按 $N_{63.5}$ 评定碎石土的密实度	$N_{63.5} \leqslant 5$	$5 < N_{63.5} \leqslant 10$	$10 < N_{63.5} \leqslant 20$	$N_{63.5} > 20$

由于砂土的矿物成分、颗粒级配等各种因素对其密实度有影响，并且在具体的工程中难以取得砂土原状土样，因此，在工程实际中广泛采用标准贯入试验、静力触探等原位测试方法来评价砂土的密实度。《建筑地基基础设计规范》（GB 50007—2011）中将砂土根据标准贯入试验的锤击数 N 分为松散、稍密、中密及密实四种密实度。

（2）碎石土的密实度

碎石土的颗粒较粗，试验时不易取得原状土样，《建筑地基基础设计规范》（GB 50007—2011）根据重型圆锥动力触探锤击数 $N_{63.5}$ 将碎石土的密实度划分为松散、稍密、中密和密实四种状态，见表 2-4。也可根据野外鉴别方法确定其密实度。

2. 黏性土的稠度

黏性土颗粒较细，其所含黏土矿物成分较多，土中所含水量对其性质影响较大。黏性土由某一种状态过渡到另一种状态的分界含水量称为土的界限含水量，包括液限 w_L、塑限 w_P 和缩限 w_s。

（1）黏性土的液限 w_L 和塑限 w_P

土体由可塑状态转变到流动状态的界限含水量称为液限（w_L）；土体由半固态转变到可塑状态的界限含水量称为塑限（w_P）；土体由固态转变到半固态状态的界限含水量称为缩限（w_s），常用的界限含水量有液限和塑限。可采用“液塑限联合测定法”测定液限与塑限，详见《土工试验方法标准［2007 版］》（GB/T 50123—1999）。

（2）黏性土的塑性指数 I_p 和液性指数 I_L

黏性土的液限与塑限的差值（省去%号）称为塑性指数（I_p），其大小表示土体处在可塑状态的含水量变化范围，即

$$I_P = w_L - w_P \tag{2.13}$$

塑性指数的大小与土中黏粒含量有关，土粒越细，黏粒含量越多，土的比表面积越大，塑性指数就越大。

由于塑性指数在一定程度上反映了影响黏性土特征的各种重要因素，因此在工程上常按塑性指数对黏性土进行分类，见表 2-5。

表 2-5 黏性土的分类

塑性指数 I_p	土的名称
$I_p > 17$	黏土
$10 < I_p \leqslant 17$	粉质黏土

土的天然含水量和塑限的差值与液限和塑限的差值之比称为液性指数（I_L），即

$$I_L = \frac{w - w_P}{w_L - w_P} = \frac{w - w_P}{I_P} \tag{2.14}$$

液性指数反映了土的天然含水量与分界含水量之间的相对关系，是表示软硬程度的物理性质指标，也是确定承载力的重要指标。

《建筑地基基础设计规范》（GB 50007—2011）按液性指数大小将黏性土划分为坚硬、硬塑、可塑、软塑及流塑五种状态，见表 2-6。

表 2-6　黏性土软硬状态的划分

液性指数	$I_L \leqslant 0$	$0 < I_L \leqslant 0.25$	$0.25 < I_L \leqslant 0.75$	$0.75 < I_L \leqslant 1$	$I_L > 1$
状　态	坚硬	硬塑	可塑	软塑	流塑

（3）黏性土的灵敏度和触变性

土的灵敏度是指在土的密度和含水量不变的条件下，原状土的无侧限抗压强度 q_u 与重塑土的无侧限抗压强度 q_0 的比值，即

$$S_t = \frac{q_u}{q_0} \tag{2.15}$$

式中　S_t——黏性土的灵敏度；

q_u——原状土的无侧限抗压强度，kPa；

q_0——重塑土的无侧限抗压强度，kPa。

根据灵敏度的大小，可将黏性土分为：

$1 < S_t \leqslant 2$　低灵敏度

$2 < S_t \leqslant 4$　中灵敏度

$S_t > 4$　高灵敏度

土的灵敏度越高，其结构性越强，受扰动后土的强度降低就越明显。

与结构性相反的是土的触变性。饱和黏性土受到扰动后，土体原有结构遭到破坏，土的强度降低。但当扰动停止静置一段时间后，土的强度随时间又会逐渐增长而得到恢复，这种性质称为土的触变性。

2.1.4　地基岩土的工程分类

地基岩土的工程分类是依据工程实践经验、用途和岩土的主要性质差异，把岩土划分为一定类别，根据分类名称来判断地基岩土的工程特性，评价岩土作为建筑材料的适宜性以及结合其他指标来确定地基土的承载力等。

《建筑地基基础设计规范》（GB 50007—2011）中将建筑地基的岩土分为岩石、碎石土、砂土、粉土、黏性土和人工填土六大类。

1. *岩石*

岩石（基岩）是指颗粒间牢固联结、呈整体或具有节理裂隙的岩体。

① 按其坚硬程度：分为坚硬岩、较硬岩、较软岩、软岩和极软岩。

② 按其风化程度：分为未风化、微风化、中风化、强风化和全风化。

③ 按其完整程度：分为完整、较完整、较破碎、破碎和极破碎。

2. *碎石土*

碎石土是粒径大于 2mm 的颗粒含量超过全重 50%的土。

碎石土根据粒组含量及颗粒形状分为六种：漂石、块石、卵石、碎石、圆砾和角砾，见

表 2-7。

表 2-7　碎石土的分类

土的名称	颗粒形状	粒组含量
漂石	圆形及亚圆形为主	粒径大于 200mm 的颗粒含量超过全重 50%
块石	棱角形为主	
卵石	圆形及亚圆形为主	粒径大于 20mm 的颗粒含量超过全重 50%
碎石	棱角形为主	
圆砾	圆形及亚圆形为主	粒径大于 2mm 的颗粒含量超过全重 50%
角砾	棱角形为主	

3. 砂土

砂土是指粒径大于 2mm 的颗粒含量不超过全重的 50%、粒径大于 0.075mm 的颗粒超过全重 50%的土。按粒组含量，砂土分为砾砂、粗砂、中砂、细砂和粉砂，见表 2-8。

表 2-8　砂土的分类

土的名称	粒组含量
砾砂	粒径大于 2mm 的颗粒含量占全重的 25%～50%
粗砂	粒径大于 0.5mm 的颗粒含量超过全重的 50%
中砂	粒径大于 0.25mm 的颗粒含量超过全重的 50%
细砂	粒径大于 0.075mm 的颗粒含量超过全重的 85%
粉砂	粒径大于 0.075mm 的颗粒含量超过全重的 50%

4. 粉土

粉土的性质介于砂土与黏性土之间，是指塑性指数 $I_p \leqslant 10$ 且粒径大于 0.075mm 的颗粒含量不超过全重 50%的土。

5. 黏性土

黏性土是指塑性指数 $I_p > 10$ 的土。按塑性指数大小可分为黏土和粉质黏土，见表 2-5；按液性指数 I_L 分为坚硬、硬塑、可塑、软塑及流塑五种状态，见表 2-6。硬塑状态的为良好地基，流塑状态的为软弱地基。

6. 人工填土

人工填土是指由于人类活动而形成的堆积物。其物质成分较杂乱，均匀性较差。人工填土根据其物质组成和成因，可分为素填土、压实填土、杂填土、冲填土。

素填土是指由碎石土、砂土、粉土、黏性土等一种或几种组成的填土。其中不含杂质或所含杂质很少。

压实填土指经过压实或夯实的素填土。

杂填土为含有建筑垃圾、工业废料、生活垃圾等杂物的填土。杂填土不均匀，是不良地基。

冲填土是由水力冲填泥砂形成的沉积土。

7. 特殊土

除了上述六种土类之外，还有几种特殊性质的土，包括淤泥和淤泥质土、湿陷性黄土、膨胀土、红黏土等，多数还具有高灵敏度的结构性。

淤泥和淤泥质土是工程建设中经常会遇到的软土。其特点是含水量高、孔隙比大、渗透性差、强度低、压缩性高、固结时间长，并有触变性和很强的不均匀性。

湿陷性黄土是指在上覆土的自重应力作用下，或在上覆土自重应力和附加应力作用下，受水浸润后土的结构迅速破坏而发生显著下沉的黄土。

膨胀土是指黏粒成分主要由亲水性矿物组成的黏性土，是一种吸水膨胀和失水收缩、具有较大的胀缩变形性能的高塑性黏土。

红黏土是指石灰岩和白云岩等碳酸盐类岩石在亚热带温湿气候条件下，经风化作用所形成的褐红色、高塑性的黏性土。其液限一般大于 50%。红黏土虽是较好的地基，但由于下卧岩面起伏及存在软弱土层，一般容易引起地基不均匀沉降。

季节性冻土是指在冬季冻结而夏季融化的土层，因其周期性的冻结和融化，因而对地基的不均匀沉降和地基的稳定性影响较大。

2.1.5　软弱地基处理

近年来，随着我国经济建设的发展和科学技术的进步，高层建筑物和重型结构物不断修建，对地基的强度和变形要求越来越高，原来尚属良好的地基，可能在新的条件下变成不能满足上部结构的要求，且在工程建设中也越来越多地遇到不良地基。因此，当天然地基不能满足建（构）筑物对地基的强度和变形的设计要求时，需对天然地基进行加固改良，形成人工地基，以满足建（构）筑物对地基的要求，保证其安全与正常使用。这种地基的加固改良称为地基处理或地基加固。

地基处理的对象主要是软弱地基和不良地基。软弱地基主要指由淤泥、淤泥质土、冲填土、杂填土或其他高压缩性土构成的地基。若在建筑地基的局部范围内有高压缩性土层时，应按局部软弱土层处理。不良地基指饱和松散粉细砂、湿陷性黄土、膨胀土、红黏土、盐渍土、冻土等特殊土构成的地基，大部分带地域性特点。

1. 地基处理的目的及地基处理方法的分类

（1）地基处理的目的

当建筑物建造在软弱地基或不良地基上时，可能会出现承载力不足、沉降或沉降差过大、地基液化、渗漏、管涌等一系列地基问题。地基处理的目的就是针对上述问题，采取相应的措施，对地基进行必要的加固或改良，提高地基的强度，保证地基的稳定，降低压缩性，减少基础的沉降或不均匀沉降。地基处理可适用于拟建建（构）筑物，也可用于已建工程的地基加固。

（2）地基处理方法的分类

地基处理方法的分类较多，如按时间可分为临时处理和永久处理；按处理深度可分为浅层处理和深层处理；按处理土性对象可分为砂性土处理和黏性土处理；也可以按照地基处理的作用机理进行分类。其中按地基处理的作用机理进行分类的方法较为妥当，体现了地基处理方法的主要特点。

软弱地基处理的基本方法主要有置换、夯实、挤密、排水、胶结、加筋、热学等方法。

常用地基处理方法的原理、作用及适用范围见表2-9。

表2-9　常用地基处理方法的原理、作用及适用范围

分类	处理方法	原理及作用	适用范围
碾压及夯实	重锤夯实法 机械碾压法 振动压实法 强夯法	利用压实原理，通过机械碾压夯击，把表层地基土压实；强夯则利用强大的夯击能，在地基中产生强烈的冲击波和动应力，迫使地基土动力固结密实	适用于碎石土、砂土、粉土、低饱和度的黏性土、杂填土等，对饱和黏性土应慎重采用
换土垫层	砂石垫层 素土垫层 灰土垫层 矿渣垫层	以砂石、素土、灰土和矿渣等强度较高的材料，置换地基表层软弱土，以提高持力层的承载力，扩散应力，减小沉降量	适用于软弱地基、湿陷性黄土地基及暗沟、暗塘等软弱土的浅层处理
排水固结	堆载预压 砂井堆载预压 塑料排水带预压 真空预压 降水预压	在地基中增设竖向排水体，加速地基的固结和强度增长，提高地基的稳定性；加速沉降发展，使地基沉降提前完成	适用于处理饱和软弱土层，对于渗透性极低的泥炭土，必须慎重对待
振密挤密	振冲挤密 灰土挤密桩 砂桩 石灰桩 爆破挤密	采用一定的技术措施，通过振动或挤密，使土体的孔隙减少，强度提高；必要时，在振动挤密过程中，回填砂、砾石、灰土、素土等，与地基土组成复合地基，从而提高地基的承载力，减少沉降量	适用于处理松砂、粉土、杂填土及湿陷性黄土
置换及拌入	振冲置换 水泥土搅拌 高压喷射注浆 石灰桩等	采用专门的技术措施，以砂、碎石等置换软弱土地基中的部分软弱土，或在部分软弱土地基中掺入水泥、石灰或砂浆等形成加固体，与未处理部分土组成复合地基，从而提高地基的承载力，减少沉降量	适用于处理黏性土、冲填土、粉砂、细砂等。振冲置换法对于不排水抗剪强度τ_f<20kPa时慎用
加　筋	土木聚合物加筋 锚固 树根桩 加筋土	在地基或土体中埋设强度较大的土工聚合物、钢片等加筋材料，使地基或土体能承受抗拉力，防止断裂，保持整体性，提高刚度，改变地基土体的应力场和应变场，从而提高地基的承载力，改善变形特性	软弱土地基、人工填土及松散砂土等

2. 地基处理方法的选择

地基处理方法众多，各有不同的适用范围和作用机理，且不同地区地质条件差别较大，上部建筑对地基要求也各有不同。因此，选择地基处理方法，应综合考虑建筑场地工程地质和水文地质条件、上部结构情况、采用天然地基存在的问题等因素的影响，确定地基处理的目的、处理范围和处理后要求达到的各项技术经济指标，通过几种方案的比较，择优选择技术上先进、经济上合理、施工上可行的安全适用处理方案。

(1) 换土垫层法

换土垫层法是将基础底面下一定范围内的软弱土层挖去，然后分层回填强度较大的砂、碎石、素土或灰土等，并加以分层夯压或振密。

换土垫层法适用于淤泥、淤泥质土、湿陷性黄土、素填土、杂填土地基及暗塘、暗沟等的浅层地基处理。处理深度一般控制在 3m 以内，但不宜小于 0.5m。

根据回填材料的不同，垫层可分为：砂垫层、砂石垫层、素土垫层、灰土垫层、粉煤灰垫层和干渣垫层等。

垫层的作用主要是提高地基的承载力、减少基础沉降量、加速软弱土层的排水固结、防止冻胀和消除膨胀土的胀缩。

垫层宜分层铺设，分层铺填厚度、每层压实遍数等宜通过试验确定。垫层的夯压或振密可采用机械碾压、重锤夯实和振动压实等方法进行，主要应根据不同的换填材料选择相应的施工机械。

（2）排水固结法

排水固结法是在建筑物建造前，对建筑场地先行加载预压，使土体中的孔隙水排出，地基逐渐固结沉降，强度逐步提高。该法常用于解决软黏土地基的沉降和稳定问题，可使地基的沉降在加载预压期间基本完成或大部分完成，使建筑物在使用期间不致产生过大的沉降和沉降差。同时，可增加地基土的抗剪强度，从而提高地基的承载力和稳定性。

排水固结法适用于处理淤泥质土、淤泥和冲填土等饱和黏性土地基。

排水固结法是由排水系统和加压系统两部分共同组合而成的。

排水系统是一种手段，如没有加压系统，孔隙中的水没有压力差就不会自然排出，地基也就得不到加固。如果只增加固结压力，不缩短土层的排水距离，则不能在预压期间尽快地完成设计所要求的沉降量，强度不能及时提高，加载也不能顺利进行。所以上述两个系统，在设计时总是联系起来考虑的。

排水系统由水平排水垫层和竖向排水体构成。竖向排水体可选用普通砂井、袋装砂井或塑料排水板。设置排水系统的目的主要在于改变地基原有的排水边界条件，增加孔隙水排出的途径，缩短排水距离。

加压系统即起固结作用的荷载，它使地基土的固结压力增加而产生固结。

工程上广泛使用且行之有效的增加固结压力的方法是堆载预压法，此外，还有真空预压法、降低地下水位法、电渗法和联合法。采用真空预压法、降低地下水位法、电渗法不会像堆载预压法那样有可能引起地基土的剪切破坏，所以较为安全，但操作技术比较复杂。砂井堆载预压法特别适用于存在连续薄砂层的地基。真空预压法适用于能在加固区形成（包括采取措施后形成）稳定负压边界条件的软土地基。降低地下水位法、真空预压法和电渗法由于不增加剪应力，地基不会产生剪切破坏，所以适用于很软弱的黏土地基。

（3）强夯法

强夯是法国 Menard 技术公司于 1969 年首创的一种地基加固方法，它是将 10～40t 的重锤以 10～40m 的落距从高处自由下落，对地基土施加很大的冲击能，在地基土中产生很大的冲击波和动应力，引起地基土的压缩和振密，从而提高地基土的强度、降低土的压缩性、改善砂土的抗液化条件、消除湿陷性黄土的湿陷性等。同时，夯击能还可提高土层的均匀程度，减少将来可能出现的差异沉降。

目前，强夯法加固地基有三种不同的加固机理：动力密实、动力固结和动力置换，它取决于地基土的类别和强夯施工工艺。

强夯法适用于处理碎石土、砂土、低饱和度的粉土与黏性土、湿陷性黄土、素填土和杂填土等地基。具有施工简单、加固效果好、使用经济等优点，但由于其施工时噪声和振动较大，一般不宜在人口密集的城市内使用。

强夯法应用时，一般根据需要加固的深度先初步确定采用的单击夯击能，然后再根据机具条件因地制宜地确定锤重和落距。其夯击点布置一般为三角形或正方形；夯击点间距（夯距）的确定，一般根据地基土的性质和要求处理的深度而定；各夯击点的夯击数，以使土体竖向压缩最大，而侧向位移最小为原则，一般为4～10击；夯击遍数应根据地基土的性质和平均夯击能确定，可采用点夯2～3遍，再以低能量满夯两遍，满夯可采用轻锤或低落距锤多次夯击，锤印彼此搭接；两遍夯击之间的间歇时间取决于加固土层中孔隙水压力消散所需要的时间。

（4）振冲法和挤密法

振冲法是应用松砂加水振动后变密的原理，再通过振冲器成孔，然后填入砂或石、石灰、灰土等材料，再予以捣实，形成桩与周围挤密后的松砂所组成的复合地基，来承受建筑物的荷重。在砂土地基中，其加固机理是利用砂土液化的原理；在黏性土地基中，主要是置换作用。

挤密法是在软弱或松散地基中先打入桩管成孔，然后在孔中灌入粗砂、砾石等形成砂石桩。桩管打入地基时，对土的横向挤密，使土粒彼此移动，颗粒间相互靠紧，孔隙减小，土骨架作用随之增强。

挤密砂桩适用于处理松砂、杂填土和黏粒含量不多的黏性土地基，砂桩能有效防止砂土地基振动液化，但对饱和黏性土地基，由于土的渗透性较小，抗剪强度低，灵敏度大，夯击沉管过程中土内产生的超孔隙水压力不能迅速消散，挤密效果差，且将土的天然结构破坏，抗剪强度降低，故施工时须慎重对待。

（5）水泥土搅拌法

水泥土搅拌法是用于加固饱和黏性土地基的一种加固技术。它是利用水泥或石灰作为固化剂，通过特制的深层搅拌机械，在地层深处将软黏土和固化剂（浆液或粉体）强制拌和，使软黏土硬结成具有整体性、水稳定性和一定强度的水泥加固土，从而提高地基强度和增大变形模量。加固体与天然地基形成复合地基，共同承担建筑物的荷载。根据施工方法的不同，水泥土搅拌法分为水泥浆搅拌和粉体喷射搅拌两种。前者是用水泥浆和地基土搅拌，后者是用水泥粉或石灰粉和地基土搅拌。

水泥土搅拌法适用于处理正常固结的淤泥与淤泥质土、粉土、饱和黄土、素填土、黏性土及无流动地下水的饱和松散砂土等地基。

水泥土搅拌法加固软土地基，其独特优点如下：

① 水泥土搅拌法由于将固化剂和原地基软土就地搅拌混合，因而最大限度地利用了原土。

② 搅拌时无振动、无噪声和无污染，可在市区内和密集建筑群中进行施工。

③ 搅拌时地基侧向挤出较小，所以对周围原有建筑物及地下沟管影响很小。

④ 可按不同地基土的性质及工程设计要求，合理选择固化剂及其配方，设计比较灵活。

⑤ 土体加固后重度基本不变，对软弱下卧层不致产生附加沉降。

⑥ 根据上部结构的需要，可灵活地采用柱状、壁状、格栅状和块状等加固形式。

⑦ 与钢筋混凝土桩基相比，可节约大量的钢材，并降低造价。

（6）高压喷射注浆法

高压喷射注浆法是利用钻机把带有喷嘴的注浆管钻进至土层的预定位置后，以高压设备使浆液或水成为 20～40MPa 的高压射流从喷嘴中喷射出来，冲击破坏土体，同时钻杆以一定速度旋转逐渐向上提升，将浆液与土粒强制搅拌混合，浆液凝固后，在土体中形成一个固结体。

高压喷射注浆法可适用于砂土、黏性土、湿陷性黄土以及人工填土等地基的加固。其用途较广，可以提高地基的承载力，可做成连续墙渗水或涌砂，也可应用于托换工程中的事故处理。

高压喷射注浆法所形成的固结体形状与喷射流移动方向有关。一般分为旋转喷射（简称旋喷）、定向喷射（简称定喷）和摆动喷射（简称摆喷）三种形式。

旋喷法施工时，喷嘴一面喷射一面旋转提升，固结体呈圆柱状；定喷法施工时，喷嘴一面喷射一面提升，喷射的方向固定不变，固结体形状如板状或壁状；摆喷法施工时，喷嘴一面喷射一面提升，喷射的方向呈较小角度来回摆动，固结体形状如较厚墙状。

旋喷法主要用于加固地基，提高地基的抗剪强度，改善地基土的变形性能，使其在上部结构荷载作用下，不致破坏或产生过大的变形，也可组成闭合的帷幕，用于截阻地下水流和治理流砂；定喷和摆喷两种方法通常用于基坑防渗、改善地基土的水流性质和稳定边坡等工程。

高压喷射注浆法的主要特点：①适用范围较广；②施工简便；③可控制固结体形状；④可垂直、倾斜和水平喷射；⑤耐久性较好；⑥料源广阔；⑦设备简单。

（7）托换法

托换法是对原有建筑物的地基和基础进行处理和加固，或在既有建筑物基础下需要修建地下工程以及邻近新建工程而影响到既有建筑物的安全等问题的处理方法的总称。

托换法可根据托换的性质、目的、方法等进行分类。

按托换目的可分为补救性托换、预防性托换和维持性托换。对原有建筑物的基础不符合要求，需要增加埋深或扩大基底面积的托换，称为补救性托换；由于邻近要修筑较深的新建筑物基础，因而需将基础加深或扩大的，称为预防性托换；在建筑物基础下预先设置好顶升措施，以适应预估地基沉降的需要，称为维持性托换。

按托换方法可分为桩式托换法、灌浆托换法和基础加固法三种。桩式托换适用于软弱黏性土、松散砂土、饱和黄土、湿陷性黄土、素填土和杂填土等地基。桩式托换可分为坑式静压桩托换、锚杆静压桩托换、灌注桩托换和树根桩托换等。灌浆托换法适用于既有建筑物的地基处理。通过泵或压缩空气将浆液均匀注入地层中，浆液以填充和渗透等方式排出土颗粒间或岩石裂缝中的水和空气，并占据其位置。经人工控制一段时间后，浆液凝固，从而形成一种新结构。对于由于基础支承力不足的既有建筑物基础加固，可采用基础加固法。

2.2　考核要点

1. 颗粒级配曲线及其应用

考核要点：颗粒级配、土的不均匀系数、颗粒级配曲线的概念、粒径均匀程度、曲线陡缓、不均匀系数大小与颗粒级配优良程度的关系。

2. 地基土三相比例指标

考核要点：地基土三相比例指标定义及地基土三相比例指标试验方法、原理，尤其是直接指标试验方法。

3. 常用的地基土三相比例指标计算及换算

考核要点：地基土三相比例指标的量纲及数值范围；三相比例指标计算及换算。

4. 地基土的物理状态指标

考核要点：砂土密实状态指标及评定方法；黏性土的界限含水量、塑性指数、液性指数的概念；塑性指数和液性指数的用途；利用塑性指数对土进行分类，利用液性指数评定土的工程性质。

5. 地基土的工程分类

考核要点：砂土和黏性土的分类依据；淤泥和淤泥质土的分类依据等。

2.3 典型题解

【例 2-3-1】 什么是土的颗粒级配？

【答】 工程上常用土中各个粒组相对含量（即各粒组占土粒总量的百分数）来表示土粒的大小及组成情况，称为土的颗粒级配。

【例 2-3-2】 简述土的三相比例指标。

【答】 土是由固相、液相和气相所组成。表示土的三相组成之间比例关系的指标，称为土的三相比例指标。直接指标有：土粒相对密度、土的天然重度、含水量（这三个指标由实验室实测）；由直接指标计算得出的换算指标有：干重度、饱和重度、孔隙比、孔隙率和饱和度。

【例 2-3-3】 什么是换土垫层法？垫层的作用是什么？

【答】 当建筑物基础下的持力层比较软弱，不能满足上部荷载对地基的要求时，常用换土垫层法来处理软弱土地基，即将基础底面下一定范围内的软弱土层挖去，然后分层回填强度较大的砂、碎石、素土或灰土等，并加以分层夯压或振密。

垫层的作用主要是提高地基的承载力、减少基础沉降量、加速软弱土层的排水固结、防止冻胀和消除膨胀土的胀缩。

【例 2-3-4】 某地基土，已测得土的干重度 $\gamma_d=15.7\text{kN/m}^3$，含水量 $w=19.3\%$，土粒的相对密度 $d_s=2.65$，液限 $w_L=26.8\%$，塑限 $w_P=15.2\%$。求：①土的孔隙比 e、孔隙率 n 及饱和度 S_r；②土的塑性指数 I_p、液性指数 I_L，给该土定名并判别其状态。

【解】 ①求 e、n 及 S_r

由三相比例指标之间的换算公式，得所求物理性质指标如下：

孔隙比 e

$$e=\frac{d_s\gamma_w}{\gamma_d}-1=\frac{2.65\times10}{15.7}-1=0.688$$

孔隙率 n

$$n=\frac{e}{1+e}\times100\%=\frac{0.688}{1+0.688}\times100\%=40.8\%$$

饱和度 S_r

$$S_r=\frac{wd_s}{e}\times100\%=\frac{0.193\times2.65}{0.688}\times100\%=74.3\%$$

② 求 I_p、I_L，定名及判别状态

塑性指数 I_p

$$I_P=w_L-w_P=26.8-15.2=11.6<17$$

液性指数 I_L

$$I_L=\frac{w-w_P}{I_P}=\frac{19.3-15.2}{11.6}=0.35$$

因为 $10<I_p=11.6<17$，所以该土定名为粉质黏土。

因为 $0.25<I_L=0.35<0.75$，所以处于可塑状态。

【例 2-3-5】 某一原状土样，经试验测得的基本指标为：天然重度 $\gamma=17.6\text{kN/m}^3$，含水量 $w=25\%$，土粒相对密度 $d_s=2.71$。试求：孔隙比 e、孔隙率 n、饱和度 S_r、干重度 γ_d、饱和重度 γ_{sat} 以及有效重度 γ'。

【解】 设 $V_s=1.0\text{cm}^3$

由 $d_s=\frac{m_s}{V_s\rho_w}=2.71$，得　　$m_s=2.71\text{g}$

由 $w=\frac{m_w}{m_s}=25\%$，得　　$m_w=w\cdot m_s=0.25\times2.71=0.68\text{g}$

$$V_w=0.68\ \text{cm}^3$$

$$m=m_s+m_w=2.71+0.68=3.39\text{g}$$

$$V=\frac{mg}{\gamma}=\frac{3.39\times10}{17.6}=1.93\text{cm}^3$$

$$V_v=V-V_s=1.93-1=0.93\ \text{cm}^3$$

则各物理性质指标如下：

① $e=\frac{V_v}{V_s}=\frac{0.93}{1}=0.93$

② $n=\frac{V_v}{V}\times100\%=\frac{0.93}{1.93}\times100\%=48.2\%$

③ $S_r=\frac{V_w}{V_v}\times100\%=\frac{0.68}{0.93}\times100\%=73.1\%$

④ $\gamma_d=\frac{m_sg}{V}=\frac{2.71\times10}{1.93}=14.04\ \text{kN/m}^3$

⑤ $\gamma_{sat}=\frac{m_sg+V_v\gamma_w}{V}=\frac{2.71\times10+0.93\times10}{1.93}=18.86\ \text{kN/m}^3$

⑥ $\gamma'=\gamma_{sat}-\gamma_w=18.86-10=8.86\ \text{kN/m}^3$

【例 2-3-6】 某砂土土样，经试验测得土的天然含水量 $w=10\%$，天然密度 $\rho=1.70\text{g/cm}^3$，最小干密度 $\rho_{dmin}=1.41\text{g/cm}^3$，最大干密度 $\rho_{dmax}=1.75\text{g/cm}^3$。试求该砂土的相对密实度 D_r，并判断砂土的密实程度。

【解】 已知 $w=10\%$，$\rho=1.70\text{g/cm}^3$，可得该砂土的天然干密度为：

$$\rho_d=\frac{\rho}{1+w}=\frac{1.70}{1+0.1}=1.55\text{g/ cm}^3$$

再由 $\rho_{dmin}=1.41g/cm^3$，$\rho_{dmax}=1.75g/cm^3$，可得

$$D_r=\frac{(\rho_d-\rho_{dmin})\rho_{dmax}}{(\rho_{dmax}-\rho_{dmin})\rho_d}=\frac{(1.55-1.41)\times 1.75}{(1.75-1.41)\times 1.55}=0.46$$

因为 $1/3<D_r<2/3$，所以该砂土处于中密状态。

【例 2-3-7】 是非题　若某黏性土 $I_p=0$，则该土处于硬塑状态。（　）

【答】 ×

【释】 I_p不用来表示物理状态。

【例 2-3-8】 是非题　砂土的孔隙比越小越密实。（　）

【答】 ×

【释】 还要考虑级配的影响，级配不同时可能有误。

【例 2-3-9】 选择题　工程上控制填土的施工质量和评价土的密实程度常用的指标是（　）。

A. 有效重度　　B. 土粒相对密度　　C. 饱和密度　　D. 干密度

【答】 D

【释】 单位体积中土粒的质量称为干密度，即 $\rho_d=\frac{m_s}{V}$。干密度反映了土的密实程度，常用来检查填方过程中土体的压实质量。一般 ρ_d越大，土体越密实，压实质量越好。

【例 2-3-10】 选择题　《建筑地基基础设计规范》（GB 50007—2011）规定：砂土密实度的划分标准是（　）。

A. 相对密实度　　B. 孔隙比　　C. 标准贯入锤击数　　D. 野外鉴别

【答】 C

【释】 相对密实度试验适用于透水性良好的无黏性土；对于砂土，也可以用天然孔隙比来评定其密实度。但是矿物成分、级配、粒度成分等各种因素对砂土的密实度都有影响，并且在具体工程中，难以取得砂土原状土样。因此，工程上广泛采用标准贯入试验、静力触探等原位测试方法来评价砂土的密实度。砂土根据标准贯入试验的锤击数 N 分为松散、稍密、中密及密实四种状态。碎石土可根据野外鉴别方法划分为密实、中密、稍密、松散四种状态。

2.4　习　　题

2.4.1　填空题

1-1　天然状态下，土体一般由构成土骨架的____、土骨架空隙中的____以及____组成三相体系。

1-2　土中液态水可分为____和____两大类，自由水又可分为重力水和____。土中结合水有____和____两种形式。

1-3　土的含水量是____与____比值的百分率。

1-4　在土的三相比例指标中，可以直接用试验测定的指标有____、____、____。它们分别可以采用____、____法和____法测定。

1-5　在一定含水量和相同夯实功能的条件下，可使回填土达到最大密实度的含水量称为

____。

1-6　砂性土的密实度可用孔隙比、____和____来判定。

1-7　液性指数的表达式 I_L＝____，工程上用 I_L 来判别黏性土____的指标。I_L 越大，土体越____。

1-8　天然状态下的黏性土通常都具有一定的结构性，当土体受到外力扰动，这种结构性受到破坏后，土体强度____，压缩性____，其强度的损失程度用____表示。

1-9　土中各个土粒粒组的相对含量可通过____等试验得到。若粒径级配曲线较陡，则表示土粒较____，土粒级配不良。

1-10　若砂土的相对密度 $D_r=0$，则表示砂土处于____状态；若 $D_r=1$，则表示砂土处于____状态。

1-11　砂土密实度按标准贯入试验锤击数可分为____、____、____和____四种。

1-12　黏性土由半固态转到____状态的界限含水量称为塑限，由可塑状态转到____状态的界限含水量称为液限。

1-13　土的灵敏度越高，其结构性越强，受外力扰动后土的强度降低就越____。

1-14　某黏性土经试验测得 $w=55\%$，$w_L=50\%$，$w_P=31.5\%$，则 I_p＝____，I_L＝____。

1-15　土的塑限 w_P 是指土____与____之间的含水量界限值。

1-16　工程上按 I_p 的大小对黏性土进行分类，可将黏性土分为____和____两大类。

1-17　作为建筑地基的岩土，可分为岩石、____、砂土、____、黏性土和人工填土。

1-18　土粒的不均匀系数 C_u 越大，土粒粒径越____，级配相对____。为了获得较大密实度，应选择级配____的土作为填方或砂垫层的材料。

1-19　土的结构一般分为____、____和____三种形式。

1-20　土的相对密实度 D_r 的公式是____，D_r 等于____时砂土处于最密实状态。

1-21　影响土的压实性的因素，主要包括土的____、____与____等。

1-22　塑性指数表明黏性土处于可塑状态时____的变化范围，它综合反映了____、____等因素。

1-23　有 A、B 两种土样，土样 A 的颗粒级配曲线较土样 B 的陡，那么颗粒级配相对良好的是____，颗粒比较均匀的是____。

1-24　同一种土中，有不同种重度指标，天然重度 γ、干重度 γ_d、饱和重度 γ_{sat} 以及有效重度 γ'，其数值大小顺序为____。其中 γ_{sat} 与 γ' 的关系式为____。

1-25　若粒径 $d>0.075$mm 的土粒含量小于全重 50%，且塑性指数 $I_p\leqslant 10$，则土的名称定为____；若 $I_p>17$，则土的名称定为____。

1-26　换土垫层法处理地基时，垫层材料可用____、____、____等强度较大的材料。

1-27　砂和砂石垫层施工质量的检查，可用____、____和____进行。

1-28　高压喷射注浆法按喷射流的方向分为____（旋喷）、____（定喷）和____（摆喷）三种形式。

1-29　深层搅拌法是利用____和____作固化剂。

1-30　排水固结法是由____系统和____系统两部分共同组成的。

2.4.2　单项选择题

2-1　某原状土样的液限 $w_L=46\%$，塑限 $w_P=24\%$，天然含水量 $w=40\%$，则该土的塑性指数为（　）。

A. 16　　B. 22%　　C. 22　　D. 16%

2-2　某原状土样的液限 $w_L=36\%$，$w_P=21\%$，天然含水量 $w=26\%$，则该土的液性指数为（　）。

A. 0.15　　B. 0.33　　C. 0.67　　D. 1

2-3　土的结构性强弱可用（　）反映。

A. 饱和度　　B. 灵敏度　　C. 黏聚力　　D. 相对密实度

2-4　不同状态下同一种土的重度由大到小排列顺序是（　）。

A. $\gamma_d>\gamma>\gamma_{sat}>\gamma'$　　B. $\gamma_{sat}>\gamma'>\gamma>\gamma_d$

C. $\gamma_{sat}>\gamma>\gamma_d>\gamma'$　　D. $\gamma_d>\gamma'>\gamma>\gamma_{sat}$

2-5　当（　）时，粗粒土具有良好的级配。

A. $C_u\geqslant5$ 且 $1\leqslant C_c\leqslant3$　　B. $C_u\leqslant5$ 且 $1\leqslant C_c\leqslant3$

C. $C_c\geqslant5$ 且 $1\leqslant C_u\leqslant3$　　D. $C_c\leqslant5$ 且 $1\leqslant C_u\leqslant3$

2-6　黏性土的塑性指数大小主要决定土体中所含（　）数量的多少。

A. 黏粒　　B. 粉粒　　C. 砂粒　　D 砾石

2-7　在下列指标中，不能直接测定，只能换算求的是（　）。

A. 天然重度　　B. 土粒相对密度　　C. 含水量　　D. 孔隙比

2-8　衡量土的粒径级配是否良好，常用（　）指标判定。

A. 不均匀系数　　B. 含水量　　C. 标贯击数　　D. 内摩擦角

2-9　若土的颗粒级配曲线很平缓，则表示（　）。

A. 不均匀系数较小　　B. 粒径分布不均匀

C. 粒径分布较均匀　　D. 级配不好

2-10　（　）是指土中各粒组的相对含量，通常用各粒组占土粒总质量（干土质量）的百分数表示。

A. 颗粒级配　　B. 曲率系数　　C. 不均匀系数　　D. 液性指数

2-11　土的三相基本物理指标是（　）。

A. 孔隙比、天然含水量和饱和度　　B. 孔隙率、土粒相对密度和密度

C. 天然重度、天然含水量和土粒相对密度　　D. 天然重度、天然含水量和饱和度

2-12　下列指标中，不能用来衡量无黏性土密实度的是（　）。

A. 天然孔隙比 e　　B. 土的相对密实度 D_r

C. 土的含水量 w　　D. 标准贯入锤击数 N

2-13　经试验测得甲、乙两土样的塑性指数分别为：$I_{p甲}=5$，$I_{p乙}=15$，则（　）。

A. 甲土样的黏粒含量大于乙土样的　　B. 甲土样的黏粒含量小于乙土样的

C. 两土样的黏粒含量相等　　D. 难以判断

2-14　某黏性土的液性指数 $I_L=0.5$，则该土的软硬状态为（　）。

A. 硬塑　　B. 软塑　　C. 流塑　　D. 可塑

2-15　某一质量为 1kg 的土样，放置一段时间后，含水量由 25%下降至 20%，则土中的水减少了（　）kg。

A. 0.06　　B. 0.05　　C. 0.04　　D. 0.03

2-16　某黏性土的塑性指数 $I_p=19$，该土的名称为（　）。

A. 粉土　　B. 黏土　　C. 粉质黏土　　D. 砂土

2-17　已知土的液限 $w_L=30\%$，塑限 $w_P=16\%$，则此土的土名为（　）。

A. 黏土　　B. 粉质黏土　　C. 粉土　　D. 淤泥

2-18　在下列指标中，不可能大于 1 的指标是（　）。

A. 含水量　　B. 孔隙比　　C. 液性指数　　D. 饱和度

2-19　土中黏土颗粒含量越多，其塑性指数（　）。

A. 越大　　B. 越小　　C. 不变　　D. 不确定

2-20　颗粒粒径级配曲线较陡，则称其级配（　）。

A. 良好　　B. 密实　　C. 不良　　D. 不确定

2-21　对填土，我们可通过控制（　）来保证其具有足够的密实度。

A. γ_{sat}　　B. γ　　C. γ'　　D. γ_d

2-22　测得某原状黏性土的液限 $w_L=40\%$，塑性指数 $I_p=17$，天然含水量 $w=30\%$，则其相应的液性指数为（　）。

A. 0.59　　B. 0.50　　C. 0.41　　D. 0.35

2-23　使黏性土具有可塑性的孔隙水主要是（　）。

A. 强结合水　　B. 弱结合水　　C. 毛细水　　D. 自由水

2-24　下列重度中，量值最小的是（　）。

A. γ_{sat}　　B. γ　　C. γ_d　　D. γ'

2-25　测得某种砂土的最大孔隙比 $e_{max}=0.85$，最小孔隙比 $e_{min}=0.62$，天然状态的孔隙比为 $e=0.71$，其相对密实度为（　）。

A. 0.39　　B. 0.41　　C. 0.51　　D. 0.61

2-26　对土粒产生浮力的是（　）。

A. 毛细水　　B. 重力水　　C. 强结合水　　D. 弱结合水

2-27　无黏性土的分类是按（　）。

A. 颗粒级配　　B. 矿物成分　　C. 液性指数　　D. 塑性指数

2-28　评价黏性土的物理状态特征指标主要有（　）。

A. 天然孔隙比 e、最大孔隙比 e_{max}、最小孔隙比 e_{min}

B. 最大干重度、最佳含水量、压实度

C. 天然含水量 w、塑限 w_p、液限 w_L

D. 天然孔隙比 e、标准贯入锤击数 N、土粒相对密度 d_s

2-29　砂类土的重要特征是（　）。

A. 灵敏度与活动度　　B. 塑性指数与液性指数

C. 饱和度与含水量　　D. 颗粒级配与密实度

2-30　下列说法，错误的是（　）。

A. 稠度状态是反映土的密实程度的术语

B. 稠度状态是描述黏性土的软硬、可塑或流动的术语

C. 砂土常用相对密实度描述其松散密实程度

D. 砂土常用标准贯入锤击数描述其松散密实程度

2-31 砂土的结构通常是（ ）。

A. 絮状结构 B. 单粒结构 C. 蜂窝结构 D. 管状结构

2-32 土的孔隙率 n 值可能变化的范围为（ ）。

A. $1>n>0$ B. $1\geqslant n\geqslant 0$ C. $n>0$ D. $n>1$

2-33 土的饱和度是指（ ）。

A. 土中水的质量与气体质量 B. 土中水的质量与土粒质量

C. 土中水的体积与土粒体积 D. 土中水的体积与孔隙体积

2-34 砂土工程分类是按（ ）划分的。

A. 颗粒级配 B. 孔隙比 C. 相对密度 D. 颗粒形状

2-35 黏性土天然含水量增大，随之增大的是（ ）。

A. w_L B. w_P C. I_p D. I_L

2-36 一般用指标（ ）来表示黏性土所处的软硬状态。

A. w_L B. w_P C. I_L D. I_p

2-37 黏性土的可塑状态与流动状态的界限含水量是（ ）。

A. 塑限 B. 液限 C. 塑性指数 D. 液性指数

2-38 若某砂土的天然孔隙比与其能达到的最大孔隙比相等，则该土（ ）。

A. 处于最疏松状态 B. 处于中等密实状态

C. 处于最密实状态 D. 无法确定其状态

2-39 有若干种黏性土，它们的塑性指数 I_p 相同，但液限 w_L 不同，液限 w_L 越大的土，其透水性（ ）。

A. 较小 B. 相同 C. 越大 D. 不受影响

2-40 有一非饱和土样，在荷载作用下，当饱和度由80%增加至95%，土样的重度 γ 和含水量 w 将（ ）。

A. γ 增加，w 增加 B. γ 减小，w 减小

C. γ 增加，w 减小 D. γ 不变，w 不变

2-41 在换填法施工中，为获得最佳夯压效果，宜采用垫层材料的（ ）含水量作为施工控制含水量。

A. 最低 B. 最优 C. 临界 D. 饱和

2-42 强夯法处理地基时，其处理范围应大于建筑物基础范围，且每边超出基础外缘的宽度宜为设计处理深度的（ ），并不宜小于3m。

A. 1/4～3/4 B. 1/2～2/3 C. 1/5～3/5 D. 1/3～1.0

2-43 高压喷射注浆法中不包括（ ）喷射方法。

A. 定喷 B. 斜喷 C. 摆喷 D. 旋喷

2-44 碎石桩和砂桩或其他粗颗粒土桩，由于桩体材料间无黏结强度，统称为（ ）。

A. 柔性材料桩 B. 刚性材料桩 C. 加筋材料桩 D. 散体材料桩

2-45 CFG桩是（ ）的简称。

A. 水泥深层搅拌桩 B. 水泥粉煤灰碎石桩

C. 水泥高压旋喷桩 D. 水泥聚苯乙烯碎石桩

2-46 在砂井的布置中，井径和间距的关系应以（ ）为原则。

A. 细而密　　B. 粗而密　　C. 细而疏　　D. 粗而疏

2.4.3　多项选择题

3-1　下列土的物理性质指标中，反映土的密实程度的是（　）。

A. 土的重度　　B. 孔隙比　　C. 干重度　　D. 相对密实度

3-2　填土压实的影响因素有（　）。

A. 压实机械　　B. 压实方法

C. 填土的含水量　　D. 每层铺土厚度

3-3　砂土的密实度可以用（　）衡量。

A. 孔隙比　　B. 相对密度

C. 相对密实度　　D. 标准贯入锤击数

3-4　下列土类中，属于软弱土的是（　）。

A. 淤泥　　B. 淤泥质土　　C. 红黏土　　D. 粉土

3-5　下列说法正确的是（　）。

A. 塑性指数表示黏性土处于可塑状态的含水量变化范围

B. 缩限是黏性土由流动状态转变为可塑状态的界限含水量

C. 液限是黏性土由可塑状态转变为流动状态的界限含水量

D. 液性指数是判别黏性土软硬状态的指标

3-6　在土的三相比例指标中，直接测定的指标有（　）。

A. 含水量　　B. 土的密度

C. 孔隙比　　D. 土粒的相对密度

3-7　土的结构有（　）。

A. 单粒结构　　B. 絮状结构

C. 蜂窝结构　　D. 团状结构

3-8　下列土的物理性质指标中，反映土的密实程度的是（　）。

A. 土的重度　　B. 孔隙比

C. 干重度　　D. 土粒相对密度

3-9　下列叙述正确的是（　）。

A. 当 $I_L \leqslant 0$ 时，黏性土处于坚硬状态　　B. 当 $I_L > 1.0$ 时，黏性土处于流塑状态

C. 当 $I_L = 0.2$ 时，黏性土处于可塑状态　　D. 当 $I_L = 0.72$ 时，黏性土处于硬塑状态

3-10　下面关于黏性土，叙述正确的是（　）。

A. 黏性土是指塑性指数大于或等于 10 的土

B. 黏性土的工程性质与粒组含量和黏土矿物的亲水性有关

C. 黏性土的性质也与土的成因类型及沉积环境等因素有关

D. 黏性土又称为黏土

3-11　下列指标中，表示土的湿度的是（　）。

A. 含水量　　B. 饱和土重度

C. 饱和度　　D. 有效重度

3-12　高压喷射注浆采用定喷法时可形成壁状固结体，通常情况下应采用（　）喷射。

A. 单管法
B. 双管法
C. 三管法
D. 多管法

3-13 深层搅拌法是利用水泥浆等材料作为固化剂，通过特制的深层搅拌机械在地基深部就地将软土和固化剂强制拌和，形成搅拌桩的方法。此法应属于（ ）。

A. 注浆加固法
B. 复合地基处理法
C. 化学处理法
D. 置换法

3-14 在排水固结法中，当天然地基土渗透系数较小时，为加速土体的固结，须设置竖向排水通道。目前常用的竖向排水通道有（ ）。

A. 塑料排水带
B. 石灰桩
C. 袋装砂井
D. 普通砂井

3-15 砂垫层设计的主要内容是确定（ ）。

A. 垫层的厚度
B. 垫层的宽度
C. 垫层的承载力
D. 垫层的密实度

2.4.4 判断题

4-1 （ ）与粒径组成相比，矿物成分对黏性土性质的影响更大。

4-2 （ ）土由固体颗粒、水和空气所组成。各组成部分的质量或体积之间的比例不同时，土的一系列物理力学性质会发生相应的变化。

4-3 （ ）在填土工程中，若选择的土料的不均匀系数 C_u 值较大，则土易于夯实。

4-4 （ ）结合水是液态水的一种，故能传递静水压力。

4-5 （ ）砂土的孔隙比越小越密实。

4-6 （ ）对于同一种土，孔隙比或孔隙率越大表明越疏松，反之越密实。

4-7 （ ）土的天然重度越大，则土的密实性越好。

4-8 （ ）土粒的粒径越粗，则透水性越强，可塑性越大。

4-9 （ ）土的颗粒级配曲线较平缓，则表示土粒粒径相差悬殊，级配良好，用于填方工程时易于夯实。

4-10 （ ）甲土的含水量大于乙土，则甲土的饱和度大于乙土。

4-11 （ ）土体相对密实度主要用于比较不同砂土的密实度高低。

4-12 （ ）在填方工程施工中，常用土的干密度或干重度来评价土的压实程度。

4-13 （ ）土的结构的最主要特征就是成层性。

4-14 （ ）无论什么土，都具有可塑性。

4-15 （ ）黏性土的塑性指数越大，说明黏性土处于可塑状态的含水量范围越小。

4-16 （ ）由水力冲填泥砂形成的填土称为冲填土。

4-17 （ ）凡是天然含水量大于液限，天然孔隙比大于或等于 1.5 的黏性土和粉土均可称为淤泥。

4-18 （ ）塑性指数 I_p 可以用于无黏性土的分类。

4-19 （ ）液性指数是指无黏性土的天然含水量和塑限的差值与塑性指数之比。

4-20 （ ）塑性指数 I_p 越大，说明土中的黏粒含量越大，而土处于可塑状态下的含水量范围越大。

4-21　(　)碎石土按颗粒级配进行分类。

4-22　(　)砂土的分类是按颗粒级配及其形状进行的。

4-23　(　)颗粒级配曲线的粒径坐标采用对数坐标。

4-24　(　)黏粒在最优含水量时压实密度最大，同一种土的压实能量越大，最优含水量越大。

4-25　(　)两种不同的黏性土，若其天然含水量相同，则其软硬程度相同。

4-26　(　)黏性土的液性指数越小土越硬。

4-27　(　)增加压实功能对含水量小的土效果更明显。

4-28　(　)级配均匀的土，较粗颗粒间的孔隙被较细的颗粒所填充，因而土的密实度较好。

4-29　(　)应用强夯法处理地基时，夯击沉降量过大，处置的办法是降低夯击能量。

4-30　(　)淤泥和淤泥质土的浅层处理宜采用换土垫层法。

2.4.5　简答题

5-1　何谓土粒粒组？土粒六大粒组划分的标准是什么？

5-2　什么是颗粒级配曲线？它有什么用途？

5-3　土的物理状态指标有哪几项？如何用这些指标评价土的工程性质？

5-4　判断砂土密实程度的指标主要有哪些？说明它们的不足之处。

5-5　什么是土的塑性指数？其数值大小与土粒粗细有何关系？塑性指数大的土具有哪些特点？

5-6　什么是液性指数？如何利用液性指数的大小评价土的工程性质？

5-7　为什么液性指数大于 1 的黏性土还有一定的承载能力？

5-8　如果试验结果表明某天然砂层的相对密实度 $D_r>1$，这是否可能？为什么？

5-9　地基土分几大类？各类土的划分依据是什么？

5-10　与土的压实性有关的主要因素有哪些？简要说明。

5-11　土的结构划分有哪几种？每种结构土体的特点是什么？

5-12　以下提法是否正确？为什么？

① A 土的饱和度如果大于 B 土，则 A 土必定比 B 土软。

② 土的天然重度大，则土的密实性必好。

5-13　什么是土的结构性？

5-14　试述地基处理的目的及一般方法。

5-15　水泥土搅拌法与高压喷射注浆法各有什么特征？

5-16　基础托换可采用哪些方法？

2.4.6　计算题

6-1　某一原状土样，体积为 140cm^3，土样质量为 260g，烘干后质量为 243g，土粒相对密度为 2.70。试确定该土样的含水量 w、孔隙比 e 及干重度 γ_d。

6-2　某完全饱和土样，土粒的相对密度为 2.60，含水量为 26.5%。试计算土样的孔隙比和重度。

6-3 某无黏性土样，经筛分析后各颗粒粒组含量见表 2-10。试确定该土样的名称。

表 2-10 土样的筛分析结果

粒径（mm）	20～2	2～0.5	0.5～0.25	0.25～0.075	0.075～0.05	<0.05
粒组含量（%）	13	18.5	26.3	19.7	17.2	5.3

6-4 某砂土土样的天然密度为 1.79g/cm^3，天然含水量为 11.8%，土粒相对密度为 2.67，烘干后测定最小孔隙比为 0.561，最大孔隙比为 0.963。试求该砂样的天然孔隙比 e 和相对密实度 D_r，并评价该砂土的密实度。

6-5 某地基土的试验中，已测得土样的天然含水量 w=19.2%，土样的干密度为 ρ_d=1.53g/cm^3，土粒相对密度为 d_s=2.70。

① 试计算土的孔隙比 e、孔隙率 n 和饱和度 S_r。

② 若又测得土样液限 w_L=28.3%，塑限 w_P=15.6%，试计算该土样的塑性指数 I_P和液性指数 I_L，并确定该土的名称及状态。

6-6 某原状土样，体积为 100cm^3，其质量为 196.0g，烘干后质量为 155.0g，土粒相对密度 d_s=2.65。试求：该土的天然密度 ρ、含水量 w、干密度 ρ_d及孔隙比 e。

6-7 某原状土样，体积为 72cm^3，质量为 132g，烘干后土体质量为 122g，土粒相对密度 d_s=2.72。

① 试求含水量 w、孔隙比 e、孔隙率 n、饱和度 S_r、天然重度 γ、饱和重度 γ_{sat}和有效重度 γ'。

② 若测得土的最大干密度为 1.97g/cm^3，最小干密度为 1.45g/cm^3，试求相对密实度 D_r，并判断该土的密实程度。

6-8 某工地在填土施工中所用含水量为 5%，为便于夯实，需在土料中加水，使其含水量增至 15%。试问每 1000kg 质量的土料应加多少水？

6-9 某填土工程的填方量为 V=30000m^3，压实后的干密度要求不小于 ρ_d=1.70t/m^3，压实时的最佳含水量为 w_{op}=18%，取土现场土料的天然含水量 w=15%，天然密度 ρ=1.64 t/m^3。试确定：

① 需运来多少土料？

② 为使土料达到最佳含水量，在压实前需加多少水？

2.5 习题解答

2.5.1 填空题解答

1-1 固体颗粒　水　气体

1-2 结合水　自由水　毛细水　强结合水　弱结合水

1-3 土中水的质量　土粒质量

1-4 含水量　土粒的相对密度　天然重度　烘干法　比重瓶　环刀

1-5 最佳含水量

1-6 土的相对密实度　标准贯入锤击数

1-7 $\dfrac{w-w_P}{w_L-w_P}$　软硬状态　软

1-8 降低　增大　灵敏度

1-9 筛分法　均匀

1-10 最松散　最密实

1-11 松散　稍密　中密　密实

1-12 可塑　流动

1-13 多

1-14 18.5　1.27

1-15 可塑状态　半固态

1-16 黏土　粉质黏土

1-17 碎石土　粉土

1-18 不均匀　较好　良好

1-19 单粒结构　蜂窝结构　絮状结构

1-20 $D_r=\dfrac{e_{max}-e}{e_{max}-e_{min}}$　1

1-21 含水量　压实功能　土的级配

1-22 含水量　黏粒的含量　黏土矿物成分

1-23 土样 B　土样 A

1-24 $\gamma_{sat}>\gamma>\gamma_d>\gamma'$　$\gamma'=\gamma_{sat}-\gamma_w$

1-25 粉土　黏性土

1-26 砂　碎石　灰土

1-27 环刀取样法　贯入测定法　轻便触探法

1-28 旋转喷射　定向喷射　摆动喷射

1-29 水泥浆（粉）　石灰粉

1-30 排水　加压

2.5.2　单项选择题解答

2-1 (C)	**2-2** (B)	**2-3** (B)	**2-4** (C)	**2-5** (A)
2-6 (A)	**2-7** (D)	**2-8** (A)	**2-9** (B)	**2-10** (A)
2-11 (C)	**2-12** (C)	**2-13** (B)	**2-14** (D)	**2-15** (C)
2-16 (C)	**2-17** (B)	**2-18** (D)	**2-19** (A)	**2-20** (C)
2-21 (D)	**2-22** (C)	**2-23** (B)	**2-24** (D)	**2-25** (D)
2-26 (B)	**2-27** (A)	**2-28** (C)	**2-29** (D)	**2-30** (A)
2-31 (B)	**2-32** (A)	**2-33** (D)	**2-34** (A)	**2-35** (D)
2-36 (C)	**2-37** (B)	**2-38** (A)	**2-39** (A)	**2-40** (C)
2-41 (B)	**2-42** (B)	**2-43** (B)	**2-44** (D)	**2-45** (B)
2-46 (A)				

2.5.3 多项选择题解答

3-1 (BCD)	**3-2** (CD)	**3-3** (ABD)	**3-4** (AB)
3-5 (ACD)	**3-6** (ABD)	**3-7** (ABC)	**3-8** (BC)
3-9 (AB)	**3-10** (BC)	**3-11** (AC)	**3-12** (BC)
3-13 (ABC)	**3-14** (ACD)	**3-15** (ABC)	

2.5.4 判断题解答

4-1 (√)	**4-2** (√)	**4-3** (√)	**4-4** (×)	**4-5** (×)
4-6 (√)	**4-7** (×)	**4-8** (×)	**4-9** (√)	**4-10** (×)
4-11 (×)	**4-12** (√)	**4-13** (×)	**4-14** (×)	**4-15** (×)
4-16 (√)	**4-17** (×)	**4-18** (×)	**4-19** (×)	**4-20** (√)
4-21 (×)	**4-22** (×)	**4-23** (√)	**4-24** (×)	**4-25** (×)
4-26 (√)	**4-27** (√)	**4-28** (×)	**4-29** (×)	**4-30** (×)

2.5.5 简答题解答

5-1 【答】 粒径大小在一定范围内的土粒，其所含矿物成分及性质都比较接近，就将其划分为一个粒组。

土粒六大粒组划分的标准是粒径范围和土粒所具有的一般特征，如透水性大小、有无黏性、有无毛细水等。

5-2 【答】 通过颗粒分析试验测定土中各个粒组的相对含量（即各粒组占土粒总量的百分数），并据此应用曲线表示土粒的大小及组成情况，称为土的颗粒级配曲线。

根据颗粒级配曲线的坡度和曲率可判断土样的级配状况：曲线平缓，说明土颗粒大小相差悬殊，土粒不均匀，分选差，级配良好；曲线较陡，则说明土颗粒大小相差不多，土粒较均匀，分选性较好，级配不良。

根据颗粒级配曲线还可以确定土的有效粒径（d_{10}）、限定粒径（d_{60}与d_{30}）和任一粒组的百分含量。

5-3 【答】 无黏性土的物理状态指标有孔隙比、相对密实度、标准贯入锤击数，主要评价无黏性土的松散密实程度。黏性土的物理状态指标主要有界限含水量、塑性指数、液性指数。

黏性土含水量较大时，土体处于流动状态；当含水量减少到一定程度时，土体呈现出可塑性质，若含水量继续减少，土体由可塑状态转变为半固态及固态；塑性指数的大小与土中黏粒含量有关，土粒越细，黏粒含量越多，塑性指数就越大；液性指数主要评价黏性土的软硬程度。

5-4 【答】 反映砂土密实程度的指标主要有孔隙比、相对密实度、标准贯入锤击数。它们的不足之处：孔隙比不能反映影响密实度的其他因素，如土粒形状、级配；相对密实度中的最大和最小孔隙比的测试方法不够完善，试验结果有较大离散性，特别是原状砂土很难取得，天然孔隙比就很难准确测定；标准贯入锤击数在深层土体中难以现场试验。

5-5 【答】 黏性土的液限与塑限的差值，去掉百分号，称为塑性指数（I_p）。塑性指数越大，黏粒含量就越多，土粒越细。工程上利用塑性指数大小对黏性土进行分类。

5-6 【答】 土的天然含水量和塑限的差值与液限和塑限的差值之比，称为液性指数（I_L）。工程上按液性指数大小将黏性土划分为坚硬、硬塑、可塑、软塑及流塑五种状态，I_L越大，土体越软。

5-7 【答】 计算液性指数的各界限含水量值，均是用重塑土在实验室测定的，其值不能反映土的结构性能。通常天然土体的含水量超过液限时，并不处于流动状态，仍有一定的结构强度，但土的结构一经扰动，土体便呈流动状态。

5-8 【答】 不可能。由相对密实度概念公式 $D_r=\dfrac{e_{max}-e}{e_{max}-e_{min}}$ 可以知道，如果相对密实度大于 1，则土的天然孔隙比要小于自己的最小孔隙比，即各孔隙比指标试验值有误。

5-9 【答】 地基岩土分为岩石、碎石土、砂土、粉土、黏性土和人工填土六大类。

岩石可按坚硬程度、风化程度和完整程度进行分类；碎石土是指粒径大于 2mm 的颗粒含量超过全重 50%的土，可按粒组含量及颗粒形状进行分类；砂土是指粒径大于 2mm 的颗粒含量不超过全重的50%、粒径大于 0.075mm 的颗粒超过全重 50%的土，可按粒组含量进行分类；粉土是指塑性指数 $I_p \leqslant 10$ 且粒径大于 0.075mm 的颗粒含量不超过全重 50%的土；黏性土是指塑性指数 $I_p > 10$ 的土，按塑性指数大小可分为黏土和粉质黏土，按液性指数 I_L 大小可分为坚硬、硬塑、可塑、软塑及流塑五种状态；人工填土则根据其物质组成和成因进行分类。

5-10 【答】 与土的压实性有关的主要因素有：土的含水量、压实功能、土颗粒的粗细与级配等。土的含水量不同，改变了土中颗粒之间的作用力，并改变了土的结构与状态，从而在一定压实功能下，改变着压实效果。压实功能的大小，应与含水量大小相适应。含水量较小时，应选用较大压实能，以便克服土粒之间的摩擦阻力；含水量较大时，应选用较小压实能，避免孔隙中的水来不及排出而形成橡皮土。土颗粒越粗，就越能在低含水量时获得最大干密度；级配良好的土，压实时细颗粒能填充到粗颗粒形成的孔隙中，因而可以获得较好的压实效果，反之，级配差的土体，颗粒越均匀，压实效果越差。

5-11 【答】 土的结构划分为单粒结构、蜂窝结构、絮状结构。

单粒结构：土的粒径较大，彼此之间无联结力或只有微弱的联结力，土粒呈棱角状、表面粗糙。

蜂窝结构：土的粒径较小，颗粒间的联结力强，吸引力大于其重力，土粒停留在最初的接触位置上不再下沉。

絮状结构：土粒较长时间在水中悬浮，单靠自身重力不能下沉，而是由胶体颗粒结成棉絮状，以粒团的形式存在。

5-12 【答】 ①不正确。饱和度大，不一定含水量就大，还和孔隙体积有关。再者，砂土并不考虑软硬。

②不正确。土的密实性主要与干重度有关，土的干重度越大，土体的密实性越好。

5-13 【答】 土的结构性是指土的物质组成（主要指土粒，也包括孔隙）的空间相互排列，以及土粒间的联结特征的综合。对土的物理力学性质有重要的影响。土的结构，按其颗粒的排列方式有单粒结构、蜂窝结构、絮状结构等。土的结构在形成过程中以及形成之后，当外界条件变化时（如荷载条件、湿度条件等），都会使土的结构发生变化。

5-14 【答】 地基处理的目的主要有：提高地基强度，增加其稳定性；降低地基的压缩性，减少其变形；改善地基的渗透性，减少其渗透或加强其渗透稳定；改善地基的动力特性，提高其抗震性能；改善地基的某种特殊的不良特性，满足其工程性质的要求。地基处理的基本方法主要有置换、夯实、挤密、排水、胶结、加筋、热学等。

5-15 【答】 水泥土搅拌法是利用水泥或石灰作为固化剂，通过特制的深层搅拌机械，在地层深处将软黏土和固化剂强制拌和，使软黏土硬结成具有整体性、水稳定性和一定强度的水泥加固土，从而提高地基强度。水泥土搅拌法将固化剂和原地基软土就地搅拌混合，最大限度地利用了原土，且搅拌时无振动、无噪声和无污染，搅拌时地基侧向挤出较小，设计比较灵活，可根据上部结构的需要，灵活地采用柱状、壁状、格栅状和块状等加固形式。

高压喷射注浆法是利用钻机把带有喷嘴的注浆管钻进至土层的预定位置后，以高压设备使浆液或水成为20～40MPa的高压射流从喷嘴中喷射出来，冲击破坏土体，同时钻杆以一定速度旋转逐渐向上提升，将浆液与土粒强制搅拌混合，浆液凝固后，在土体中形成一个固结体。施工设备简单，适用范围较广，且可控制固结体形状，可垂直、倾斜和水平喷射。

5-16 【答】 基础托换是对原有建筑物的地基和基础进行处理和加固，或在既有建筑物基础下需要修建地下工程以及邻近新建工程而影响到既有建筑物的安全等问题时所采取的处理方法。可分为桩式托换法、灌浆托换法和基础加固法三种。

2.5.6 计算题解答

6-1 【解】 已知 $V=140\text{cm}^3$，$m=260\text{g}$，$m_s=243\text{g}$，$d_s=2.70$

由已知条件可求得：$m_w=m-m_s=260-243=17\text{g}$，$V_w=17\text{cm}^3$

由
$$d_s=\frac{m_s}{V_s\rho_w}=2.70$$

得
$$V_s=\frac{m_s}{2.70\rho_w}=\frac{243}{2.70\times1.0}=90\text{ cm}^3$$

所以 $V_v=V-V_s=140-90=50\text{cm}^3$

则所求各物理性质指标如下：

$$w=\frac{m_w}{m_s}\times100\%=\frac{17}{243}\times100\%=7\%$$

$$e=\frac{V_v}{V_s}=\frac{50}{70}=0.56$$

$$\gamma_d=\frac{m_s g}{V}=\frac{243\times10}{140}=17.4\text{kN/m}^3$$

6-2 【解】 设 $V_s=1.0\text{cm}^3$

由
$$d_s=\frac{m_s}{V_s\rho_w}=2.6$$

得
$$m_s=d_sV_s\rho_w=2.6\text{g}$$

由
$$w=\frac{m_w}{m_s}=26.5\%$$

得
$$m_w=w\cdot m_s=0.265\times2.6=0.689\text{g}$$
$$V_w=0.689\text{ cm}^3$$

$$m = m_s + m_w = 2.6 + 0.689 = 3.289\text{g}$$

由已知条件土样是完全饱和，知 $V_v = V_w = 0.689\ \text{cm}^3$

$$V = V_v + V_s = 0.689 + 1 = 1.689\text{cm}^3$$

则所求物理性质指标如下：

$$e = \frac{V_v}{V_s} = \frac{0.689}{1} = 0.689$$

$$\gamma = \frac{mg}{V} = \frac{3.289 \times 10}{1.689} = 19.47\ \text{kN/m}^3$$

6-3 【解】 根据题目已知条件，得

粒径大于 2mm 的颗粒占总重 13%；

粒径大于 0.5mm 的颗粒占总重 13%+18.5%=31.5%；

粒径大于 0.25mm 的颗粒占总重 31.5%+26.3%=57.8%>50%；

粒径大于 0.075mm 的颗粒占总重 57.8%+19.7%=77.5%；

该土样为中砂。

6-4 【解】 先计算砂土在天然状态下的孔隙比 e：

由
$$e = \frac{d_s(1+w)\rho_w}{\rho} - 1$$

得
$$e = \frac{2.67 \times (1 + 0.118)}{1.79} - 1 = 0.668$$

计算相对密实度 D_r：

由
$$D_r = \frac{e_{max} - e}{e_{max} - e_{min}}$$

得
$$D_r = \frac{0.963 - 0.668}{0.963 - 0.561} = 0.734$$

$$1 \geqslant D_r = 0.734 > 0.67$$

故属密实砂土。

6-5 【解】 ①根据换算公式 $e = \dfrac{d_s\rho_w}{\rho_d} - 1$，得

孔隙比 e
$$e = \frac{2.7 \times 1}{1.53} - 1 = 0.76$$

孔隙率 n
$$n = \frac{e}{1+e} \times 100\% = \frac{0.76}{1 + 0.76} \times 100\% = 43.2\%$$

饱和度 S_r
$$S_r = \frac{wd_s}{e} \times 100\% = \frac{0.192 \times 2.7}{0.76} \times 100\% = 68.2\%$$

②塑性指数
$$I_P = w_L - w_P = 28.3 - 15.6 = 12.7$$

液性指数
$$I_L = \frac{w - w_P}{I_P} = \frac{19.2 - 15.6}{12.7} = 0.28$$

因为 $10 < I_p = 12.7 < 17$，$0.25 < I_L = 0.28 < 0.75$，所以该土定名为粉质黏土，处于可塑状态。

6-6 【解】 已知 $V = 100\text{cm}^3$，$m = 196\text{g}$，$m_s = 155\text{g}$，$d_s = 2.65$

由已知条件可求得：$m_w = m - m_s = 196 - 155 = 41\text{g}$

则所求各物理性质指标如下：

① 天然密度 $$\rho=\frac{m}{V}=\frac{196}{100}=1.96\text{g/cm}^3$$

② 含水量 $$w=\frac{m_w}{m_s}\times 100\%=\frac{41}{155}\times 100\%=26.5\%$$

③干密度 $$\rho_d=\frac{m_s}{V}=\frac{155}{100}=1.55\text{g/cm}^3$$

④由 $d_s=\dfrac{m_s}{V_s\rho_w}$，得 $$V_s=\frac{m_s}{d_s\rho_w}=\frac{155}{2.65\times 1}=58.5\ \text{cm}^3$$

孔隙比 $$e=\frac{V_v}{V_s}=\frac{100-58.5}{58.5}=0.71$$

6-7 【解】 已知 $V=72\text{cm}^3$，$m=132\text{g}$，$m_s=122\text{g}$，$d_s=2.72$

由已知条件可求得：$m_w=m-m_s=132-122=10\text{g}$

则所求各物理性质指标如下：

① 天然重度 $$\gamma=\frac{mg}{V}=\frac{132\times 10}{72}=18.3\text{g/cm}^3$$

含水量 $$w=\frac{m_w}{m_s}\times 100\%=\frac{10}{122}\times 100\%=8.2\%$$

孔隙比 $$e=\frac{d_s(1+w)\gamma_w}{\gamma}-1=\frac{2.72\times(1+0.082)\times 10}{18.3}-1=0.61$$

孔隙率 $$n=\frac{e}{1+e}=\frac{0.61}{1+0.61}\times 100\%=37.9\%$$

饱和度 $$S_r=\frac{w\,d_s}{e}=\frac{0.082\times 2.72}{0.61}\times 100\%=36.6\%$$

饱和重度 $$\gamma_{sat}=\frac{d_s+e}{1+e}\cdot\gamma_w=\frac{2.72+0.61}{1+0.61}\times 10=20.7\text{kN/m}^3$$

有效重度 $$\gamma'=\gamma_{sat}-\gamma_w=20.7-10=10.7\text{kN/m}^3$$

②由最大干密度可求得最小孔隙比

$$e_{min}=\frac{d_s\rho_w}{\rho_{dmax}}-1=\frac{2.71\times 1}{1.97}-1=0.38$$

由最小干密度可求得最大孔隙比

$$e_{max}=\frac{d_s\rho_w}{\rho_{dmin}}-1=\frac{2.72\times 1}{1.45}-1=0.88$$

则相对密实度 $$D_r=\frac{e_{max}-e}{e_{max}-e_{min}}=\frac{0.88-0.61}{0.88-0.38}=0.54$$

$0.67\geqslant D_r=0.54>0.33$，所以该土为中密土。

6-8 【解】 设要使土料含水量增至15%，所需加水的质量为 Δm_w

因为土料加水前后土粒质量不变 $$w=\frac{m_w}{m_s}\times 100\%$$

所以，加水前：$m_s+0.05m_s=1000$

加水后：$m_s+0.15m_s=1000+\Delta m_w$

由以上两个式解得 $m_s=952\text{kg}$ $\Delta m_w=94.8\text{kg}$

即每 1000kg 质量的土料应加 94.8kg 的水。

6-9 **【解】** 土料压实后 $\rho_d = 1.70\text{t/m}^3$

由
$$\rho_d = \frac{m_s}{V}$$

得
$$m_{s后} = \rho_d V = 1.7 \times 30000 = 51000\text{t}$$

由
$$w_{op} = \frac{m_{w后}}{m_{s后}} \times 100\%$$

得
$$m_{w后} = m_{s后} w_{op} = 51000 \times 0.18 = 9180\text{t}$$

现场土料的天然含水量 $w=15\%$

由
$$w = \frac{m_{w前}}{m_{s前}} \times 100\%$$

土料压实前后土粒质量不变，即 $m_{s前} = m_{s后}$

$$m_{w前} = w\, m_{s前} = 0.15 \times 51000 = 7650\text{t}$$

所需加水
$$\Delta m_w = m_{w后} - m_{w前} = 9180 - 7650 = 1530\text{t}$$

土料的天然密度 $\rho = 1.64\text{t/m}^3$

由
$$\rho = \frac{m}{V}$$

得天然状态下土料体积为：

$$V_{前} = \frac{m_{s前} + m_{w前}}{\rho} = \frac{7650 + 51000}{1.64} = 35762\text{m}^3$$

故①需运来 35762m³ 的土料。

②为使土料达到最佳含水量，在压实前需加 1530t 的水。

第 3 章　地基土中的应力计算

本章学习要求

通过本章的学习，理解自重应力和附加应力的概念，掌握地基土的自重应力和附加应力的分布规律及计算方法；掌握基底压力的简化计算方法；熟练掌握矩形和条形均布荷载作用下附加应力的计算方法。

3.1　学习指导

地基土中的应力有两种：由土体自重引起的自重应力和由新增外荷载引起的附加应力。

在计算地基土中应力时，一般将地基土视为均匀的、连续的、各向同性的半无限空间弹性体，应用弹性理论公式计算。

3.1.1　地基土中的自重应力

若将地基土视为均质的半无限弹性体，则在土体自重作用下，深度 z 处水平面上各点自重应力均相等且无限分布，在自重应力作用下地基土只产生竖向变形，而无侧向位移及剪切变形存在。故可认为土体中任意垂直面及水平面上只有正应力而无剪应力存在。

1. 均质土地基中的自重应力

设天然地面为无限大的水平面，土体天然重度为 γ，则在天然地面下任意深度 z 处的竖向自重应力 σ_{cz} 等于单位面积上土柱体自重，如图 3-1（a）所示，即

$$\sigma_{cz}=\frac{\gamma zA}{A}=\gamma z \tag{3.1}$$

式中　z——从天然地面算起的深度，m；

γ——土体的天然重度，kN/m³；

A——土柱体底面积，m²。

由式（3.1）可知，均质土层的自重应力 σ_{cz} 沿水平面均匀分布，且与深度 z 成正比，即随深度呈线性增加，如图 3-1（b）所示。

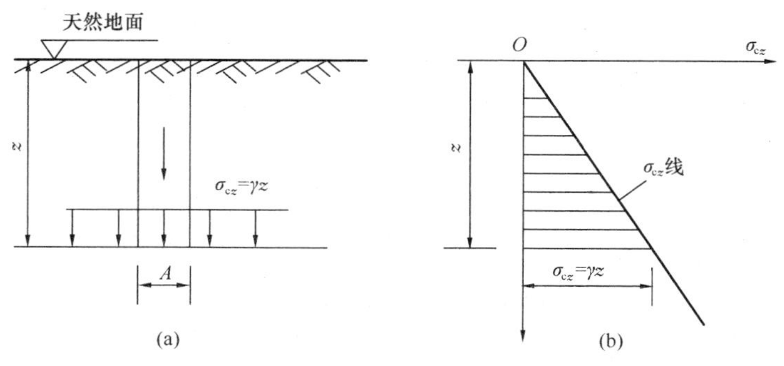

图 3-1　均质土地基中的自重应力

地基土在自重作用下，除作用于水平面上的竖向自重应力外，在竖直面上还作用有水平的侧向自重应力。根据弹性力学原理可知，侧向自重应力 σ_{cx} 和 σ_{cy} 与 σ_{cz} 成正比，即

$$\sigma_{cx} = \sigma_{cy} = K_0 \sigma_{cz} \tag{3.2}$$

式中　K_0——土的侧压力系数或称静止土压力系数，其经验值可查表得到。

2. 成层土地基中的自重应力

一般地，天然地基往往是由不同重度的土层组成，设各层土的重度为 γ_i，厚度为 h_i，则深度 z 处土的自重应力可通过对各层土自重应力求和得到，即

$$\sigma_{cz} = \gamma_1 h_1 + \gamma_2 h_2 + \gamma_3 h_3 + \cdots + \gamma_n h_n = \sum_{i=1}^{n} \gamma_i h_i \tag{3.3}$$

式中　n——从天然地面算起至深度为 z 处的土层数；

h_i——第 i 层土的厚度，m；

γ_i——第 i 层土的天然重度，kN/m^3。对地下水位以下的土层取有效重度 γ'，因为地下水位以下土受到水的浮力影响，其自重应力相应减少；对毛细饱和带的土层取饱和重度 γ_{sat}。

由式（3.3）可知，成层土的自重应力沿深度呈折线分布，转折点在土层交界处和地下水位处，如图 3-2 所示。

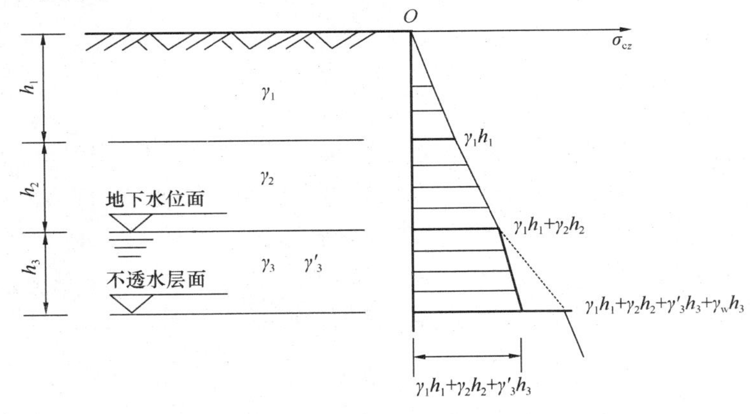

图 3-2　成层土地基中的自重应力

在地下水位以下若埋藏有不透水层（如岩石或连续分布的坚硬层），由于不透水层中不存在水的浮力，所以层面及层面以下土的自重应力应按上覆土层的水土总重计算。这样，在上覆层与不透水层界面上下的自重应力有突变，使层面处具有两个自重应力值，如图 3-2 所示。

需注意：①此处讨论的自重应力是指土颗粒之间接触点传递的粒间应力；②自重应力不再引起建筑物基础沉降，但对新近沉积或堆积的土层，则应考虑其在自重应力作用下的变形；③地下水位升降会引起地基土中自重应力发生变化。

3.1.2　基底压力

1. 基底压力分布规律

基底压力也称基础底面接触压力，是建筑物荷载通过基础传递给地基而引起的压力，也

是地基反作用于基础底面的反力。

基底压力的分布复杂，既与基础的形状、平面尺寸、刚度和埋置深度有关，又与基础上作用荷载的大小及性质、地基土的性质等有关。当基础为绝对柔性基础时（抗弯刚度 $EI=0$），基础随地基一起变形，中间沉降大，四周沉降小，基底压力分布与荷载分布相同。当基础为绝对刚性基础时（抗弯刚度 $EI=\infty$），基底受荷仍保持为平面，各点沉降相同，基底压力分布为四周大而中间小；当基础两边压力较大，地基土产生塑性变形后，基底压力呈马鞍形分布；随荷载的进一步增加，基础边缘地基土塑性变形区不断发展，绝对刚性基础的基底压力将由马鞍形逐步发展为抛物线形和钟形。

实际建筑物基础是介于绝对刚性与绝对柔性基础之间，且具有较大的抗弯刚度；而作用于基础上的荷载，受地基承载力的限制，一般不会很大，而且基础又有一定的埋深，因此，在实际工程中，对具有一定刚度、尺寸较小的扩展基础，其基底压力分布可近似为直线分布，按材料力学公式进行简化计算。而对于较复杂的基础，如柱下条形基础、筏板基础、箱形基础等，一般需考虑上部结构、基础刚度和地基土性质的影响，用弹性地基梁板的方法计算。

2. 基底压力的简化计算

(1) 中心荷载作用下的基底压力

作用于基础上的竖向荷载的合力通过基础底面形心时，如图 3-3 所示，基底压力可假设为均匀分布，按材料力学公式，有

$$P_k=\frac{F_k+G_k}{A} \tag{3.4}$$

式中 P_k——相应于作用的标准组合时，基础底面处的平均压力值，kPa；

F_k——相应于作用的标准组合时，上部结构传至基础顶面的竖向力值，kN；

G_k——基础及其上回填土的总重，kN，一般地，$G_k=\gamma_G Ad$，其中 γ_G 为基础及其上回填土的平均重度，通常 $\gamma_G=20\text{kN/m}^3$，地下水位以下部分取浮重度；d 为基础埋深，m，当室内外标高不同时取平均值（图 3-3）；

A——基础底面积，m^2。

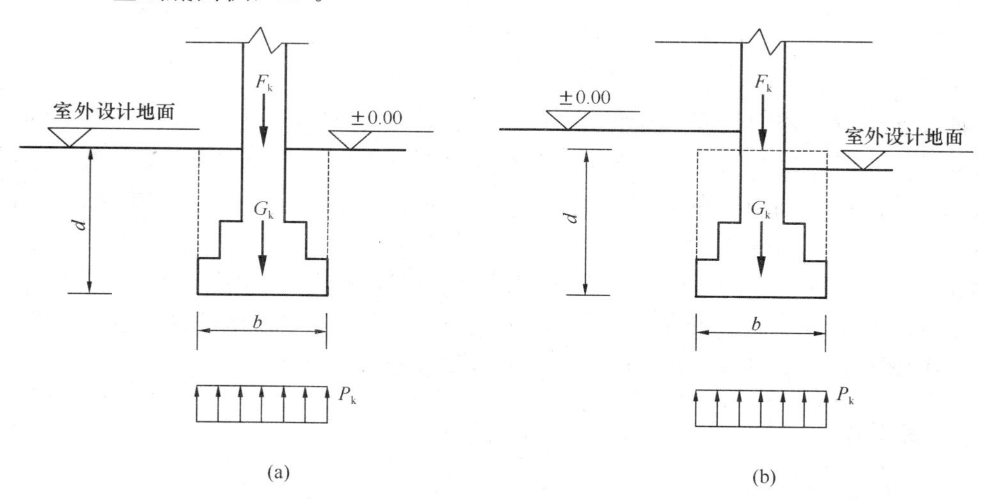

图 3-3 中心荷载作用下的基底压力

(a) 内墙或内柱基础；(b) 外墙或外柱基础

（2）偏心荷载作用下的基底压力

在基底的一个主轴平面内有偏心荷载或轴心荷载与弯矩同时作用，称为偏心受压基础。对单向偏心荷载作用下的矩形基础，通常偏心方向与基础长边方向一致，以增加基础的抗弯截面系数。按材料力学的偏心受压公式，有

$$\left.\begin{matrix}P_{kmax}\\P_{kmin}\end{matrix}\right\}=\frac{F_k+G_k}{A}\pm\frac{M_k}{W}\tag{3.5}$$

式中　P_{kmax}、P_{kmin}——相应于作用的标准组合时，基础底面边缘的最大、最小压力值，kPa；

M_k——相应于作用的标准组合时，作用于基底形心的力矩值，$M_k=(F_k+G_k)e$，kN·m；

e——荷载的偏心距；

W——基础底面的抵抗矩，m^3，对矩形基础 $W=bl^2/6$。

将偏心距 $e=\dfrac{M_k}{F_k+G_k}$，$A=bl$ 代入式（3.5），得

$$\left.\begin{matrix}P_{kmax}\\P_{kmin}\end{matrix}\right\}=\frac{F_k+G_k}{bl}\left(1\pm\frac{6e}{l}\right)\tag{3.6}$$

①当 $e<l/6$ 时，$P_{kmin}>0$，基底压力呈梯形分布，如图 3-4（a）所示；

②当 $e=l/6$ 时，$P_{kmin}=0$，基底压力呈三角形分布，如图 3-4（b）所示；

③当 $e>l/6$ 时，$P_{kmin}<0$，说明基底出现拉力，此时基础与地基局部脱开，使得基础与地基接触面积变小，基底压力重新分布。根据偏心荷载应与基底反力平衡的条件，偏心荷载（F_k+G_k）必作用于基底压力图形的形心处，如图 3-4（c）所示，则

$$P_{kmax}=\frac{2(F_k+G_k)}{3ab}\tag{3.7}$$

式中　a——单向偏心荷载作用点至基础最大压力边缘的距离，$a=\dfrac{l}{2}-e$，m；

b——基础底面宽度。

（3）基底的附加压力

由于基础都有一定的埋置深度，基底处的自重应力因基坑的开挖而卸除。因此，由建筑物荷载引起的基底附加压力 P_0，等于基底压力减去基底标高处原有土的自重应力，如图 3-5 所示。

当基底压力为均匀分布时

$$P_0=P_k-\sigma_{cz}=P_k-\gamma_0 d\tag{3.8}$$

式中　P_0——相应于作用准永久组合时，基底的附加压力，kPa；

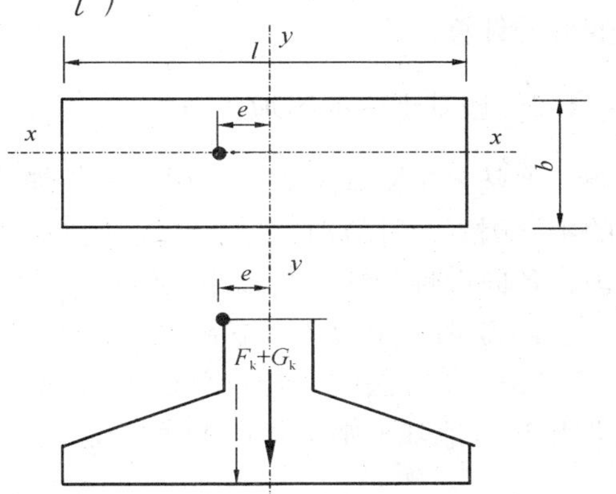

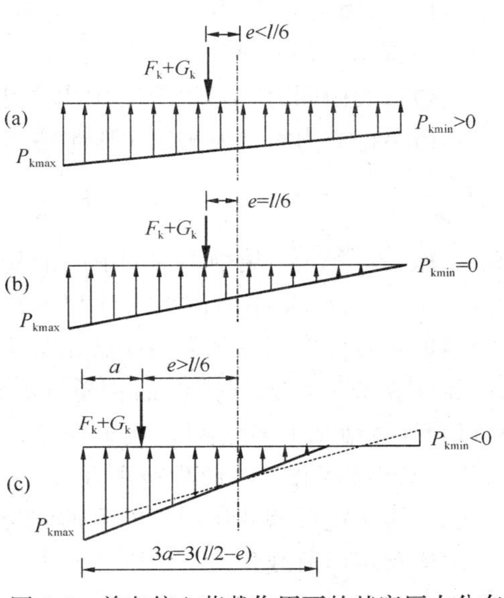

图 3-4　单向偏心荷载作用下的基底压力分布

σ_{cz}——基底处土的自重应力，kN/m²；

γ_0——基础埋深范围内各天然土层的加权平均重度（其中位于地下水位以下部分的取有效重度），kN/m³；

d——从天然地面算起的基础埋深，m。

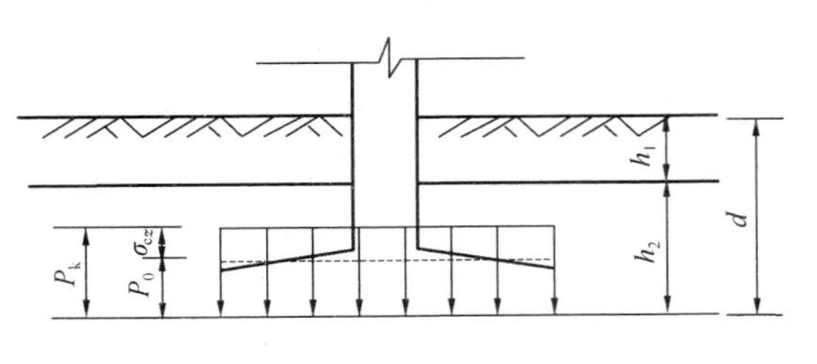

图 3-5　基底附加应力计算简图

当基底压力为梯形分布时

$$\left.\begin{matrix}P_{0\max}\\P_{0\min}\end{matrix}\right\}=\left.\begin{matrix}P_{k\max}\\P_{k\min}\end{matrix}\right\}-\gamma_0 d \tag{3.9}$$

基底附加压力 P_0求得后，可将其视为作用于地基表面的荷载，进行地基中附加应力和变形的计算。

3.1.3　地基土中的附加应力

地基土中附加应力是指由新增外加荷载在地基中产生的应力，它是引起地基变形与破坏的主要因素。计算时假定：①基础刚度为零，即基底作用的是柔性荷载；②地基是连续、均匀、各向同性的线性变形半无限体。

1. 竖向集中力作用下的附加应力

1885 年，法国学者布辛奈斯克（J. Boussinesq）用弹性理论推出在地表作用有竖向集中力 P 时地基土中任意点 M 所引起的竖向附加应力 σ_z的计算公式，即

$$\sigma_z = K\frac{P}{z^2} \tag{3.10}$$

式中　K——集中力作用下的地基土中竖向附加应力系数，是 r/z 的函数，可查表求得；

z——计算点 M 的深度，m。

当地基表面同时有若干个集中力作用时，可分别算出各集中力在地基中引起的附加应力，然后根据应力叠加原理求出附加应力的总和，即

$$\sigma_z = K_1\frac{P_1}{z^2}+K_2\frac{P_2}{z^2}+\cdots+K_n\frac{P_n}{z^2} \tag{3.11}$$

式中　K_i——第 i 个集中力作用下的地基土中竖向附加应力系数，按 r_i/z 查表，其中 r_i是第 i 个集中力作用点至 M 点的水平距离。

当地基表面作用局部分布荷载，若荷载平面形状或分布规律不规则时，可将荷载面或基础底面分成若干形状规则的面积单元，将每个单元上的分布荷载视为集中力，再利用式（3.11）计算地基中某点 M 的附加应力。

2. 矩形荷载作用下的附加应力

（1）均布矩形荷载作用下的附加应力

①均布矩形荷载角点下的附加应力

$$\sigma_z = K_c P_0 \tag{3.12}$$

式中　K_c——均布矩形荷载角点下的竖向附加应力系数，由 l/b、z/b 查表求得。其中 l 为基础长边，b 恒为基础短边。

② 均布矩形荷载任意点下的附加应力

在实际工程中，常需求地基中任意点的附加应力。对不位于角点下的四种情况（图 3-6），可利用“角点法”求得。

a. O 点在均布荷载面内，如图 3-6（a）所示。

$$\sigma_z = (K_{c\text{I}} + K_{c\text{II}} + K_{c\text{III}} + K_{c\text{IV}})P_0$$

若 O 点位于均布荷载面的中心，$K_{c\text{I}} = K_{c\text{II}} = K_{c\text{III}} = K_{c\text{IV}}$，则有 $\sigma_z = 4K_{c\text{I}}P_0$。

b. O 点在均布荷载的边界上，如图 3-6（b）所示。

$$\sigma_z = (K_{c\text{I}} + K_{c\text{II}})P_0$$

c. O 点在荷载边缘外侧，如图 3-6（c）所示，此时荷载面 $abcd$ 可以看成由Ⅰ（$oeag$）与Ⅱ（$ofbg$）之差和Ⅲ（$ohde$）与Ⅳ（$ohcf$）之差合成的，则有

$$\sigma_z = (K_{c\text{I}} - K_{c\text{II}} + K_{c\text{III}} - K_{c\text{IV}})P_0$$

d. O 点在荷载角点外侧，如图 3-6（d）所示，此时荷载面 $abcd$ 看成由Ⅰ（$ohde$）与Ⅳ（$ogbf$）两个面积中扣除Ⅱ（$ohcf$）与Ⅲ（$ogae$）而成的，则有

$$\sigma_z = (K_{c\text{I}} - K_{c\text{II}} - K_{c\text{III}} + K_{c\text{IV}})P_0$$

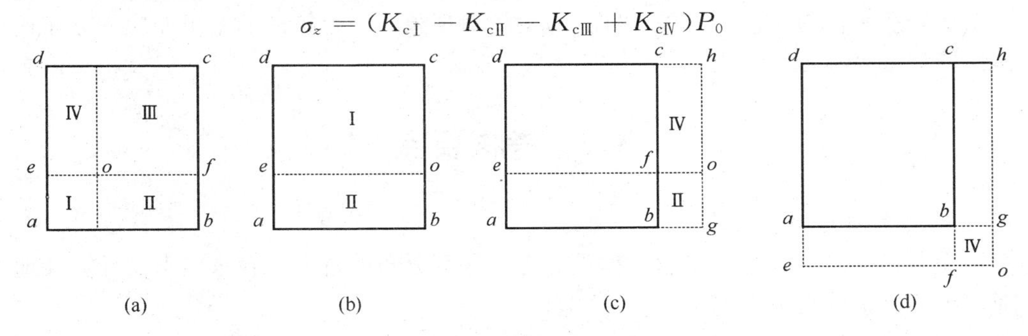

图 3-6　角点法计算均布矩形荷载下的附加应力

（2）三角形分布矩形荷载作用下的附加应力

零值点边角点下任意深度 z 处的竖向附加应力为

$$\sigma_z = K_{t1}P_0 \tag{3.13}$$

最大值点边角点下任意深度 z 处的竖向附加应力为

$$\sigma_z = K_{t2}P_0 \tag{3.14}$$

式中　K_{t1}、K_{t2}——矩形面积上竖向三角形荷载作用下，零值点边和最大值点边角点下的竖向附加应力系数，由 l/b、z/b 查表求得。其中 b 为沿三角形分布荷载方向的边长。

3. 条形荷载作用下的附加应力

（1）线荷载作用下的附加应力

$$\sigma_z = \frac{2P_0z^3}{\pi R_1^4} = \frac{2P_0z^3}{\pi(x^2+z^2)^2} \tag{3.15}$$

（2）均布条形荷载作用下的附加应力

$$\sigma_z = K_{sz}P_0 \tag{3.16}$$

式中 K_{sz}——均布条形荷载作用下的竖向附加应力系数，可由 $m=x/b$，$n=z/b$ 查表求得。

(3) 三角形分布的条形荷载作用下的附加应力

$$\sigma_z = K_{tz}P_t \tag{3.17}$$

式中 K_{tz}——三角形分布的条形荷载作用下的竖向附加应力系数，可由 $m=x/b$，$n=z/b$ 查表求得。

4. 非均质地基中的附加应力

由于地基的不均匀性，地基土的竖向附加应力 σ_z 的分布会发生应力集中现象或应力扩散现象。双层地基是工程上常见的情况，天然形成的双层地基有下列两种可能的情况。

(1) 上层软弱下层坚硬

地基土上层为松软的可压缩土层，下层为不可压缩层。此时，上层土中荷载中轴线附近的附加应力 σ_z 比均质土体时增大；离开中轴线，应力差逐渐减小，至某一距离后，应力又将小于均质土体中的附加应力，即出现应力集中现象。

(2) 上层坚硬而下层软弱

当地基的上层土为坚硬土层而下层为软弱土层，在下层软土中将发生荷载中轴线附近附加应力 σ_z 比均质土体时减小的现象，即为应力扩散现象。应力扩散的结果使应力分布比较均匀，从而使地基沉降也趋于均匀。

3.2 考核要点

1. 土的自重应力概念及计算

考核要点：土的自重应力概念、自重应力沿深度分布的特点、自重应力的计算及地下水的升降对土的自重应力的影响。

2. 基底压力、基底附加压力的概念及计算

考核要点：基底压力与基底附加压力的概念、影响基底压力分布规律的因素、基底压力简化计算的方法。

3. 地基土中附加应力的计算

考核要点：地基土中附加应力计算的假设条件、附加应力在地基中传播和扩散的规律、均布矩形荷载作用下地基竖向附加应力的计算、条形均布荷载作用下地基竖向附加应力的计算。

4. 有效应力

考核要点：有效应力原理及应用。

3.3 典型题解

【例 3-3-1】 简述基底压力和基底附加压力的含义及它们之间的关系。

【答】 基底压力也称基础底面接触压力，是建筑物荷载通过基础传递给地基而引起的压力，也是地基反作用于基础底面的反力。

基底附加压力是指由于建筑物的建造和使用，建筑物荷载在基底增加的压力。

基底附加压力等于基底压力减去基底标高处原有土的自重应力。

【例 3-3-2】 简述地基土中竖向附加应力 σ_z 的分布规律。

【答】 ① 地基土中竖向附加应力 σ_z 的分布范围大，不仅分布在荷载面积之内，而且还分布到荷载面积之外，即所谓附加应力的扩散；

② 在离基础底面（地基表面）不同深度 z 处各个水平面上，以基底中心点下轴线处的 σ_z 为最大，离开中心轴线越远的点 σ_z 越小；

③ 在荷载分布范围内任意点竖直线上的 σ_z 值，随着深度的增大逐渐减小；

④ 方形荷载所引起的竖向附加应力 σ_z，其影响深度要比条形荷载小得多。

【例 3-3-3】 计算基底压力和基底附加压力时，所用到的基础埋深 d 是否一样？

【答】 基底压力计算公式 $P_k = \dfrac{F_k + \gamma_G A d}{A}$ 中的埋深 d，是用来计算基础及其上回填土的总重量的，因此公式中的埋深 d 取的是平均埋深，包括了超出原地面标高的回填土层。

基底附加压力计算公式 $P_0 = P_k - \gamma_0 d$ 中的埋深 d，由于 $\gamma_0 d$ 指的是基底标高处原有土的自重应力，范围从原地面至基础底面，不包括回填土或为垫高室内标高的新填土层，因此公式中的埋深 d 应从天然地面标高至基础底面为止。

【例 3-3-4】 抽取地下水的地区往往会产生地面下沉现象，为什么？

【答】 抽取地下水造成地下水位下降后，土体自重应力增加，形成附加应力，使土层在此应力作用下产生压缩沉降，即产生地面下沉。

【例 3-3-5】 某建筑场地的地层分布均匀，如图 3-7 所示，第一层为杂填土，厚 1.5m，$\gamma_1 = 17\text{kN/m}^3$；第二层为粉质黏土，厚 4m，$\gamma_2 = 19\text{kN/m}^3$，$\gamma_{2\text{sat}} = 19.2\text{kN/m}^3$，地下水位在地面下深 2m 处；第三层为淤泥质黏土，厚 5m，$\gamma_{3\text{sat}} = 18.2\text{kN/m}^3$；第四层为粉土，厚 3m，$\gamma_{4\text{sat}} = 19.7\text{kN/m}^3$；第五层为砂岩，未钻透。试计算各层交界处的竖向自重应力 σ_{cz} 并绘出沿深度的分布图。

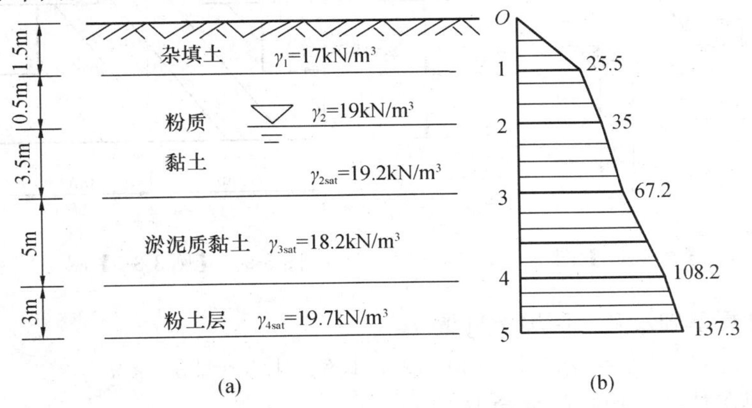

图 3-7　【例 3-3-5】图

（a）地质剖面；（b）σ_{cz} 分布曲线（kPa）

【解】 由自重应力计算公式 $\sigma_{cz} = \sum_{i=1}^{n} \gamma_i h_i$，可得

①杂填土层底　　$\sigma_{cz1} = \gamma_1 h_1 = 17 \times 1.5 = 25.5\text{kPa}$

②地下水位处　　$\sigma_{cz2} = \sigma_{cz1} + \gamma_2 h_2 = 25.5 + 19 \times 0.5 = 35\text{kPa}$

③粉质黏土层底 $\sigma_{cz3} = \sigma_{cz2} + \gamma'_2 h_3 = 35 + 9.2 \times 3.5 = 67.2\text{kPa}$

④淤泥质黏土层底 $\sigma_{cz4} = \sigma_{cz3} + \gamma'_3 h_4 = 67.2 + 8.2 \times 5 = 108.2\text{kPa}$

⑤粉土层底 $\sigma_{cz5} = \sigma_{cz4} + \gamma'_4 h_4 = 108.2 + 9.7 \times 3 = 137.3\text{kPa}$

【例 3-3-6】 如图 3-8 所示矩形面积（$ABCD$）上作用均布荷载 P_0＝100kPa。试用角点法计算 G 点下深度 6m 处 M 点的竖向应力 σ_z 值。

【解】 利用角点法 $\sigma_z = K_c P_0$

作辅助线如图 3-8 所示，$K_c = K_{cAEGH} - K_{cBEGI} - K_{cDFGH} + K_{cCFGI}$

对矩形 $AEGH$ ：l=12m　b=8m　l/b=1.5　z/b=0.75　K_{cAEGH}=0.218

对矩形 $BEGI$ ：l=8m　b=2m　l/b=4　z/b=3　K_{cBEGI}=0.093

对矩形 $DFGH$ ：l=12m　b=3m　l/b=4　z/b=2　K_{cDFGH}=0.135

对矩形 $CFGI$ ：l=3m　b=2m　l/b=1.5　z/b=3　K_{cCFGI}=0.061

则

$$\begin{aligned}\sigma_z^G &= (K_{cAEGH} - K_{cBEGI} - K_{cDFGH} + K_{cCFGI})P_0 \\ &= (0.218-0.093-0.135+0.061)\times 100 \\ &= 0.051\times 100 = 5.1\text{kPa}\end{aligned}$$

【例 3-3-7】 某建筑物基础底面尺寸为 l＝2m，b＝1.6m，其上作用轴心荷载 F_k＝350kN，Q_k＝60kN，M'_k＝82kN·m，V_k＝30kN，基础埋深 d＝1.3m，基础剖面如图 3-9 所示。试计算基底压力和基底附加压力。

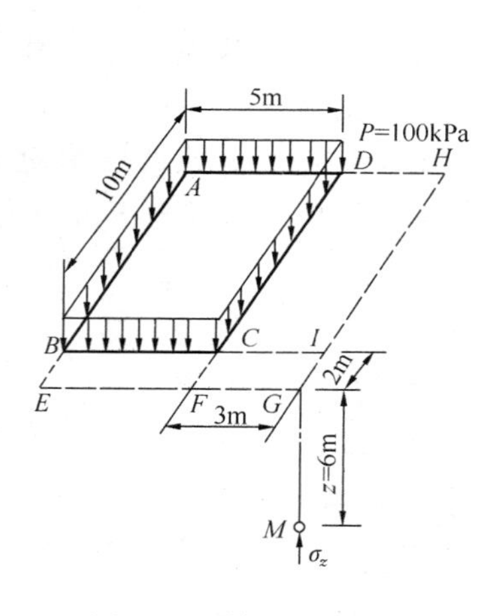

图 3-8 【例 3-3-6】图

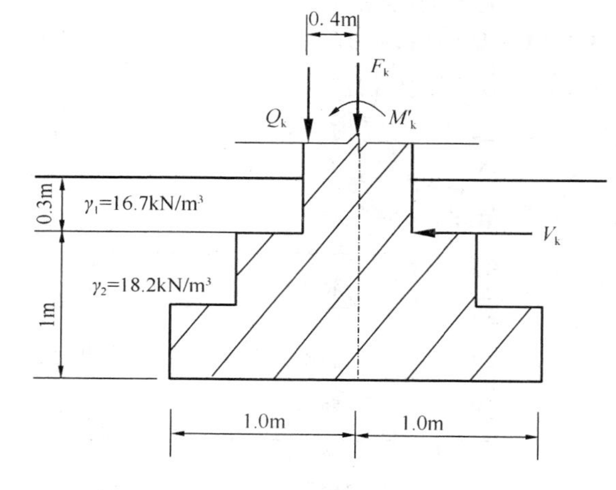

图 3-9 【例 3-3-7】图

【解】 ①计算基础及其上回填土自重

$$G_k = \gamma_G A d = 20 \times 2 \times 1.6 \times 1.3 = 83.2\text{kN}$$

②计算作用在基础上轴向荷载合力

$$\Sigma F_k = F_k + Q_k = 350 + 60 = 410\text{kN}$$

③计算作用在基础底面的合力矩

$$\Sigma M_k = M'_k + 0.4Q_k + 1 \times V_k = 82 + 0.4 \times 60 + 1 \times 30 = 136\text{kN}\cdot\text{m}$$

④ 求偏心距 e

$$e = \frac{\Sigma M_k}{\Sigma F_k + G_k} = \frac{136}{410 + 83.2} = 0.275\text{m}$$

$e < \frac{l}{6}(=0.33\text{m})$，基底压力呈梯形分布。

⑤ 求基底压力

$$\left.\begin{matrix} P_{\text{kmax}} \\ P_{k\text{min}} \end{matrix}\right\} = \frac{\Sigma F_{\text{k}} + G_{\text{k}}}{bl}(1 \pm \frac{6e}{l})$$

$$= \frac{410 + 83.2}{2 \times 1.6} \times \left(1 \pm \frac{6 \times 0.275}{2}\right) = \begin{matrix} 281.3 \\ 27 \end{matrix} \text{kPa}$$

⑥ 求基底附加压力

$$\gamma_0 = \frac{16.7 \times 0.3 + 18.2 \times 1.0}{1.3} = 17.85\text{kN/m}^3$$

$$\left.\begin{matrix} P_{0\text{max}} \\ P_{0\text{min}} \end{matrix}\right\} = \left.\begin{matrix} P_{\text{kmax}} \\ P_{\text{kmin}} \end{matrix}\right\} - \gamma_0 d = \begin{matrix} 281.3 \\ 27 \end{matrix} - 17.85 \times 1.3 = \begin{matrix} 258.1 \\ 3.8 \end{matrix} \text{kPa}$$

【例 3-3-8】 是非题（　）由于土的自重应力属于有效应力，因此在建筑物建造后，自重应力仍会继续使土体产生变形。

【答】 ×

【释】 土的自重应力引起的土体变形在建造房屋前已经完成，只有新填土或地下水位下降才会继续引起变形。

【例 3-3-9】 选择题　若长方形基础上竖向偏心荷载 $F_{\text{k}}+G_{\text{k}}=400\text{kN}$，偏心距 $e=0.2\text{m}$，为保证基底的最大压应力小于 200kPa，则其另一边的宽度至少应大于（　）m。

A. 2.0　　B. 1.6　　C. 1.5　　D. 1.2

【答】 B

【释】 利用基底最大压力计算公式 $P_{\text{kmax}} = \frac{F_{\text{k}} + G_{\text{k}}}{bl}\left(1 + \frac{6e}{l}\right)$ 进行分析。

【例 3-3-10】 选择题　只有（　）才能引起地基的附加应力和变形。

A. 有效应力　　B. 有效自重应力　　C. 基地压力　　D. 基底附加压力

【答】 D

【释】 基底附加压力是指由于建筑物的建造和使用，建筑物荷载在基底增加的压力，其在地基中产生的应力，是引起地基变形与破坏的主要因素。

3.4　习　　题

3.4.1　填空题

1-1　地基土中应力按其起因可分为____和____。

1-2　由土体的自重在地基内所产生的应力称为____；由建筑物的荷载或其他外荷载在地基内所产生的应力称为____。

1-3　自重应力从____算起，附加应力从____算起。

1-4　附加应力自____起算（基础底面或天然地面），随深度____。自重应力自____起算（基础底面或天然地面），随深度呈____。

1-5 饱和黏性土所受的总压力是颗粒间接触压力和____之和，且前者随后者的增大而____。

1-6 通过基础传递至地基表面的压力称为____，由于建筑物的建造而在基础地面处所产生的压力增量称为____。

1-7 基底压力的大小和分布状况，除与荷载的大小和性质、基础的平面形状和尺寸有关外，还与____、____以及____等多种因素有关。

1-8 若基础底面宽度为 b，则地基主要受力层指条形基础底面下深度为____，方形基础底面下深度为____的范围。

1-9 在基底压力的简化计算中，假设基底压力呈____分布，计算基础及其上回填土的总重量时，其平均重度一般取____。

1-10 长期抽取地下水，导致地下水位大幅度下降，从而使原水位以下土的有效自重应力____，而造成地面____的严重后果。

1-11 在中心荷载作用下，基底压力近似呈____分布，在单向偏心荷载作用下，当偏心距 $e<l/6$ 时，基底压力呈____分布；当 $e=l/6$ 时，基底压力呈____分布。

1-12 某柱下方形基础边长 2m，埋深 $d=1.5$m，柱传给基础的竖向力 $F_k=800$kN，地下水位在地表下 0.5m 处，则基底压力 P_k 为____ kPa。

1-13 已知某地基土，重度 $\gamma=19.3$kN/m^3，地下水位在地面以下 2m 处，则 2m 处由上部土层所产生的竖向自重应力为____ kPa。若地下水位以下土的饱和重度 $\gamma_{sat}=20.6$kN/m^3，则地面以下 4m 处由上部土层所产生的竖向自重应力为____ kPa。

1-14 已知某天然地基上的浅基础，基础地面尺寸为 3.5m×5.0m，埋深 $d=2$m，由上部结构传下的竖向荷载 $F_k=4500$kN，则基底压力 P_k 为____ kPa。

1-15 基底附加压力是____与____之差，是引起____的主要原因。

1-16 在饱和土中，总应力等于____与____之和。

1-17 已知某天然地基上的浅基础，基础地面尺寸为 2.5m×3.5m，埋深 $d=2$m，地基土为黏土，重度 $\gamma=19$kN/m^3，地下水在地表下 1m 处，地下水位以下土的饱和重度 $\gamma_{sat}=20.2$kN/m^3，由上部结构传下的竖向荷载 $F_k=1200$kN，则基底压力 P_k 为____ kPa，基底附加压力 P_0 为____ kPa。

1-18 对于上层软弱下层坚硬的地基，上层土中荷载中轴线附近的附加应力比均质土体时____；离开中轴线，应力差逐渐____，直至某一距离后，应力又将____均匀半无限体时的应力。这种现象称为应力____现象。

1-19 计算条形基础的基底压力时，在基础的长边方向通常取 $l=$____计算。

1-20 在荷载分布范围内任意点竖直线上的 σ_z 值，随着深度增大逐渐____。

1-21 对于上层坚硬下层软弱的地基，在下层软土中将发生荷载中轴线附近的附加应力比均质土体时____，这种现象称为应力____现象。应力____的结果使土中应力分布趋于____，从而使地基沉降也趋于____。

1-22 土中应力按土骨架和土中孔隙的分担作用可分为____和____两种。

1-23 地下水位上升会引起地基承载力的____、湿陷性土的____现象。

1-24 地基土中除有作用于水平面的竖向自重应力 σ_{cz} 外，还有作用于竖直面的侧向自重应力____和____。

1-25　在计算地基土附加应力时，一般假定地基土是____、____、____线性变形半无限体。

2.4.2　单项选择题

2-1　下列说法中，（　）是错误的。

A. 地下水位的升降对土中自重应力有影响

B. 地下水位下降会使土中的自重应力增大，粒径分布不均匀

C. 当地层中存在有承压水层时，该层自重应力的计算方法与潜水层相同，即该层土的重度取有效重度来计算

D. 当地层中有不透水层存在时，不透水层中的静水压力为零

2-2　在基底附加压力计算公式 $P_0=P-\gamma d$ 中，（　）。

A. d 为基础平均埋深

B. d 为从室内地面算起的埋深

C. d 为从室外地面算起的埋深

D. d 为从天然地面算起的埋深，对于新填土场地则从老天然地面算起

2-3　某场地自上而下的土层分布为：第一层粉土，厚 3m，重度 $\gamma=18\text{kN/m}^3$；第二层黏土，厚 5m，重度 $\gamma=18.4\text{kN/m}^3$，饱和重度 $\gamma_{sat}=19\text{kN/m}^3$，地下水位距地表 5m，则地表下 6m 处土的竖向自重应力为（　）。

A. 99.8kPa　　B. 109.8kPa　　C. 111kPa　　D. 109.2kPa

2-4　一墙下条形基础底宽 1m，埋深 1m，承重墙传来的中心竖向荷载为 150kN/m，则基底压力为（　）。

A. 150.0kPa　　B. 160.0kPa　　C. 170.0kPa　　D. 180.0kPa

2-5　如果土的竖向自重应力记为 σ_{cz}，侧向自重应力记为 σ_{cx}，则二者的关系为（　）

A. $\sigma_{cz}<\sigma_{cx}$　　B. $\sigma_{cz}=\sigma_{cx}$　　C. $\sigma_{cx}=K_0\sigma_{cz}$　　D. $\sigma_{cz}=K_0\sigma_{cx}$

2-6　当地下水位从地表处下降至基底平面处，则土中附加应力和自重应力将（　）。

A. 附加应力增大，自重应力减小　　B. 附加应力减小，自重应力增大

C. 附加应力增大，自重应力增大　　D. 附加应力减小，自重应力减小

2-7　已知某均质地基，地下水位在地面下 1m 处，土的饱和重度 $\gamma_{sat}=19.9\text{kN/m}^3$，天然重度 $\gamma=17.6\text{kN/m}^3$，则地面下 2m 处土的竖向自重应力为（　）。

A. 27.5kPa　　B. 37.5kPa　　C. 39.8kPa　　D. 35.2kPa

2-8　地基表面作用着均布的矩形荷载，在矩形的中心点以下，随着深度的增加，地基中的（　）。

A. 附加应力线性减小，自重应力增大　B. 附加应力非线性减小，自重应力增大

C. 附加应力不变，自重应力增大　　D. 附加应力线性增大，自重应力减小

2-9　由建筑物荷载或其他外载在地基内产生的应力称为（　）

A. 自重应力　　B. 附加应力

C. 基底压力　　D. 基底附加压力

2-10　某柱下方形基础边长 2m，埋深 $d=1.5\text{m}$，柱传给基础的竖向力 $F_k=800\text{kN}$，地下水位在地表下 0.5m 处，则基底压力 P_k 为（　）。

A. 210kPa　　B. 215kPa　　C. 220kPa　　D. 230kPa

2-11　承上题，设地基为黏土，重度 $\gamma=18\text{kN/m}^3$，饱和重度 $\gamma_{sat}=19\text{kN/m}^3$，则基底附加压力 P_0 为（　）。

A. 202kPa　　B. 220kPa　　C. 192kPa　　D. 191.5kPa

2-12　承上题，基底中心点下 2m 深处的竖向附加应力为（　）。

A. 35.39kPa　　B. 141.56kPa　　C. 67.87kPa　　D. 6451kPa

2-13　计算土体自重应力时，对地下水位以下的土层采用（　）。

A. 干重度　　B. 有效重度　　C. 饱和重度　　D. 天然重度

2-14　自重应力在均质土中呈（　）分布。

A. 折线分布　　B. 曲线分布　　C. 直线分布　　D. 均匀分布

2-15　地基中，地下水位的变化，会引起地基中的自重应力（　）

A. 增大　　B. 减小　　C. 不变　　D. 可能增大，也可能减小

2-16　有两个不同的基础，其基础总压力相同，在同一深度处（　）。

A. 宽度小的基础产生的附加应力大　　B. 宽度小的基础产生的附加应力小

C. 宽度大的基础产生的附加应力大　　D. 两个基础产生的附加应力相等

2-17　在相同的基底附加应力 P_0 作用下，均布方形荷载所引起的影响深度比条形荷载（　）

A. 大　　B. 小　　C. 相等　　D. 小得多

2-18　下面有关自重应力的叙述，不正确的是（　）。

A. 计算地下水位以下的自重应力时，取土的有效重度计算

B. 自重应力随深度的增加而增大

C. 地下水位以下的同一土层土的自重应力按直线变化，或按折线变化

D. 土的自重应力分布曲线是一条折线，拐点在土层交界处和地下水位处

2-19　某均质地基土，重度 $\gamma=16.7\text{kN/m}^3$，则地面下深度 1.5m 处土的竖向自重应力为（　）。

A. 21.5kPa　　B. 25.05kPa　　C. 32.65kPa　　D. 24.9kPa

2-20　某一条形基础，宽度 $b=2\text{m}$，埋深 $d=1.5\text{m}$，由上部结构传来的竖向荷载 $F_k=500\text{kN/m}$，则该条形基础的基底压力 P_k 为（　）。

A. 260kPa　　B. 276kPa　　C. 280kPa　　D. 310kPa

2-21　承上题，若基底埋深范围内土的重度 $\gamma=19.7\text{kN/m}^3$，则该条形基础的基底附加压力 P_0 为（　）。

A. 230kPa　　B. 250.45kPa　　C. 218.6kPa　　D. 280kPa

2-22　在集中荷载作用下，地基中某点的附加应力与该集中力的大小（　）。

A. 无关　　B. 成反比

C. 成正比　　D. 有时成正比，有时成反比

2-23　利用角点法及角点下的附加应力系数表可求得（　）。

A. 地基中心点下的附加应力　　B. 地基投影范围内的附加应力

C. 地基投影范围外的附加应力　　D. 地基中任意点的附加应力

2-24　有一独立基础，在允许荷载作用下，基底各点的沉降都相等，则作用在基底的反

力分布应该是（　）。

A. 各点应力相等的矩形分布　　B. 中间小、边缘大的马鞍形分布

C. 中间大、边缘小的钟形分布　　D. 无法确定

2-25　在基底压力不变的条件下，增加基础埋深，地基中的附加应力将（　）。

A. 增大　　B. 减小　　C. 保持不变　　D. 增大或减小

3.4.3　多项选择题

3-1　下列说法，错误的是（　）

A. 竖向自重应力为直线分布

B. 按弹性理论，基底压力为直线分布

C. 按弹性理论，基底附加压力为直线分布

D. 附加应力为直线分布

3-2　在地基压力 $P_k = \dfrac{F_k + G_k}{A} = \dfrac{F_k + \gamma_G Ad}{A}$ 公式中，下列说法正确的是（　）

A. $G_k = \gamma_G Ad$ 为基础及其上回填土的平均重量

B. d 为基础的埋深

C. d 为从基础底面至室内设计地面的距离

D. $G_k = \gamma_G Ad$ 中 $\gamma_G = 20t/m^3$

3-3　下列有关附加应力的说法，正确的是（　）

A. 附加应力为折线或直线或曲线分布

B. 附加应力在地基中存在着大小相同的值

C. 在荷载分布范围内任意点沿铅垂线的值，随深度越向下越小

D. 地基中附加应力的分布规律也可以用“等直线”的方式表示

3-4　下列有关自重应力的说法，正确的是（　）

A. 竖直方向自重应力随深度而增大

B. 在同一土层中，水平方向的自重应力随深度而增大

C. 自重应力呈直线分布

D. 自重应力呈折线分布

3-5　应用弹性理论，在计算地基中的应力时，假定地基土为（　）

A. 均匀的　　B. 连续的　　C. 各向同性　　D. 各向异性

3-6　下列说法，正确的是（　）

A. 在集中荷载作用下，竖直方向附加应力随深度而减小

B. 在均布矩形荷载作用下，竖直方向附加应力随深度而减小

C. 在条形荷载作用下，水平方向附加应力的影响范围较浅

D. 位于基础边缘下的土容易发生剪切破坏

3-7　基底压力分布的影响因素有（　）

A. 基础的大小及刚度　　B. 作用在基础上的荷载大小和分布

C. 地基土的物理力学性质　　D. 地基的均匀程度

3-8　对土的自重应力有影响的是（　）

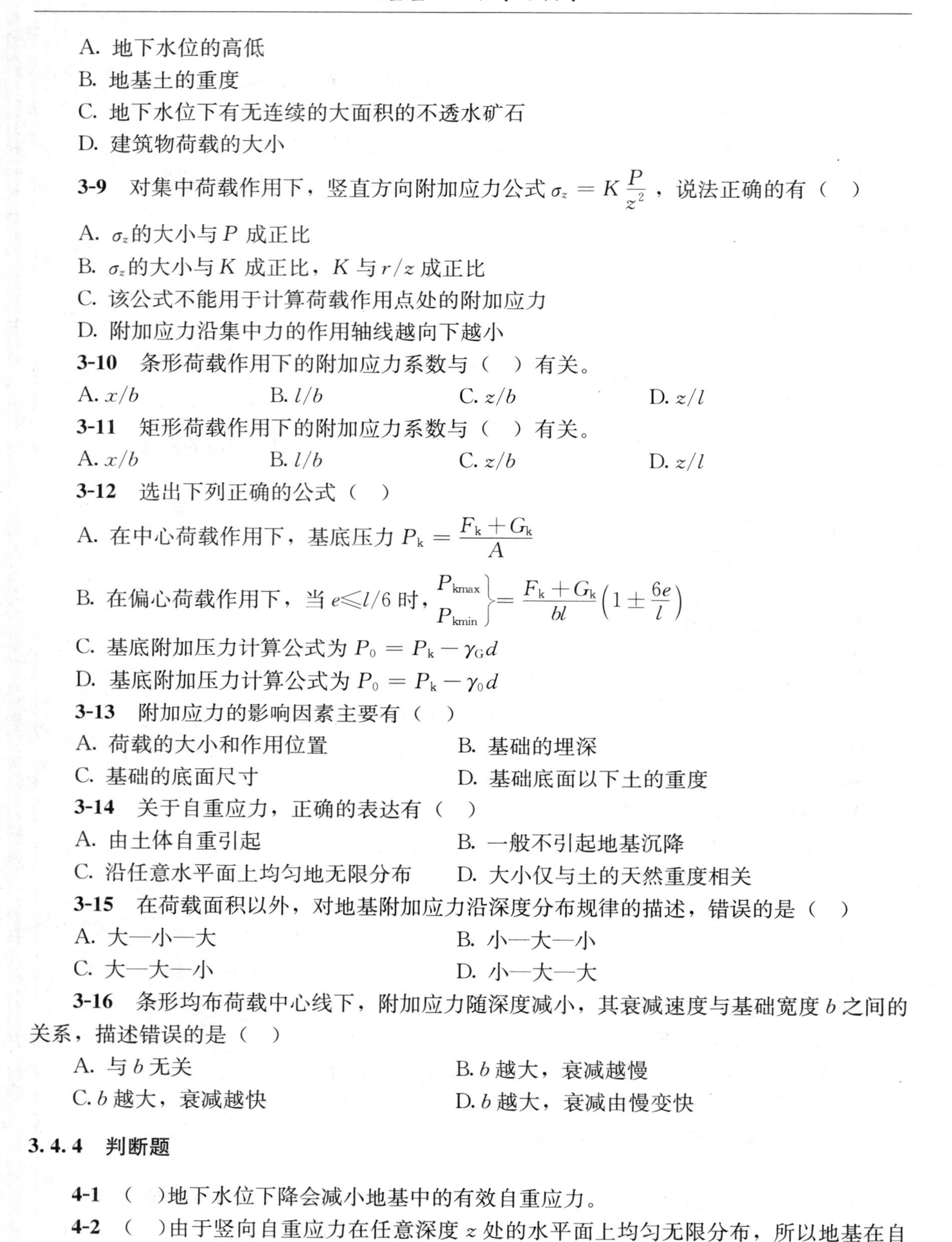

A. 地下水位的高低

B. 地基土的重度

C. 地下水位下有无连续的大面积的不透水矿石

D. 建筑物荷载的大小

3-9 对集中荷载作用下，竖直方向附加应力公式 $\sigma_z = K\dfrac{P}{z^2}$，说法正确的有（ ）

A. σ_z的大小与 P 成正比

B. σ_z的大小与 K 成正比，K 与 r/z 成正比

C. 该公式不能用于计算荷载作用点处的附加应力

D. 附加应力沿集中力的作用轴线越向下越小

3-10 条形荷载作用下的附加应力系数与（ ）有关。

A. x/b　　B. l/b　　C. z/b　　D. z/l

3-11 矩形荷载作用下的附加应力系数与（ ）有关。

A. x/b　　B. l/b　　C. z/b　　D. z/l

3-12 选出下列正确的公式（ ）

A. 在中心荷载作用下，基底压力 $P_k = \dfrac{F_k + G_k}{A}$

B. 在偏心荷载作用下，当 $e \leqslant l/6$ 时，$\left.\begin{matrix} P_{kmax} \\ P_{kmin} \end{matrix}\right\} = \dfrac{F_k + G_k}{bl}\left(1 \pm \dfrac{6e}{l}\right)$

C. 基底附加压力计算公式为 $P_0 = P_k - \gamma_G d$

D. 基底附加压力计算公式为 $P_0 = P_k - \gamma_0 d$

3-13 附加应力的影响因素主要有（ ）

A. 荷载的大小和作用位置　　B. 基础的埋深

C. 基础的底面尺寸　　D. 基础底面以下土的重度

3-14 关于自重应力，正确的表达有（ ）

A. 由土体自重引起　　B. 一般不引起地基沉降

C. 沿任意水平面上均匀地无限分布　　D. 大小仅与土的天然重度相关

3-15 在荷载面积以外，对地基附加应力沿深度分布规律的描述，错误的是（ ）

A. 大—小—大　　B. 小—大—小

C. 大—大—小　　D. 小—大—大

3-16 条形均布荷载中心线下，附加应力随深度减小，其衰减速度与基础宽度 b 之间的关系，描述错误的是（ ）

A. 与 b 无关　　B. b 越大，衰减越慢

C. b 越大，衰减越快　　D. b 越大，衰减由慢变快

3.4.4 判断题

4-1 （ ）地下水位下降会减小地基中的有效自重应力。

4-2 （ ）由于竖向自重应力在任意深度 z 处的水平面上均匀无限分布，所以地基在自重应力作用下，只产生竖向变形，而不产生侧向变形和剪切变形。

4-3　(　)在任何情况下，土体自重应力都不会引起地基沉降。

4-4　(　)附加应力 σ_z 不仅发生在荷载面积之下，而且分布在荷载面积外相当大的面积之下。

4-5　(　)在荷载分布范围内任意点沿垂线的附加应力 σ_z 值，随深度越向下越大。

4-6　(　)土体只有竖向自重应力，没有水平方向自重应力。

4-7　(　)基础埋深与土质条件和上部结构荷载大小及其性质有关。

4-8　(　)土中有效应力是指土粒所传递的粒间应力。

4-9　(　)在均质地基中，竖向自重应力随深度线性增加，而侧向自重应力则呈非线性增加。

4-10　(　)地基土受压时间越长，地基变形越大，孔隙水压力也越大。

4-11　(　)由于土的自重应力属于有效应力，因而与地下水的升降无关。

4-12　(　)在基底附加应力的计算公式中，对于新填土场地，基底处的自重应力宜从填土面起算。

4-13　(　)由于土的自重应力属于有效应力，因此在建筑物建造后，自重应力仍会继续使土体产生变形。

4-14　(　)随着土中有效应力的增加，土粒之间彼此进一步挤紧，土体产生压缩变形，土体的强度随之提高。

4-15　(　)地基中应力扩散现象，是由土中孔隙水压力消散而造成的。

4-16　(　)同一土层的自重应力按线性分布。

4-17　(　)矩形均布荷载作用下基础角点下某一深度处的附加应力，与基础中心点下同一深度处附加应力的关系是：$\sigma_{zA}<\sigma_{zD}/4$。

4-18　(　)地下水位下降会增加地基中的有效自重应力。

4-19　(　)地基中的自重应力一般不会引起地基新的变形，应力按非线性分布，计算从基底开始。

4-20　(　)土的静止侧压力系数 K_0 为土的侧向与竖向总自重应力之比。

3.4.5　简答题

5-1　什么是土的自重应力？什么是土的附加应力？两者计算时做了哪些假设？

5-2　地下水位的升降对自重应力有何影响？当地下水位变化时，计算中如何考虑？

5-3　何谓基底压力？影响基底压力分布的因素有哪些？

5-4　以均布矩形荷载为例，说明附加应力在地基中的分布规律。

5-5　何为角点法？如何应用角点法计算基础底面下任意点的附加应力？

5-6　双层地基的附加应力分布有何特点？

3.4.6　计算题

6-1　某建筑地基的地质资料如图 3-10 所示。试计算各土层的自重应力，并绘出应力分布图。

6-2　某工程地质剖面如图 3-11 所示，基岩埋深 7.5m，其上分别为粗砂及黏土层，粗砂层厚 4.5m，黏土层厚 3.0m，地下水位在地面下 2.1m 处，各土层的物理性质指标如图

3-11所示。试求：

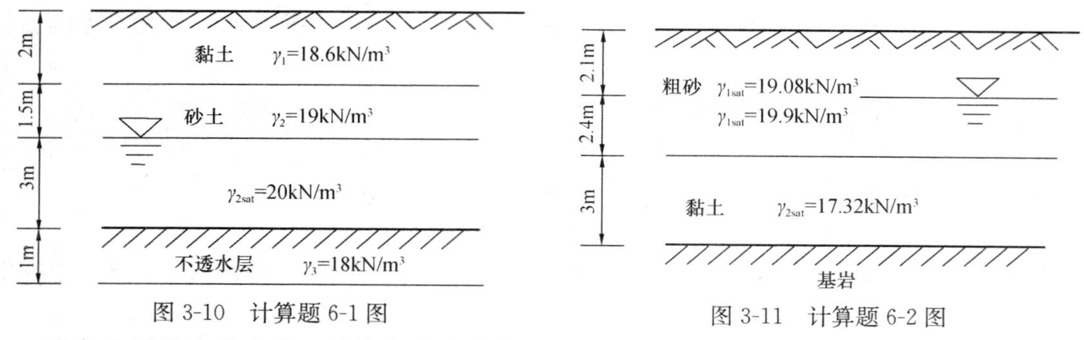

图 3-10 计算题 6-1 图　　图 3-11 计算题 6-2 图

①各土层的自重应力，并绘出应力分布图；

②若地下水位从原水位下降到黏土层的表面，此时土中的竖向自重应力分布将有何变化？

6-3 某建筑基础底面尺寸为 4m×2m，在基础顶面作用有偏心荷载 F_k＝650kN，偏心距 e'＝1.31m，基础埋深 d＝2m。试计算基底平均压力 P_k和边缘最大压力 P_{kmax}。

6-4 某基础的埋深 d＝1.5m，基础面积为 $B\times L$＝1m×2m，地面处由上部结构传来荷载为 200kN，基底上下均为黏土，土的重度 γ＝18.1kN/m³，饱和重度为 γ_{sat}＝19.7 kN/m³，地下水位于基底下 1m 处。求基底压力、基底附加压力、基底中心点下 3m 处的自重应力和附加应力。

6-5 如图 3-12 所示，在地表上作用 1000kN 的集中荷载。试计算：

①在荷载作用点下方（z 轴上）z＝8.0m 处的 M 点的竖向附加应力；

②深度 z＝8.0m、离荷载作用点的水平距离为 4.0m 处的 N 点的竖向附加应力。

6-6 如图 3-13 所示，基础作用均布荷载 P_0＝110kPa。试用角点法计算 A、B、C、D 各点下 4m 深度处的竖向附加应力 σ_z。

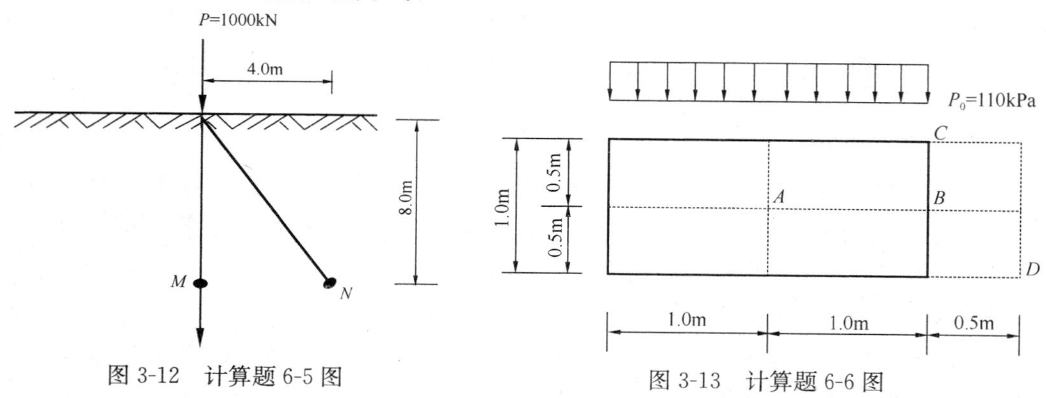

图 3-12 计算题 6-5 图　　图 3-13 计算题 6-6 图

6-7 如图 3-14 所示，某矩形均布荷载 P_0＝200kPa 作用于地基土表面，矩形面积尺寸为 $A\times B$＝105m²，已知角点下深度 z＝10m 处 M 点的附加应力 σ_z＝24kPa。试求矩形中心点下 z＝5m 处 N 点的竖向附加应力 σ_z。

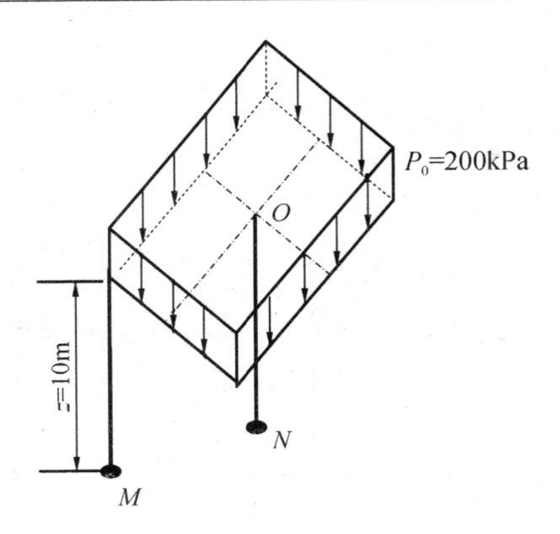

图 3-14　计算题 6-7 图

3.5　习题解答

3.5.1　填空题解答

1-1　自重应力　附加应力

1-2　自重应力　附加应力

1-3　地面　基底

1-4　基础底面　递减　天然地面　递增

1-5　孔隙水压力　减小

1-6　基底压力　基底附加压力

1-7　基础的刚度　基础的埋深　地基土的性质

1-8　$3b$　$1.5b$

1-9　线性　20kN/m^3

1-10　增大　附近沉降

1-11　均匀　梯形　三角形

1-12　220

1-13　38.6　59.8

1-14　297.1

1-15　基底压力　基底处土的自重应力　地基土附加应力和变形

1-16　有效应力　孔隙水压力

1-17　167　137.9

1-18　增大　减小　小于　集中

1-19　1m

1-20　减小

1-21　减小　扩散　扩散　均匀　均匀

1-22　有效应力　孔隙应力

1-23　降低　塌陷

1-24 $\underline{\sigma_{cx}}$ $\underline{\sigma_{cy}}$

1-25 连续 均匀 各向同性的

3.5.2 单项选择题解答

2-1	(C)	**2-2**	(D)	**2-3**	(A)	**2-4**	(C)	**2-5**	(D)
2-6	(B)	**2-7**	(A)	**2-8**	(B)	**2-9**	(B)	**2-10**	(C)
2-11	(A)	**2-12**	(A)	**2-13**	(B)	**2-14**	(C)	**2-15**	(D)
2-16	(A)	**2-17**	(D)	**2-18**	(C)	**2-19**	(B)	**2-20**	(C)
2-21	(B)	**2-22**	(C)	**2-23**	(D)	**2-24**	(B)	**2-25**	(B)

3.5.3 多项选择题解答

3-1	(AD)	**3-2**	(AB)	**3-3**	(BCD)	**3-4**	(AB)
3-5	(ABC)	**3-6**	(CD)	**3-7**	(ABCD)	**3-8**	(ABC)
3-9	(ACD)	**3-10**	(AC)	**3-11**	(BC)	**3-12**	(ABD)
3-13	(ABC)	**3-14**	(ABC)	**3-15**	(ACD)	**3-16**	(ACD)

3.5.4 判断题解答

4-1	(×)	**4-2**	(√)	**4-3**	(×)	**4-4**	(√)	**4-5**	(×)
4-6	(×)	**4-7**	(√)	**4-8**	(√)	**4-9**	(×)	**4-10**	(×)
4-11	(×)	**4-12**	(√)	**4-13**	(×)	**4-14**	(√)	**4-15**	(×)
4-16	(√)	**4-17**	(√)	**4-18**	(√)	**4-19**	(×)	**4-20**	(×)

3.5.5 简答题解答

5-1 【答】 由土体自重引起的应力称为土的自重应力；由建筑物荷载在地基土中引起的应力称为附加应力，它是引起地基变形和破坏的主要因素。两者计算时将地基土视为均匀的、连续的、各向同性的半无限空间弹性体，并利用弹性理论公式进行计算。

5-2 【答】 在工程实际中，地下水位的升降使地基土的自重应力发生变化：在软土地区，如大量抽取地下水，会使地下水位大幅下降，导致地基中原水位以下土的自重应力增加；在抬高蓄水位地区或大量工业用水渗入地下，由于地下水位上升，地基中土的自重应力减小。对饱和软黏土地基，当水位突然下降，土中水来不及从孔隙中排除出，计算自重应力时采用饱和重度。

5-3 【答】 基底压力也称基础底面接触压力，是建筑物荷载通过基础传递给地基而引起的压力，也是地基反作用于基础底面的反力。

影响基底压力的因素有：基础的形状、平面尺寸、刚度、埋深、基础上作用荷载的大小及性质、地基土的性质等。

5-4 【答】 ①在荷载轴线上，随着深度 z 的增加，σ_z 逐渐减少；

② 荷载面外，随着深度 z 的增加，σ_z 从零逐渐增大，至一定深度后又随着深度 z 的增加逐渐减小；

③ 在 z 为常数的水平面上，σ_z 在轴线位置上最大，并随着离轴线越远，σ_z 逐渐减小。

5-5 【答】 利用矩形面积角点下的附加应力计算公式和应力叠加原理，求出地基中任意点的附加应力的方法称为角点法。

在实际工程中求地基中任意点 M 的附加应力时，可将荷载面积划分为几块小矩形，并使每块小矩形的某一角点与 M 点对应，分别求出每个小矩形在 M 点的附加应力，然后将各值叠加，即为 M 点的附加应力。

5-6 【答】 双层地基由于地基的不均匀性，对附加应力的影响主要有两种情况，即应力集中现象和应力扩散现象。

若地基土上层为松软的可压缩土层，下层为不可压缩层，将出现上层土中荷载中轴线附近的附加应力 σ_z 比均质土体时增大的现象，即所谓应力集中现象；若地基土上层为坚硬土层而下层为软弱土层，将在下层软土中发生荷载中轴线附近附加应力 σ_z 比均质土体时减小的现象，即所谓应力扩散现象。

3.5.6 计算题解答

6-1 【解】 由自重应力计算公式 $\sigma_{cz}=\sum_{i=1}^{n}\gamma_i h_i$ 可得

① 黏土层底 $\sigma_{cz1}=\gamma_1 h_1=18.6\times 2=37.2\text{kPa}$

② 地下水位处 $\sigma_{cz2}=\sigma_{cz1}+\gamma_2 h_2=37.2+19\times 1.5=65.7\text{kPa}$

③ 砂土层底 $\sigma_{cz3}=\sigma_{cz2}+\gamma' h_3=65.7+10\times 3=95.7\text{kPa}$

④ 不透水层层面 $\sigma'_{cz3}=\sigma_{cz3}+h_3\gamma_w=95.7+3\times 10=125.7\text{kPa}$

⑤不透水层底面 $\sigma_{cz4}=\sigma'_{cz3}+\gamma_3 h_3=125.7+18\times 1=143.7\text{kPa}$

绘自重应力分布如图 3-16 所示。

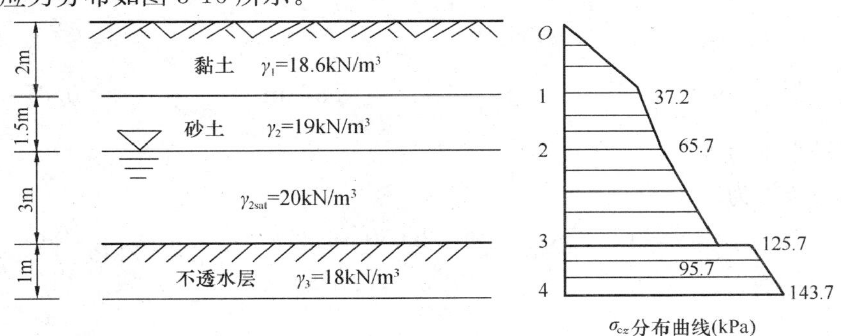

图 3-16 计算题 6-1 解答图

6-2 【解】 ①由自重应力计算公式 $\sigma_{cz}=\sum_{i=1}^{n}\gamma_i h_i$ 可得

地表 0 点处 $\sigma_{cz0}=0$

地下水位 1 点处 $\sigma_{cz1}=\gamma_1 h_1=19.08\times 2.1=40.1\text{kPa}$

粗砂层底 2 点处 $\sigma_{cz2}=\sigma_{cz1}+\gamma'_1 h_2=40.1+9.9\times 2.4=63.86\text{kPa}$

黏土层底 3 点处 $\sigma_{cz3}=\sigma_{cz2}+\gamma'_2 h_2=63.86+7.32\times 3=85.82\text{kPa}$

自重应力分布如图 3-17 实线所示。

② 当地下水位从原水位下降到黏土层的表面

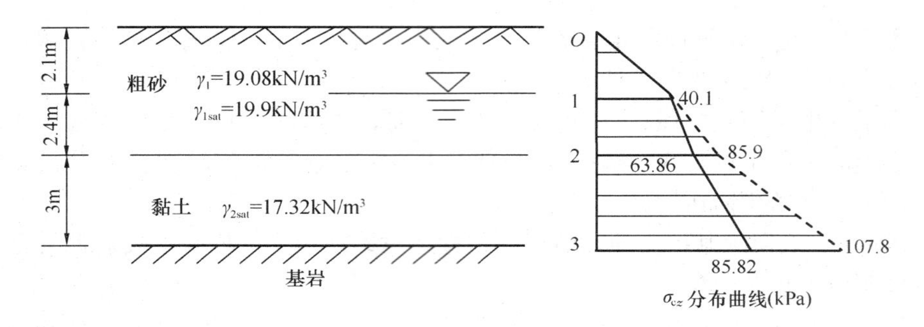

图 3-17 计算题 6-2 解答图

地表 0 点处 $\sigma_{cz0} = 0$

1 点处 $\sigma_{cz1} = \gamma_1 h_1 = 19.08 \times 2.1 = 40.1\text{kPa}$

粗砂层底 2 点处 $\sigma_{cz2} = \sigma_{cz1} + \gamma_1 h_2 = 40.1 + 19.08 \times 2.4 = 85.9\text{kPa}$

黏土层底 3 点处 $\sigma_{cz3} = \sigma_{cz2} + \gamma'_2 h_2 = 85.9 + 7.32 \times 3 = 107.8\text{kPa}$

自重应力分布如图 3-17 中虚线所示。

6-3 【解】 由题意知 F_k=650kN，e'=1.31m，d=2m

基础及其上回填土自重

$$G_k = \gamma_G A d = 20 \times 4 \times 2 \times 2 = 320\text{kN}$$

偏心荷载产生的力矩

$$M_k = F_k e' = 650 \times 1.31 = 851.5\text{kN}\cdot\text{m}$$

基底平均压力为

$$P_k = \frac{F_k + G_k}{A} = \frac{650 + 320}{4 \times 2} = 121.25\text{kPa}$$

因为偏心距 $e = \dfrac{M_k}{F_k + G_k} = \dfrac{851.5}{650 + 320} = 0.878\text{m} > \dfrac{l}{6} = \dfrac{4}{6} = 0.67\text{m}$

故基底最小压力为 $P_{min}=0$

最大基底压力为

$$P_{kmax} = \frac{2(F_k + G_k)}{3ab} = \frac{2(650 + 320)}{3(\frac{4}{2} - 0.878) \times 2} = 288.3\text{kPa}$$

6-4 【解】 基底压力 $P_k = \dfrac{F_k + G_k}{A} = \dfrac{200 + 2 \times 1 \times 1.5 \times 20}{2 \times 1} = 130\text{kPa}$

基底附加应力 $P_{k0} = P_k - \gamma d = 130 - 1.5 \times 18.1 = 102.85\text{kPa}$

基底中心点下 3m 处自重应力 $\sigma_{cz} = 2.5 \times 18.1 + 2.0 \times 9.7 = 64.65\text{kPa}$

基底中心点下 3m 处附加应力 $\sigma_z = 4K_c P_0 = 4 \times 0.0238 \times 102.85 = 9.79\text{kPa}$

6-5 【解】 集中荷载作用下土中任一点竖向附加应力 $\sigma_z = K\dfrac{P}{z^2}$

对 M 点：γ=0，z=8m，γ/z=0，查表，附加应力系数 K=0.4775

则 $\sigma_z^M = K\dfrac{P}{z^2} = 0.4775 \times \dfrac{1000}{8^2} = 7.46\text{kPa}$

对 N 点：γ=4m，z=8m，γ/z=0.5，查表，附加应力系数 K=0.2733

则 $$\sigma_z^N = K\frac{P}{z^2} = 0.2733 \times \frac{1000}{8^2} = 4.27\text{kPa}$$

6-6 【解】 点 A 位于荷载面中点，利用角点法，$\sigma_z^A = 4K_{c\mathrm{I}}P_0$

因为　$l_1/b_1 = 2.0$，$z/b_1 = 8.0$，$K_{c\mathrm{I}} = 0.0145$

则 $$\sigma_z^A = 4 \times 0.0145 \times 110 = 6.38\text{kPa}$$

点 B 位于荷载边缘中点，利用角点法，$\sigma_z^B = 2K_{c\mathrm{I}}P_0$

因为 $$l_1/b_1 = 4.0,\ z/b_1 = 8.0,\ K_{c\mathrm{I}} = 0.0246$$

则 $$\sigma_z^B = 2 \times 0.0246 \times 110 = 5.41\text{kPa}$$

点 C 位于荷载面角点，利用角点法，$\sigma_z^C = K_cP_0$

因为 $$l/b = 2.0,\ z/b = 4.0,\ K_c = 0.0474$$

则 $$\sigma_z^C = 0.0474 \times 110 = 5.21\text{kPa}$$

点 D 位于荷载面角点外侧，利用角点法，$\sigma_z^D = (K_{c\mathrm{I}} - K_{c\mathrm{II}})P_0$

因为　$l_1/b_1 = 2.5$，$z/b_1 = 4.0$，$K_{c\mathrm{I}} = 0.0539$；$l_2/b_2 = 2.0$，$z/b_2 = 8.0$，$K_{c\mathrm{II}} = 0.0145$

则 $$\sigma_z^D = (0.0539 - 0.0145) \times 110 = 4.33\text{kPa}$$

6-7 【解】 利用角点法，$\sigma_z = K_cP_0$

对角点下深度 $z=10\text{m}$ 处 M 点：$\frac{l}{b} = \frac{A}{B}\quad \frac{z}{b} = \frac{10}{B}$

故 $$K_c^M = \frac{\sigma_z^M}{P_0} = \frac{24}{200} = 0.12$$

对中心点下 $z=5\text{m}$ 处 N 点：$\frac{l}{b} = \frac{A/2}{B/2} = \frac{A}{B}\quad \frac{z}{b} = \frac{5}{B/2} = \frac{10}{B}$

故 $$K_c^M = K_c^N = 0.12$$

则中心点下 $z=5\text{m}$ 处 N 点：$\sigma_z^N = 4K_{c\mathrm{I}}P_0 = 4 \times 0.12 \times 200 = 96\text{kPa}$

第 4 章　地基变形计算

本章学习要求

通过本章的学习，了解地基土的压缩性，掌握侧限压缩试验及有关指标的测定；掌握地基沉降计算方法及沉降与时间的关系；了解建筑物的沉降观测方法，掌握地基变形特征值的类型。

4.1　学习指导

地基土在建筑荷载作用下，其原有应力状态将发生变化，从而引起地基产生压缩变形，建筑物基础产生沉降。基础沉降值的大小，一方面取决于建筑物荷载的大小和分布，另一方面取决于地基土层的类型、分布、各土层厚度及其压缩性。

若地基基础的沉降，特别是建筑物各部分之间由于荷载不同或土层压缩性不同而引起的不均匀沉降超过容许值范围，会使建筑物某些部位开裂、倾斜，严重时甚至发生倒塌。因此，要保证建筑物的安全和正常使用，在进行地基基础设计中，必须根据建筑物的情况和勘探试验资料，计算基础可能发生的沉降，并设法将其控制在建筑物所容许的范围以内。

4.1.1　土的压缩性

土在压力作用下体积缩小的特性称为土的压缩性。土体体积缩小的原因有三个方面：①土颗粒发生相对位移，土中水和气从孔隙中排出，孔隙体积减小；②土中水和封闭气体被压缩；③土颗粒本身被压缩。研究表明，在一般建筑物荷重作用下，土粒与土中水本身的压缩都很小，占土的压缩总量不到 1/400，因此可以忽略不计，认为土的压缩变形主要是土中孔隙体积减小的结果。

对于透水性较大的土，土中水易于从孔隙中排出，土的压缩过程很快就可完成；而对于饱和土，由于透水性小，排水缓慢，要达到压缩稳定需要较长的时间。土体在压力作用下，其压缩量随时间增长的过程，称为土的固结。

1. 侧限压缩试验

侧限压缩试验也称固结试验，主要研究土体在压力作用下孔隙比的变化规律，测定土的压缩指标，评价土的压缩性大小。

压缩试验时，先用金属环刀切取原状土样，将土样连同环刀放入一刚性护环内，其上、下各放置透水石，以便土中水的排出。通过传压板对土样分级施加压力（一般按四级加荷，P=50kPa、100kPa、200kPa、400kPa）。在每级压力 P_i 作用下，测出土样变形稳定后的变形量 s_i，然后再施加下一级压力。根据试样的稳定变形量，可以计算出相应荷载作用下的孔隙比 e_i。

以横坐标表示压力 P，纵坐标表示孔隙比 e，可绘制如图 4-1 所示的 e-P 关系曲线，也称压缩曲线。

2. 压缩性指标

(1) 压缩系数 a

压缩性不同的土，其 e-P 曲线的形状是不一样的。曲线越陡，说明在相同的压力增量作用下，土的孔隙比减少得越显著，因而土的压缩性越高。所以，曲线上任一点处切线的斜率 a 就表示了相应的压力作用下土的压缩性，即

$$a=-\frac{\mathrm{d}e}{\mathrm{d}P} \tag{4.1}$$

式中　a ——压缩系数，MPa^{-1}，负号表示 e 随 P 的增加而减小。

当压力变化范围不大时，可将压缩曲线上的小段曲线 M_lM_2 用其割线来代替，如图 4-1 所示。当压力由 P_1 增至 P_2 时，相应的孔隙比由 e_1 减小到 e_2，则压缩系数 a 近似地为割线斜率，即

$$a=-\frac{\Delta e}{\Delta P}=\frac{e_1-e_2}{P_2-P_1} \tag{4.2}$$

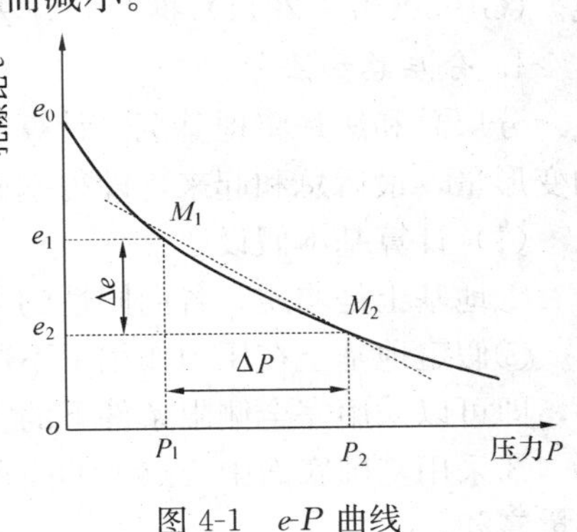

图 4-1　e-P 曲线

压缩系数 a 是表征土的压缩性的重要指标之一。压缩系数越大，表明土的压缩性越大。为便于应用和比较，《建筑地基基础设计规范》(GB 50007—2011) 提出用 $P_1=100\text{kPa}$、$P_2=200\text{kPa}$ 时相对应的压缩系数 a_{1-2} 来评价土的压缩性，具体规定如下：

$a_{1-2}<0.1\mathrm{MPa}^{-1}$ 时，属低压缩性土；

$0.1\mathrm{MPa}^{-1}\leqslant a_{1-2}<0.5\mathrm{MPa}^{-1}$ 时，属中等缩性土；

$a_{1-2}\geqslant 0.5\mathrm{MPa}^{-1}$ 时，属高压缩性土。

(2) 压缩模量 E_s

土的压缩模量是指土体在完全侧限的条件下，土的竖向附加应力与相应的竖向应变之比。

$$E_s=\frac{1+e_1}{a} \tag{4.3}$$

压缩模量是表征土的压缩性的另一重要指标，单位为 MPa。由式 (4.3) 知，E_s 与 a 成反比，即 a 越大，E_s 就越小，则土越软弱，压缩性越高。同样，也取 $P_1=100\text{kPa}$、$P_2=200\text{kPa}$ 时相对应的压缩模量 E_{s1-2} 来评价土的压缩性：

$E_{s1-2}<4\text{MPa}$ 时，属高压缩性土；

$4\text{MPa}\leqslant E_{s1-2}\leqslant 15\text{MPa}$ 时，属中等缩性土；

$E_{s1-2}>15\text{MPa}$ 时，属低压缩性土。

(3) 变形模量 E_0

土的变形模量是指土在无侧限条件下竖向压应力与竖向总应变之比值，是由现场静载荷试验测定的土的压缩性指标。压缩模量 E_s 与变形模量 E_0 之间的理论关系如下：

$$E_0=\beta E_s \tag{4.4}$$

式中　β ——与土的泊松比 μ 有关的系数。

$$\beta=1-\frac{2\mu^2}{1-\mu} \tag{4.5}$$

一般土的泊松比 μ 的变化范围在 0～0.5 之间，所以 $\beta \leqslant 1.0$，$E_0 < E_s$。

4.1.2 地基最终沉降量的计算

地基最终沉降量是指在建筑物荷载作用下，地基变形稳定后基础底面的沉降量，是随时间而发展的。计算地基最终沉降量的目的在于确定建筑物最大沉降量、沉降差和倾斜，并将其控制在允许范围内，以保证建筑物的安全和正常使用。

计算地基最终沉降量的方法有多种，目前一般采用分层总和法和《建筑地基基础设计规范》(GB 50007—2011) 推荐的方法。

1. 分层总和法

分层总和法是将地基沉降计算深度范围内的土层划分成若干薄层，分别计算每一薄层土的变形量，最后总和起来，即得基础的沉降量。

(1) 计算基本假设

①地基土是均质、各向同性的半无限线性变形体，因而可按弹性理论计算土中应力。

②假定地基土在压力作用下不产生侧向膨胀，土层在竖向附加应力作用下只产生竖向变形，即可以采用完全侧限条件下的室内压缩指标计算土层的变形量。

③采用基础底面中心点下的附加应力计算各分层的变形量，地基总沉降量即为各分层变形量之和。

(2) 计算公式

将基础底面下沉降计算深度范围内的土层划分为若干层。现分析第 i 分层的压缩量的计算。

如图 4-2 所示，在建筑建造前，第 i 分层仅受到土的自重应力作用，在建筑建造之后，该分层除受到自重应力作用外，还受到建筑荷载所产生的附加应力作用。

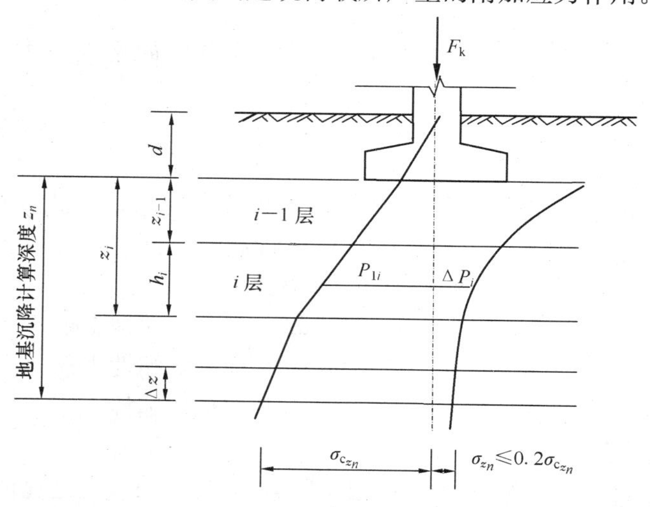

图 4-2 分层总和法计算沉降量示意图

一般地，土在自重应力作用下产生的变形早已结束，而只有附加应力才会使土层产生新的变形，从而使基础发生沉降。因假定地基土受荷后不产生侧向变形，所以其受力状况与土的室内压缩试验一样，故第 i 层土的沉降量按式 (4.6) 计算：

$$s_i=\frac{e_{1i}-e_{2i}}{1+e_{1i}}h_i \tag{4.6}$$

则基础总沉降量为

$$s=\sum_{i=1}^{n}s_i=\sum_{i=1}^{n}\frac{e_{1i}-e_{2i}}{1+e_{1i}}h_i \tag{4.7}$$

式中　s_i——第 i 分层土的沉降量，mm；

s——基础最终沉降量，mm；

e_{1i}——第 i 分层土在建筑物建造前所受平均自重应力作用下的孔隙比；

e_{2i}——第 i 分层土在建筑物建造后所受平均自重应力与平均附加应力共同作用下的孔隙比；

h_i——第 i 分层土的分层厚度，mm；

n——沉降计算深度范围内土层分层数目。

公式（4.7）是采用分层总和法计算的基本公式，它适用于采用压缩曲线时的计算。若在计算中采用压缩模量 E_s 作为计算指标，则式（4.7）可改写为

$$s=\sum_{i=1}^{n}\frac{\bar{\sigma}_{zi}}{E_{si}}h_i \tag{4.8}$$

式中　E_{si}——第 i 分层土的压缩模量；

$\bar{\sigma}_{zi}$——第 i 分层土上下层面所受附加应力的平均值。

（3）计算步骤

综上所述，采用分层总和法计算基础沉降量的具体步骤如下：

①计算基础底面中心点下的自重应力和附加应力，并绘自重应力和附加应力分布曲线，如图 4-2 所示。

②确定地基沉降计算深度 z_n

地基沉降计算深度 z_n 是指由基础底面向下计算压缩变形所要求的深度。从图 4-2 可知，附加应力随深度递减，自重应力随深度递增，至某一深度 z_n 后，附加应力相对于自重应力已经很小，它所引起的压缩变形可忽略不计，因此沉降计算到此深度即可。一般取对应 $\sigma_{z_n}\leqslant 0.2\sigma_{cz_n}$ 处的深度作为沉降计算深度的下限，对于软土，取对应 $\sigma_z\leqslant 0.1\sigma_{cz}$ 处的深度。在沉降计算深度范围内存在基岩时，z_n 可取至基岩表面。

③确定沉降计算深度范围内的土层分层厚度 h_i

每一分层厚度 h_i 一般不大于基础宽度的 0.4 倍，且不同性质的土层面和地下水位面必须作为分层的界面。

④按式（4.6）计算各分层的沉降量

先根据自重应力和附加应力分布曲线确定各层土的平均自重应力 $\bar{\sigma}_{czi}=\dfrac{\sigma_{czi-1}+\sigma_{czi}}{2}$ 和平均附加应力 $\bar{\sigma}_{zi}=\dfrac{\sigma_{zi-1}+\sigma_{zi}}{2}$，然后令 $P_{1i}=\bar{\sigma}_{czi}$、$P_{2i}=\bar{\sigma}_{czi}+\bar{\sigma}_{zi}$，从该土层 e-P 曲线中查相应的 e_{1i} 和 e_{2i}，再按式（4.6）计算各分层的沉降量。

⑤计算基础最终沉降量

按式（4.7）或式（4.8）可计算出理论上的基础中点的最终沉降量，视为基础的平均沉降量。

2.《规范》法

采用分层总和法计算基础沉降量时需将地基土分为若干层计算，工作量繁杂。《规范》法是《建筑地基基础设计规范》（GB 50007—2011）在分层总和法计算的基础上提出的一种较为简便的计算方法。该方法仍然采用前述分层总和法的假设前提，但在计算中采用了平均附加应力系数，并引入了地基沉降计算经验系数，对各种因素造成的沉降计算误差进行修正，以使计算结果更接近实际值。

从分层总和法计算公式（4.8）可以看出，$\bar{\sigma}_{zi}$ 与 h_i 的乘积为附加应力图的面积 S_{3465}，如图 4-3 所示，此面积是曲线面积 S_{1342} 与曲线面积 S_{1562} 之差。曲线面积 S_{1342} 可以用矩形面积 $\bar{\alpha}_i P_0 z_i$ 表示，而曲线面积 S_{1562} 可以用矩形面积 $\bar{\alpha}_{i-1} P_0 z_{i-1}$ 表示，代入式（4.8）可得

$$s = \psi_s s' = \psi_s \sum_{i=1}^{n} \frac{P_0}{E_{si}} (z_i \bar{\alpha}_i - z_{i-1} \bar{\alpha}_{i-1}) \tag{4.9}$$

式中 ψ_s——沉降计算经验系数；

P_0——对应于作用的准永久组合时基础底面处的附加压力，kPa；

E_{si}——基础底面下第 i 层土的压缩模量，MPa；

z_i、z_{i-1}——基础底面至第 i 层和第 $i-1$ 层土底面的距离；

$\bar{\alpha}_i$、$\bar{\alpha}_{i-1}$——基础底面至第 i 层和第 $i-1$ 层土底面范围内的平均附加应力系数，其值可根据 l/b 及 z/b 查得。

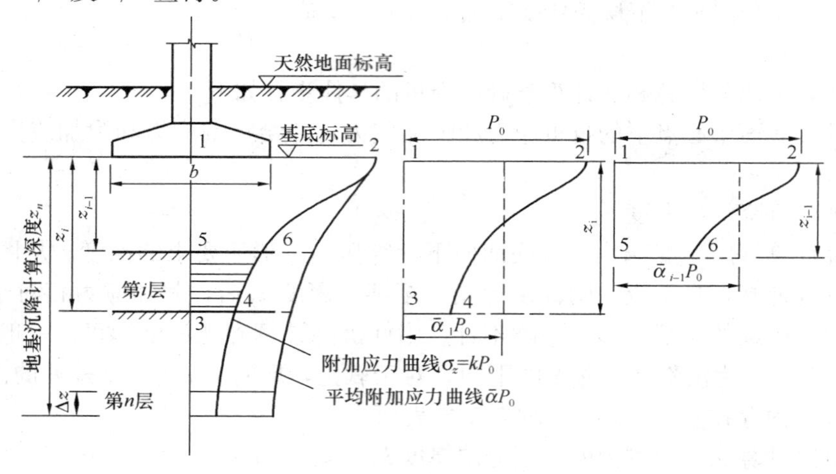

图 4-3 《规范》法计算沉降量示意图

《建筑地基基础设计规范》（GB 50007—2011）规定了地基沉降计算深度 z_n 的确定方法：

一般由该深度处向上取计算厚度 Δz 所得的计算沉降量 $\Delta s_n'$ 应满足式（4.10）的要求，即

$$\Delta s_n' \leqslant 0.025 \sum_{i=1}^{n} \Delta s_i' \tag{4.10}$$

式中 $\Delta s_n'$——由沉降计算深度 z_n 向上取厚度为 Δz 的土层计算变形值，mm；Δz 如图 4-3 所示；

$\Delta s_i'$——在沉降计算深度范围内，第 i 层土的计算变形值。

如确定的计算深度下部仍有较软土层时，应继续计算。

当无相邻荷载影响，且基础宽度 b 在 1～30m 范围内时，基础中点的沉降计算深度可按下列简化公式估算：

$$z_n = b(2.5 - 0.4\ln b) \tag{4.11}$$

式中 b——基础宽度，m。

在计算深度范围内存在基岩时，z_n 可取至基岩表面。

4.1.3 地基沉降与时间的关系

在实际工程中，常常因为建筑地基的非均匀性、建筑荷载分布不均以及相邻荷载影响等，致使地基产生不均匀沉降。因此，除要计算地基最终沉降量外，还必须了解建筑物在施工期间和使用期间的沉降量以及在不同时期建筑物各部位可能产生的沉降差，以便采取适当措施，如控制施工速度、合理安排施工顺序、考虑建筑物各部分之间的连接方法等，以消除沉降可能带来的不利后果。

地基沉降所需时间主要与土的渗透性大小和排水条件有关。对砂土和碎石土地基，由于土的透水性强、压缩性低，建筑物在施工期间地基变形基本完成，即施工完毕时地基沉降达到稳定；对黏土地基，特别是饱和黏土地基，其固结变形往往要延续几年甚至几十年时间才能完成。一般地，土的压缩性越高、渗透性越小，达到沉降稳定所需要的时间越长。在工程实践中一般只考虑黏性土的变形与时间的关系。

1. 土的渗透性

土的渗透性是指土的透水性能，是决定地基沉降和时间关系的关键因素之一。与其他液体一样，在水头差的作用下，水将在土体内部相互贯通的孔隙中流动，称为渗流（渗透）。

由于土体中的孔隙通道很小且很曲折，水在土中流动时受到的黏滞阻力很大，所以在多数情况下，水在土中的流速十分缓慢。1856 年，法国学者达西（H. Darcy）对均匀砂样进行了大量渗流试验研究，得到了土中水的渗流速度与水力梯度之间关系的渗流规律，即达西定律：

$$v = ki \tag{4.12}$$

或

$$q = kiA \tag{4.13}$$

式中 v——渗透速度，土中单位时间内流经单位横断面的水量，cm/s；

q——单位渗流量，cm^3/s；

k——土的渗透系数，cm/s，反映土的透水性能；

i——水力梯度，$i = \dfrac{H_1 - H_2}{L} = \dfrac{\Delta h}{L}$，指单位渗流长度上的水头损失；

A——垂直于渗流方向的土样的截面积，mm^2。

对于密实黏性土，由于土粒表面存在结合水膜，阻碍着孔隙间水的通过，故只有当水力梯度 $i > i_0$ 时才产生渗流，此时达西定律可修改为：

$$v = k(i - i_0) \tag{4.14}$$

式中 i_0——黏性土的起始水力梯度。

由式（4.14）可知，当水力梯度为定值时，渗透系数越大，渗流速度就越大；当渗流速度为定值时，渗透系数越大，水力梯度越小。所以达西定律中的渗透系数 k 是表示土的透水性强弱的指标，其受到多种因素影响，包括土的颗粒级配、土的密实度、土的饱和度、土的结构和水的温度等，可通过土的室内渗透试验确定。

2. 土的渗透变形

当水在土体孔隙中流动时，由于土粒的阻力而产生水头损失，这种阻力的反作用力即为水对土颗粒施加的渗流作用力，单位体积土颗粒所受到的渗流作用力称为渗透力或动水力，按式（4.15）计算：

$$j = j' = \gamma_w i \tag{4.15}$$

由式（4.15）可见，渗透力的大小和水力梯度成正比，其方向与渗流方向一致。

土的渗透变形是指渗透力引起的土体失稳现象，主要表现为流砂和管涌。当土中形成向上渗流，并出现向上的渗透力大于向下的土体有效重力时，土颗粒就会被渗流挟带而向上浮动，出现某一范围内的土体或颗粒群同时发生悬浮、移动的现象，即流砂现象。

流砂经常发生在渗流逸出处，发生的土类多为颗粒级配均匀的饱和细、粉砂和粉土层。由于流砂从开始至破坏历时较短，且将造成地基失稳、建筑物倒塌等灾难性事故，在工程上是绝对不允许发生的。

防治流砂的关键在于控制逸出处的水力梯度，可采取减小水头差、增长渗径、平衡渗流力、加固土层等措施。

管涌是指在渗流作用下，土体中的细颗粒被从粗颗粒形成的孔隙中带走，从而导致土体内形成贯通的渗流管道，造成土体塌陷的现象。管涌破坏一般有一个发展过程，是一种渐进性的破坏。管涌一般发生在一定级配的无黏性土中，发生的部位可以在渗流逸出处，也可以在土体内部，因而也被称为渗流的潜蚀现象。

无黏性土中产生管涌必须具备下述两个条件：①土中粗颗粒所构成的孔隙直径必须大于细颗粒的直径；②渗流力能够带动细颗粒在孔隙间移动。

3. 有效应力原理

土的压缩性原理揭示了饱和土的压缩主要是由于土在外荷载作用下孔隙水被挤出，以致孔隙体积减小所引起的。饱和土孔隙中自由水的挤出速度，主要取决于土的渗透性和土的厚度。土的渗透性越低或土层越厚，孔隙水挤出所需的时间就越长。这种与自由水的渗透速度有关的饱和土固结过程称为渗透固结。

图 4-4 为太沙基（1923 年）建立的模拟饱和土体中某点的渗透固结过程的弹簧模型。它是由充满水的圆筒、带有排水孔的活塞板和弹簧等组成。活塞板上的孔模拟土的孔隙，弹簧模拟土的固体颗粒骨架，而筒中水模拟孔隙中的自由水。以 u 表示由外荷载 P 在土孔隙水中所引起的超静水压力，即土体中由孔隙水所传递的压力，称为孔隙水压力。以 σ' 表示由土体骨架所传递的压力，称为有效应力，即粒间接触应力。

当 $t=0$ 的加荷瞬间，如图 4-4（a）所示，圆筒中的水来不及排出，由于水被视为不可压缩，弹簧因而尚未受力，全部压力由水所承担，即 $u=\gamma_w h=P$，$\sigma'=0$。h 为测压管中的水柱高。

当 $0<t<\infty$ 时，如图 4-4（b）所示，孔隙水在超静水压力 u 的作用下开始排出，活塞下降，弹簧受到压缩，因而 $\sigma'>0$，测压管中水柱高 $h<\dfrac{P}{\gamma_w}$。此时，$u=\gamma_w h<P$。随着容器中水的不断排出，u 不断减小，σ' 不断增大。

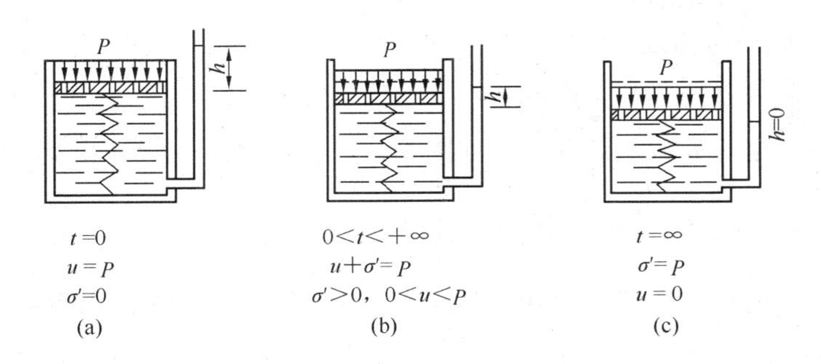

图 4-4　饱和土的渗透固结模型

当 $t=\infty$时，如图 4-4（c）所示，水从孔隙中充分排出，弹簧变形达到稳定，弹簧内的应力与所加压力 P 相等而处于平衡状态，此时活塞不再下降，水停止排放，即 $u=0$，外荷载 P 全部由土骨架承担，即 $\sigma'=P$，表示饱和土的渗透固结完成。

因此，由上述分析可知，饱和土的渗透固结过程就是孔隙水压力向有效应力转化的过程。若以外荷载 P 模拟土体中的总应力 σ，则在任一时刻，有效应力 σ' 和孔隙水压力 u 之和应始终等于饱和土体中的总应力，即

$$\sigma=\sigma'+u \tag{4.16}$$

式（4.16）即为饱和土体的有效应力原理。在渗透固结过程中，随着孔隙水压力的逐渐消散，有效应力在逐渐增长，土的体积逐渐减小，强度随之增强。

4. 饱和土的单向固结理论

单向固结理论是指土的变形和水的渗透均受限制在竖直方向上，如图 4-5 所示。由于可压缩层在自重作用下已经固结完成，先在层厚为 H 的饱和土层上面施加无限均布荷载 P，此时它引起的土中附加应力沿深度均匀分布，土层只在与外荷载作用方向相一致的竖直方向发生渗流和变形，这一过程称为单向渗透固结。

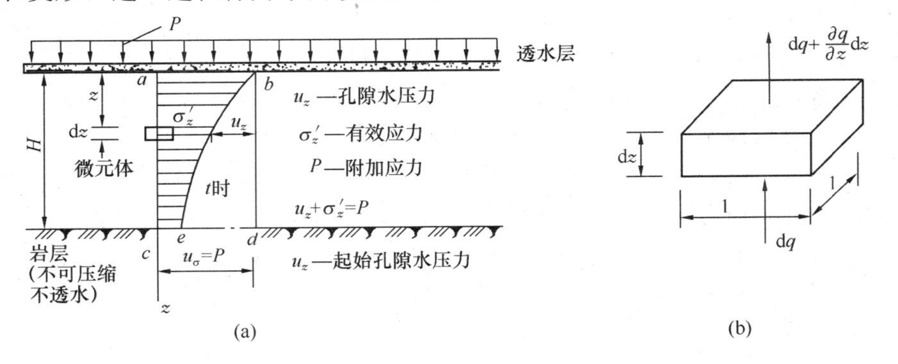

图 4-5　单向渗透固结过程

（1）单向渗透固结理论基本假定

①土层是均质的、各向同性和完全饱和的。

②在固结过程中，土粒和水都是不可压缩的。

③土中水的渗出和土的压缩只沿竖向发生。

④土中水的渗流服从达西定律。

⑤在渗透固结中，土的渗透系数 k 和压缩系数 a 保持不变。

⑥外荷载 P 一次瞬时施加。

(2) 单向固结微分方程及其解析解

从压缩土层中深度 z 处取一微元体，如图 4-5 (b) 所示，土粒体积 $V_s = \frac{1}{1+e_1}dz$，孔隙体积 $V_v = eV_s = \frac{e}{1+e_1}dz$，已知 V_s 在固结过程中保持不变。

根据水流连续性原理、达西定律和有效应力原理，可建立固结微分方程为：

$$C_v \frac{\partial^2 u}{\partial z^2} = \frac{\partial u}{\partial t} \tag{4.17}$$

式中　C_v——土的固结系数，m^2/年。

$$C_v = \frac{k(1+e_1)}{a\gamma_w} \tag{4.18}$$

式中　e_1——渗透固结前土的孔隙比；

γ_w——水的重度，$10kN/m^3$；

a——土的压缩系数，MPa^{-1}；

k——土的渗透系数，m/年。

式 (4.17) 即为饱和土的渗透固结微分方程，可根据不同的初始条件和边界条件求得它的特解。对图 4-5 所示的情况，其初始条件和边界条件如下：

$t=0$ 和 $0 \leqslant z \leqslant H$ 时，$u=\sigma_z$；

$0 < t \leqslant \infty$ 和 $z=0$ 时，$u=0$；

$0 \leqslant t \leqslant \infty$ 和 $z=H$ 时，$\frac{\partial u}{\partial z} = 0$ ($z=H$ 处为不透水层，超静水压力的变形率为零)；

$t=\infty$ 和 $0 \leqslant z \leqslant H$ 时，$u=0$。

根据以上条件，采用分离变量法可求得满足上述条件的傅里叶级数解如下：

$$u_{z,t} = \frac{4}{\pi}\sigma_z \sum_{m=1}^{\infty} \frac{1}{m} \sin \frac{m\pi^2}{2H} e^{\frac{-m^2 n^2 T_v}{4}} \tag{4.19}$$

式中　$u_{z,t}$——深度 z 处某一时刻 t 的孔隙水压力；

m——正奇整数 1，3，5…；

e——自然对数底数；

H——固结土层的最长排水距离，m；当土层为单面排水时，H 等于土层厚度；当土层为上下层双面排水时，H 为土层厚度的一半；

T_v——时间因数，$T_v = \frac{C_v}{H^2}t$；

t——固结时间，年。

(3) 地基固结度 U_t

根据式 (4.19) 所示孔隙水压力 u 随时间 t 和深度 z 变化的函数解，即可求得地基在任一时间的固结度。地基固结度指的是地基在固结过程中任一时刻 t 的固结沉降量 s_t 与其最终固结沉降量 s 之比。

$$U_t = \frac{s_{ct}}{s_c} \tag{4.20}$$

在压缩应力、土层性质和排水条件等已定的情况下，U_t 仅是时间 t 的函数。对于竖向排水情况，由于固结沉降与有效应力成正比，所以在某一时刻有效应力图面积和最终有效应力图面积之比值即为竖向排水的平均固结度 U_t，如图 4-5 所示。

$$U_t = \frac{\text{应力面积}\,abce}{\text{应力面积}\,abcd} = \frac{\text{应力面积}\,abcd - \text{应力面积}\,bed}{\text{应力面积}\,abcd} = 1 - \frac{\int_0^H u_{z,t}\,\mathrm{d}z}{\int_0^H \sigma_z\,\mathrm{d}z} \tag{4.21}$$

由式（4.21）可知，地基的固结度也就是土体中孔隙水压力向有效应力转化过程的完成程度。

将式（4.19）解得的孔隙水压力沿土层深度的分布代入式（4.21），经积分可求得图 4-5 所示条件下土层固结度为：

$$U_t = 1 - \frac{8}{\pi^2}\sum_{m=1}^{\infty}\frac{1}{m^2}e^{\frac{-\pi^2 m^2 T_v}{4}} \tag{4.22}$$

由于式（4.22）中级数收敛很快，故当 T_v 值较大（如 $T_v \geqslant 0.16$）时，可只取其第一项，其精确度已满足工程要求。则式（4.22）可简化为：

$$U_t = 1 - \frac{8}{\pi^2}e^{\frac{-\pi^2 T_v}{4}} \tag{4.23}$$

由此可见，固结度仅为时间因素的函数。当土性指标 k、e、a 和土层厚度 H 已知时，针对某一具体的排水条件和边界条件，即可求得 U_t-t 关系。

根据式（4.23），在压缩应力分布及排水条件相同的情况下，两个土质相同而厚度不同的土层，要达到相同的固结度，其时间因素 T_v 应相等，即

$$T_v = \frac{C_v}{H_1^2}t_1 = \frac{C_v}{H_2^2}t_2 \tag{4.24}$$

$$\frac{t_1}{t_2} = \frac{H_1^2}{H_2^2} \tag{4.25}$$

式（4.25）表明，土质相同而厚度不同的两层土，当压缩应力分布和排水条件都相同时，达到同一固结度所需时间之比等于两土层最长排水距离的平方之比。因而对于同一地基情况，若将单面排水改为双面排水，要达到相同的固结度，所需历时应减少为原来的 1/4。

（4）各种情况下地基固结度的求解

地基固结度基本表达式（4.21）中的 $u_{z,t}$ 随地基所受附加应力和排水条件的不同而不同，因此固结度与时间的关系 U_t-t 也有所不同。工程中常遇到的附加应力分布，大致可分为以下五种情况，如图 4-6 所示。

情况 1：$a=1$，适用于地基土在其自重作用下已固结完成，基底面积很大而压缩土层又较薄的情况，附加应力在压缩层范围内均匀分布。

情况 2：$a=0$，适用于地基土在其自重作用下未固结，土的自重应力等于附加应力的情况。

情况 3：$a=\infty$，适用于地基土在其自重作用下已固结完成，基底面积较小而压缩土层又较厚，外荷载在压缩层的底面引起的附加应力已接近于零的情况。

情况 4：$0<a<1$，可视为第 1、2 种附加应力分布的叠加。

情况 5：$1<a<\infty$，可视为第 1、3 种附加应力分布的叠加。

图 4-6 所示均为单面排水情况，若为双面排水，则不论土层中附加应力为何种分布，均

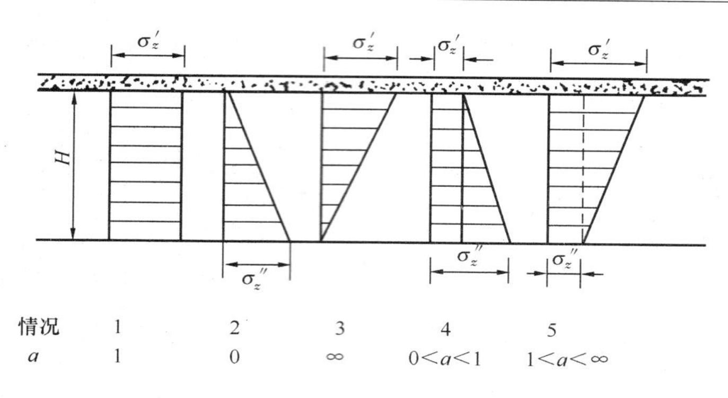

图 4-6　五种附加应力分布图

按情况 1 计算，但最长排水距离应取土层厚度的一半。

为便于应用，可将上述各种附加应力分布下的地基固结度的解绘制成如图 4-7 所示的 U_t-T_v 关系曲线，称为单向渗透固结理论曲线。曲线中 a 为描述附加应力分布的系数，定义为：

$$a=\frac{\text{透水面上的压缩应力}}{\text{不透水面上的压缩应力}}=\frac{\sigma_z'}{\sigma_z''}$$

地基土层为双面排水时取 $a=1$。

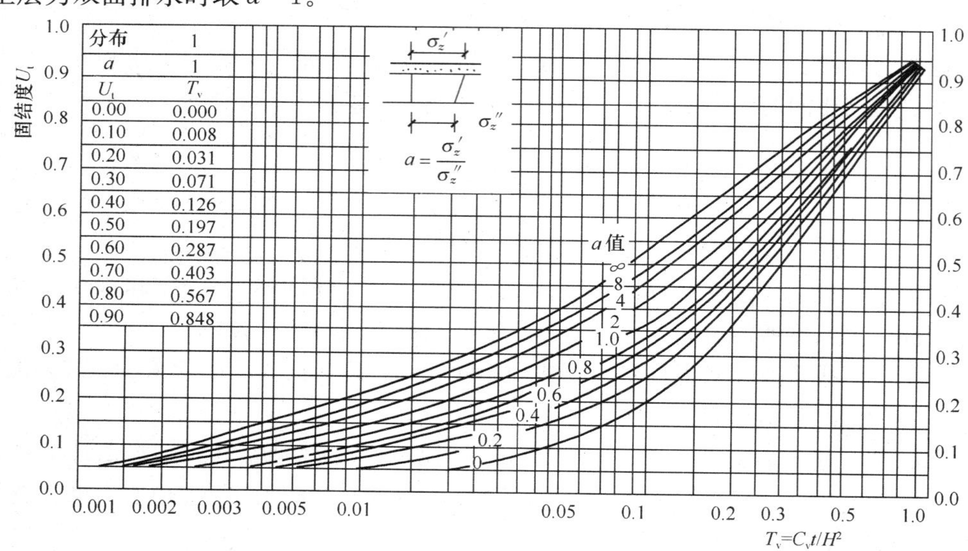

分布	1
a	1
U_t	T_v
0.00	0.000
0.10	0.008
0.20	0.031
0.30	0.071
0.40	0.126
0.50	0.197
0.60	0.287
0.70	0.403
0.80	0.567
0.90	0.848

图 4-7　不同 a 值土层的 U_t-T_v 关系曲线

4.1.4　地基容许变形值

地基在上部建筑荷载作用下将产生附加应力，而使土体产生变形，引起上部建筑物的沉降。如果地基沉降较小，不会影响建筑物的正常使用；相反，可能引起建筑物开裂、倾斜甚至破坏。因此，对某些建筑物必须进行系统的沉降观测，并规定相应的地基变形允许值，以确保建筑物的安全和正常使用。

1. 建筑物的沉降观测

为了保证建筑物的使用安全，必须对建筑物进行沉降观测，以了解地基的实际变形以及地基变形对建筑物的影响程度。根据沉降观测的资料，可以预估最终沉降量，判断不均匀沉降的发展趋势，以便控制施工速度和采取相应的加固处理措施。

《建筑地基基础设计规范》（GB 50007—2011）规定，以下建筑物应在施工期间及使用期间进行沉降观测：

①地基基础设计等级为甲级的建筑物；

②复合地基或软弱地基上的设计等级为乙级的建筑物；

③加层、扩建建筑物；

④受邻近深基坑开挖施工影响或受场地地下水等环境因素变化影响的建筑物；

⑤需要积累建筑经验或进行设计反分析的工程。

进行沉降观测时首先要设置好水准基点，水准基点的设置位置以保证其稳定可靠为原则，宜设置在基岩上或压缩性低的土层上。水准基点的位置靠近观测对象，但必须在建筑物所产生的压力影响范围以外，一般取 30～80m。在一个观测区内，水准基点不应少于 3 个，以便进行相互校核。

其次是观测点的设置，观测点的设置应能全面反映建筑物的变形并结合地质情况确定，数量不宜少于 6 个点。应尽量将其设置在建筑物有代表性的部位，如建筑物四周的角点、纵横墙的中点、转角处、沉降缝的两侧、宽度大于 15m 的建筑物内部承重墙（柱）上，同时，要尽可能布置在建筑物的纵横轴线上。如有特殊要求，可以根据具体情况适当增设观测点。

为了取得完整的资料，要求从浇捣基础开始施测，施工期间可根据施工进度确定，随着建筑物荷载的逐级增加，逐次进行测量。如民用建筑每增加一层观测一次；工业建筑在不同荷载阶段分别观测。竣工后，前 3 个月每月测一次，以后根据沉降速率每 2～6 个月测一次，直至沉降稳定。沉降稳定标准为半年沉降量不超过 2mm。每次测量时，均应记录建筑物使用情况，并检查各部位有无裂缝出现。在正常情况下，沉降速率应逐渐减慢，如沉降速率减少到 0.05mm/d 以下时，可认为沉降趋于稳定，这种沉降称为减速沉降。如出现等速沉降，就有导致地基丧失稳定的危险。当出现加速沉降时，表示地基已丧失稳定，应及时采取措施，防止发生工程事故。

沉降观测资料应及时整理，测量后应立即算出各测点的标高、沉降量和累计沉降量，并根据观测结果绘制各种图件，根据图件分析判断建筑物的变形状况及其变化发展趋势，及早发现和处理出现的地基问题。

2. 地基容许变形值

建筑物和构筑物的类型不同，对地基变形的适应性是不同的，因此要求用不同的地基变形特征来进行比较与控制。

《建筑地基基础设计规范》（GB 50007—20011）将地基变形依其特征分为以下四种：

（1）沉降量——指基础中心点的沉降量。主要用于计算比较均匀时的单层排架结构柱基的沉降量，在满足允许沉降量后可不再验算相邻柱基的沉降差值。

（2）沉降差——指相邻两单独基础的沉降量之差。对于建筑物地基不均匀，有相邻荷载影响和荷载差异较大的框架结构、单层排架结构，需验算基础沉降差，并把它控制在允许值以内。

（3）倾斜——指单独基础在倾斜方向上两端点的沉降差与此两点水平距离之比。当地基不均匀或有相邻荷载影响的多层和高层建筑基础及高耸结构基础时须验算基础的倾斜。

（4）局部倾斜——指砌体承重结构沿纵墙 6～10m 内基础两点的沉降差与此两点水平距离之比。根据调查，砌体承重结构墙身开裂是由于局部倾斜超过了允许值而引起的，故由局部倾斜控制。一般将沉降计算点选择在地基不均匀、荷载相差很大或体型复杂的局部段落的纵横墙相交处。

建筑物的不均匀沉降，除地基条件之外，还和建筑物本身的刚度和体型等因素有关。因此，建筑物地基的允许变形值的确定，除了考虑各类建筑物对地基不均匀沉降反应的敏感性及结构强度储备等有关情况外，还与建筑物的结构类型、特点、使用要求等有关。

4.2 考核要点

1. 地基土的压缩性

考核要点：地基土压缩性的概念、侧限压缩试验的特点及试验成果表示方法、衡量地基土压缩性的几个指标及指标之间的关系、地基土压缩性的评价。

2. 地基最终沉降量的相关概念及计算方法

考核要点：地基最终沉降量的概念、地基沉降的原因分析及沉降影响因素、分层总和法假设条件、分层总和法计算步骤、《规范》法的计算原理、《规范》法与分层总和法的区别（基本假定、分层厚度、采用的计算指标、沉降计算深度、计算结果的修正等）。

3. 饱和土的渗透固结

考核要点：土的渗透性、有效应力和孔隙水压力的概念、有效应力原理、土体固结过程孔隙水压力的变化、固结度的概念、排水条件对土体固结时间的影响。

4. 建筑物沉降观测与地基容许变形值

考核要点：建筑物的沉降观测方法、地基容许变形值、研究地基容许变形的意义、防止有害地基变形的措施。

4.3 典型题解

【例 4-3-1】 为什么说土的压缩变形实际上是土的孔隙体积减小？

【答】 土体由固体颗粒、水、气体三部分组成。在外界压力作用下，土颗粒发生相对位移，土中水和气体从孔隙中排出，使土体孔隙体积减小，从而使土体发生压缩变形。由此可见，土的压缩变形实际上是土的孔隙体积减小造成的。

【例 4-3-2】 用所学知识解释抽取地下水引起地面沉降的原因。

【答】 因为抽取地下水会造成地下水位的下降，在土层中产生向下的渗流，使有效应力增加。另外，地下水位下降，使得孔隙水压力降低，有效应力增加，从而导致土层产生压密变形，引起地面发生沉降。

【例 4-3-3】 地基沉降计算中，相邻基础会产生怎样的影响？

【答】 若有相邻基础，则由于附加应力的扩散作用，使基础底面以下地基中的附加应力发生重叠而增加，附加应力的增加将导致基础产生附加沉降。

基础的附加沉降往往是不均匀沉降，过大的不均匀沉降会使建筑物出现开裂等问题，相邻建筑物荷载相互影响还会使建筑物发生相向倾斜。

相邻建筑物基础对基础沉降的影响程度，主要与基础间的距离、荷载的大小、地基土的性质、施工先后顺序和时间等有关，其中以相邻基础之间的距离的影响最为显著。一般来说，相邻基础距离越近，地基越软弱，则附加沉降越大。

【例 4-3-4】 对某一土而言，其 a 和 a_{1-2}都是常量吗？为什么？

【答】 a_{1-2}是常量，而 a 是随压力变化的。

a 是指压力 P 从 P_1＝自重应力变化到 P_2＝自重应力＋附加应力，在这样一个压力变化范围内的压缩曲线的割线斜率，它的大小随这两个应力不同而变化；而 a_{1-2}是指压力 P 从 $P_1=100$kPa 变化到 $P_2=200$kPa 时，在这样一个固定的压力变化范围内的压缩曲线的割线斜率，对同一种土是不变的。

【例 4-3-5】 设土样厚 3cm，在 100～200kPa 压力段内的压缩系数 $a_{-2}=2\times10^{-4}\text{MPa}^{-1}$，当压力为 100kPa 时，$e=0.7$。试求①土样的无侧向膨胀的压缩模量；②土样压力由 $P_1=100$kPa 变化到 $P_2=200$kPa 时，土样的压缩量 s。

【解】 ①由 $E_s=\dfrac{1+e_1}{a_{1-2}}$，得

土样的压缩模量　　$E_s=\dfrac{1+e_1}{a_{1-2}}=\dfrac{1+0.7}{2\times10^{-4}}=0.85\text{MPa}$

②由 $s=\dfrac{\bar{\sigma}_z}{E_s}h$，得

土样的压缩量　　$s=\dfrac{200-100}{0.85}\times0.03=3053\text{mm}$

【例 4-3-6】 某一厚度为 $H=10$m 的黏土层，上覆透水层，下卧不透水层，其压缩应力分别为：层顶 208.5kPa，层底 139kPa，如图 4-8 所示。已知黏土层的初始孔隙比 $e_1=0.8$，压缩系数 $a=0.25\text{MPa}^{-1}$，渗透系数 $k=0.02$m/年。试求：

①该土层的最终沉降量 s；

②加荷 1.04 年后的沉降量 s_t；

③地基固结度达 $U_t=0.8$ 时所需要的时间 t；

④若该黏土层下部也为透水层，则固结度达 $U_t=0.8$ 时所需要的时间 t 又为多少？

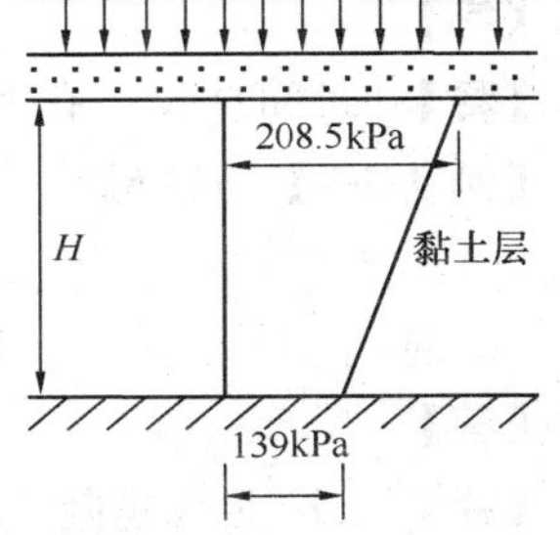

图 4-8　【例 4-3-6】图

【解】 ①求该土层的最终沉降量 s

由公式 $s=\dfrac{a}{1+e_1}\sigma_z H$，得

$$s=\frac{a}{1+e_1}\sigma_z H=\frac{0.25\times10^{-3}}{1+0.8}\times\left(\frac{208.5+139}{2}\right)\times10000=241.3\text{mm}$$

②求加荷 1.04 年后的沉降量 s_t

固结系数：$C_v=\dfrac{k(1+e_1)}{a\gamma_w}=\dfrac{0.02\times(1+0.8)}{0.25\times10^{-3}\times10}=14.4\text{m}^2/\text{年}$

时间因素：$T_v=\dfrac{C_v}{H^2}t=\dfrac{14.4}{10^2}\times1.04=0.15$

附加应力比值：$a=\dfrac{208.5}{139}=1.5$

由 $a=1.5$ 及 $T_v=0.15$，查不同 a 值土层的 U_t-T_v 关系曲线，得 $U_t=0.47$

则加荷 1.04 年后的沉降量 s_t 为

$$s_t=U_t s=0.47\times241.3=113.4\text{mm}$$

③求地基固结度达 $U_t=0.8$ 时所需要的时间 t

由 $U_t=0.8$，$a=1.5$，查不同 a 值土层的 U_t-T_v 关系曲线，得 $T_v=0.55$

利用公式 $T_v=\dfrac{C_v}{H^2}t$，得

$$t=\frac{T_v H^2}{C_v}=\frac{0.55\times10^2}{14.4}=3.82\text{ 年}$$

④若该黏土层下部也为透水层，则为双面排水，此时 $a=1.0$，$H=5\text{m}$

由 $U_t=0.8$，$a=1.0$，查不同 a 值土层的 U_t-T_v 关系曲线，得 $T_v=0.58$

利用公式 $T_v=\dfrac{C_v}{H^2}t$，得

$$t=\frac{T_v H^2}{C_v}=\frac{0.58\times5^2}{14.4}=1.01\text{ 年}$$

【例 4-3-7】 是非题（　　）同一种土体其压缩系数相等。

【答】 ×

【释】 压缩系数是随压力变化的。

【例 4-3-8】 是非题（　　）地基土受压时间越长，变形越大，孔隙水压力也越大。

【答】 ×

【释】 时间越长，孔隙水不断从孔隙中排出，孔隙水压力随之减小。

【例 4-3-9】 选择题　若室内侧限压缩试验测得的 e-P 曲线越陡，表明该土样的压缩性（　　）。

A. 越高　　B. 越低　　C. 越均匀　　D. 越不均匀

【答】 A

【释】 e-P 曲线越陡，在相同压力变化范围内，孔隙比变化越大，则土的压缩性越高。

【例 4-3-10】 选择题　某建筑物基础埋深为 2m，基底下 5m 处的附加应力 $\sigma_z=60\text{kPa}$，土的重度 $\gamma=18\text{kN/m}^3$，现该建筑因上部荷载增加，基底 5m 处附加应力增加 10kPa。若土的孔隙比与应力之间的关系为 $e=1.15-0.0014P$，则在 4～6m 厚的土层中沉降增加量为（　　）。

A. 20.5mm　　B. 18.7mm　　C. 16.4mm　　D. 14.8mm

【答】 D

【释】 由 $e=1.15-0.0014P$，得

$$e_1=1.15-0.0014\times(18\times7+60)=0.89$$

$$\Delta e=0.0014\times10=0.014$$

$$\Delta s=\frac{\Delta e}{1+e_1}H=\frac{0.014}{1+0.89}\times2=14.8\times10^{-3}\text{m}=14.8\text{mm}$$

4.4　习　题

4.4.1　填空题

1-1　地基土的压缩常认为是由于土体中____的结果。

1-2　在 e-P 曲线中，压力 P 越大，土的压缩系数____，压缩模量____。

1-3　土的压缩系数越小，其压缩模量越____，土的压缩性越____。

1-4　土的压缩性指标有压缩系数、____、____等。

1-5　土的压缩模量越小，其压缩性越____；土的压缩系数越小，其压缩性越____。

1-6　已知某土样的压缩系数 $a_{1-2}=0.4\text{MPa}^{-1}$，则该土样属于____压缩性的土，若该土样在自重应力作用下的孔隙比为 $e_1=0.806$，则该土样的压缩模量 E_s为____ MPa。

1-7　压缩系数与压缩模量之间成____关系，压缩系数的单位是____。

1-8　土的压缩变形由____和____两部分组成。

1-9　室内压缩试验常用的方法是____，应该用____土样。

1-10　土的压缩系数是土体在侧限条件下____与____的比值，即曲线中某一压力段的____。

1-11　土的压缩模量 E_s的定义是土体在完全侧限的条件下土的____与____的比值。

1-12　土的压缩曲线越陡，则土的压缩性越____，压缩模量越小，压缩系数越____。

1-13　单向压缩分层总和法，假定土体在荷载作用下不产生____方向的变形，因而计算结果相比实际偏____。

1-14　饱和土体中的附加应力由____和____共同分担，前者所承担的应力为____，后者所承担的应力为____，饱和土体的有效应力原理可表示为____。

1-15　____引起土体压缩，自重应力在____等情况下也会引起地面沉降。

1-16　压缩曲线的坡度越陡，说明随着压力的增加，土体孔隙比的减小越____，因而土的压缩性越____。反之，压缩曲线的坡度越缓，说明随着压力的增加，土的孔隙比的减小越____，因而土的压缩性越____。《规范》采用 a_{1-2}来评价土的压缩性高低：当 a_{1-2}____时属于低压缩性土；当____ a_{1-2}____时，属中压缩性土；当 a_{1-2}____时，属高压缩性土。

1-17　根据土的压缩试验确定的压缩模量，表达了土在____条件下____增量和相应的____的定量关系。

1-18　目前国内常用的计算基础沉降的方法，有____、____和弹性力学公式法。

1-19　分层总和法计算沉降时，沉降计算深度是根据____和____的比值确定的。

1-20　土的变形模量 E_s可由____试验测定，其大小随沉降量增加而____。

1-21　根据饱和土的一维固结理论，对于一定厚度的饱和软黏土层，当 $t=0$ 和 $0\leqslant z\leqslant H$ 时，孔隙水压力 $u=$ ____；当 $t=\infty$和 $0\leqslant z\leqslant H$ 时，孔隙水压力 $u=$____。

1-22　超固结比是____与____的比值。

1-23　根据超固结比，将土可分为____、____和____三种固结状态。

1-24　欠固结土的沉降包括由于____引起以及____作用下的固结还没有达到稳定的那一部分沉降在内。

1-25 砂土地基在施工过程中一般可以完成____的沉降量，饱和黏性土完成最终沉降量需要的时间比砂土的时间____。

1-26 固结排水试验在整个试验过程中，孔隙水压力大小始终等于____；总应力破坏包线就是____破坏包线。

1-27 地基在任一时间的____与____之比称为固结度。

4.4.2 单项选择题

2-1 引起土体压缩变形的力是（ ）。

A. 总应力　B. 有效应力　C. 孔隙水压力　D. 超净水压力

2-2 土的压缩系数 a_{1-2} 是（ ）。

A. e-P 曲线上压力 P 为 100kPa 和 200kPa 对应的割线的斜率

B. e-P 曲线上任意两点的割线的斜率

C. e-P 曲线上 1 点和 2 点对应的割线的斜率

D. e-lg$P$ 曲线上的直线段的斜率

2-3 有 A、B 两土样，其中 A 的压缩性大于 B 的压缩性，则有（ ）。

A. 土样 B 的压缩曲线陡　B. 土样 A 的压缩系数小

C. 土样 A 的压缩模量小　D. 土样 B 易产生变形

2-4 土的压缩变形是由（ ）造成的。

A. 土颗粒的体积压缩变形　B. 土颗粒和土孔隙的体积压缩变形之和

C. 土孔隙的体积压缩变形　D. 土颗粒和土孔隙的体积压缩变形之差

2-5 室内侧限压缩试验测得的 e-P 曲线越陡，表明该土样的压缩性（ ）。

A. 越高　B. 越低　C. 越均匀　D. 越不均匀

2-6 压缩试验得到的 e-P 曲线中，P 是指（ ）。

A. 总应力　B. 有效应力　C. 自重应力　D. 孔隙应力

2-7 用分层总和法计算的地基沉降量，它的固结度等于（ ）时的沉降量。

A. 100%　B. 50%　C. 0%　D. 30%

2-8 某土层厚 2m，平均自重应力所对应的孔隙比 $e_1=1.000$，在外荷载作用下，其平均自重应力与平均附加应力和所对应的孔隙比 $e_2=0.800$，则该土层的最终沉降量为（ ）。

A. 10cm　B. 20cm　C. 25cm　D. 30cm

2-9 侧限压缩试验中，土样上下应该放（ ）。

A. 塑料薄膜　B. 蜡纸　C. 滤纸　D. 量力环

2-10 地基固结沉降的原因主要是（ ）。

A. 加荷时引起土体的变形　B. 土体排水、孔隙体积减小所引起

C. 土骨架蠕变所产生　D. 前三者都不对

2-11 当地基中无软弱土层时，地基压缩层计算深度的确定条件是（ ）。

A. 0.4b（基底宽度）　B. 5m

C. $\sigma_z \leqslant 0.1\sigma_{cz}$　D. $\sigma_z \leqslant 0.2\sigma_{cz}$

2-12 高压缩性土满足的条件是（ ）。

A. $a_{1-2}<0.1\text{MPa}^{-1}$　B. $a_{1-2}\leqslant 0.5\text{MPa}^{-1}$

C. $a_{1-2} \geqslant 0.5\text{MPa}^{-1}$　　D. $0.1\text{MPa}^{-1} \leqslant a_{1-2} < 0.5\text{MPa}^{-1}$

2-13　土体所受的前期固结压力比目前压力大时，称为（　）。

A. 正常固结土　　B. 欠固结土　　C. 超固结土　　D. 微欠固结土

2-14　相邻刚性基础，同时建于均质地基上，基底压力假定为均匀分布，下列说法正确的是（　）。

A. 甲、乙两基础的沉降量相同

B. 由于相互影响，甲、乙两基础有沉降差

C. 由于相互影响，甲、乙两基础要背向对方，向外倾斜

D. 由于相互影响，甲基础向乙基础方向倾斜，乙基础向甲基础方向倾斜

2-15　基底附加应力相同，埋深也相同但基底面积不同的两基础，其（　）

A. 基底面积大的沉降小　　B. 基底面积小的沉降小

C. 两基础的沉降相同　　D. 无法判断

2-16　某地基土的压缩模量 $E_s = 17\text{MPa}$，此土为（　）

A. 高压缩性土　　B. 中压缩性土　　C. 低压缩性土　　D. 一般压缩性土

2-17　砌体承重结构应以（　）控制地基变形。

A. 沉降量　　B. 沉降差　　C. 倾斜　　D. 局部倾斜

2-18　多层和高层建筑地基变形的控制条件是（　）。

A. 局部倾斜　　B. 沉降量

C. 倾斜值　　D. 相邻柱基沉降差

2-19　单层排架结构柱基，要进行地基变形计算时，应验算（　）。

A. 沉降量、倾斜　　B. 倾斜

C. 沉降量、相邻柱基的沉降差　　D. 相邻柱基的沉降差

2-20　由于建筑地基不均匀、荷载差异很大、体型复杂等因素引起地基变形，对于砌体承重结构应由（　）控制。

A. 沉降量、局部倾斜　　B. 沉降差、局部倾斜

C. 局部倾斜　　D. 绝对沉降

2-21　相同固结度时，单面排水的时间是双面排水时间的（　）。

A. 2 倍　　B. 4 倍　　C. 1/2　　D. 1/4

2-22　某黏性土层厚 4m，天然孔隙比为 1.25，若地面作用无限大均布荷载 $q = 100\text{kPa}$，沉降稳定后测得土层的孔隙比为 1.12，则黏土层的压缩量为（　）。

A. 20.6cm　　B. 23.1cm　　C. 24.7cm　　D. 30.0cm

2-23　前期固结压力小于现有覆盖土层自重应力的土，称为（　）土。

A. 欠固结　　B. 次固结　　C. 正常固结　　D. 超固结

2-24　用分层总和法计算地基沉降时，附加应力曲线是用（　）表示的。

A. 总应力　　B. 孔隙水压力　　C. 有效应力　　D. 自重应力

2-25　饱和黏土层的瞬时沉降是由于（　）。

A. 地基土体积减小　　B. 地基土中孔隙水排出

C. 地基土结构破坏　　D. 地基土剪切变形

2-26　对于超固结土，如果其结构强度遭到破坏，则土的变形（　）。

A. 发生蠕变　　B. 在上覆荷载下沉降

C. 在上覆荷载下回弹　　D. 发生压缩

2-27 对于欠固结土，如果其结构强度遭到破坏，则土的变形（　）。

A. 发生蠕变　　B. 在上覆荷载下沉降

C. 在上覆荷载下回弹　　D. 稳定

2-28 正常固结土压缩模量 E_s 和变形模量 E_0 的一般关系为（　）。

A. $E_s=E_0$　　B. $E_s>E_0$　　C. $E_s<E_0$　　D. $E_s\leqslant E_0$

2-29 土体的压缩变形主要是由（　）造成的。

A. 土孔隙体积的压缩变形

B. 土颗粒的体积压缩变形

C. 土孔隙和土颗粒的体积压缩变形之和

D. 土孔隙体积的压缩变形和土颗粒的位移之和

2-30 在饱和黏性土施加荷载的瞬间，土中附加应力全由（　）承担。

A. 有效应力　　B. 孔隙水压力

C. 有效应力和孔隙水压力共同　　D. 静水压力

2-31 土中水自下而上渗流时，会导致土中有效应力（　）。

A. 增大　　B. 减小　　C. 不变　　D. 无法确定

2-32 高耸构筑物，受偏心荷载作用，控制地基变形的是（　）。

A. 沉降量　　B. 沉降差　　C. 局部倾斜　　D. 倾斜

2-33 地基土层在某一压力作用下，经时间 t 所产生的变形量与土层的最终变形量之比，称为（　）。

A. 灵敏度　　B. 固结度　　C. 超固结比　　D. 泊松比

2-34 建筑物基础的沉降量应从（　）开始往下计算。

A. 基础底面　　B. 室外地面　　C. 室内地面　　D. 天然地面

2-35 一般认为，土体在外荷载作用下产生沉降的主要原因是（　）。

A. 土中水和气体的压缩变形　　B. 土中水和气体的减少

C. 土中颗粒的压缩变形　　D. 土中气体的排出

2-36 采用分层总和法计算基础沉降时，确定地基沉降计算深度的条件应满足（　）。

A. $\sigma_{cz}/\sigma_z\leqslant 0.2$　　B. $\sigma_z/\sigma_{cz}\leqslant 0.2$

C. $\sigma_{cz}/(\sigma_{cz}+\sigma_z)\leqslant 0.2$　　D. $\sigma_z/(\sigma_z+\sigma_{cz})\leqslant 0.2$

2-37 按《建筑地基基础设计规范》（GB 50007—2011）计算最终沉降值时，规定沉降计算深度应满足下列条件：由该深度向上取规定的计算厚度所得的分层沉降量，不大于沉降计算深度内总的计算沉降量的（　）。

A. 1%　　B. 2%　　C. 2.5%　　D. 5%

2-38 根据室内压缩试验的结果绘制 e-P 曲线，该曲线越平缓，则表明（　）。

A. 土的压缩性越高　　B. 土的压缩性越低

C. 土的压缩系数越大　　D. 土的压缩模量越小

2-39 对于同一种地基土，当基底压力相同时，条形基础的沉降量 s_1 与同宽度矩形基础的沉降量 s_2 相比，二者的大小关系为（　）。

A. $s_1 < s_2$　　B. $s_1 = s_2$　　C. $s_1 > s_2$　　D. $s_1 = K_c s_2$

2-40　土体具有压缩性的主要原因是（　）。

A. 主要是由土颗粒的压缩引起的　　B. 主要是由孔隙的减少引起的

C. 主要是因为水被压缩引起的　　D. 土体本身压缩模量较小引起的

2-41　对地基沉降计算深度的影响，最为显著的因素是（　）。

A. 基底附加应力　　B. 基础底面尺寸　　C. 土的压缩模量　　D. 基础埋置深度

2-42　室内测定土的压缩性指标的试验为（　）。

A. 直剪试验　　B. 侧限压缩试验　　C. 无侧限压缩试验　　D. 静载试验

2-43　下列说法，正确的是（　）。

A. 压缩系数越大，土的压缩性越高　　B. 压缩指数越大，土的压缩性越低

C. 压缩模量越大，土的压缩性越高　　D. 上述说法都不对

2-44　某场地地表挖去 5m，则该场地土成为（　）。

A. 非固结土　　B. 欠固结土　　C. 正常固结土　　D. 超固结土

2-45　从野外地基荷载试验的 P- s 曲线上求得的土的模量为（　）。

A. 压缩模量　　B. 弹性模量　　C. 变形模量　　D. 剪切模量

2-46　土层的固结度与施加的荷载大小之间的关系为（　）

A. 固结度与荷载大小成正比

B. 固结度与荷载大小成反比

C. 固结度与荷载大小不成比例，但荷载越大，固结度越大

D. 固结度与荷载大小无关

4.4.3　多项选择题

3-1　下列说法中，正确的是（　）。

A. 土的压缩主要是土中孔隙体积的减少

B. 土的压缩与土的透水性有关

C. 饱和土的压缩主要是土中气体的排出

D. 土在压力作用下体积会缩小

3-2　在《规范》法计算沉降量时，下列说法中，（　）是正确的。

A. 可按天然土层分层

B. E_s按实际应力范围取值

C. E_s取 E_{s1-2}

D. 沉降计算经验系数可根据地区沉降观测资料及经验确定

3-3　以下四种计算基础底面下土的压缩模量 E_s（单层土时）和 $\overline{E}_s$（多层土时）的算法中，正确的是（　）。

A. $E_s = \dfrac{1+e_0}{a}$　　B. $E_s = \dfrac{1+e_1}{a_{1-2}}$　　C. $\overline{E}_s = \dfrac{\sum h_i}{\sum \dfrac{h_i}{E_{si}}}$　　D. $\overline{E}_s = \dfrac{\sum A_i}{\sum \dfrac{A_i}{E_{si}}}$

3-4　下列叙述，正确的是（　）。

A. 框架结构的变形由沉降差控制

B. 单层排架结构的变形由沉降差控制

C. 多层或高层建筑结构的变形由倾斜值控制

D. 高耸结构的变形由倾斜值控制

3-5 下列表达式，正确的是（ ）。

A. $a=-\dfrac{\Delta e}{\Delta P}$　　B. $a=\dfrac{e_1-e_2}{P_2-P_1}$　　C. $a=\dfrac{\Delta P}{\Delta e}$　　D. $a=\dfrac{e_2-e_1}{P_2-P_1}$

3-6 一般建筑物在施工过程中就开始沉降，下列有关在施工期间完成的沉降量大小的正确叙述是（ ）。

A. 对砂土可认为已完成最终沉降量的 80%

B. 对砂土可认为已完成最终沉降量的 100%

C. 对低压缩性的黏性土，在施工期间只完成最终沉降量的 50%～80%

D. 对高压缩性的黏性土，在施工期间只完成最终沉降量的 5%～20%

3-7 下列指标中，反映高压缩性土的有（ ）。

A. $a_{1-2}=0.8\text{MPa}^{-1}$　　B. $a_{1-2}=0.3\text{MPa}^{-1}$

C. $C_c=0.5$　　D. $C_c=0.1$

3-8 下列说法，正确的是（ ）。

A. 压缩系数越大，土的压缩性越高　　B. 压缩指数越大，土的压缩性越高

C. 压缩模量越大，土的压缩性越高　　D. 压缩模量越大，土的压缩性越小

3-9 分层总和法计算地基最终沉降量的公式可表示为（ ）。

A. $s=\sum\limits_{i=1}^{n}\Delta s_i$　　B. $s=\sum\limits_{i=1}^{n}\dfrac{e_{1i}-e_{2i}}{1+e_{1i}}$

C. $s=\sum\limits_{i=1}^{n}\dfrac{\Delta P_i}{E_{si}}h_i$　　D. $s=\sum\limits_{i=1}^{n}\dfrac{\sigma_{czi}}{E_{si}}h_i$

3-10 相邻刚性基础同时建于均质地基上，基底压力假定均匀分布，下列说法，错误的是（ ）

A. 甲、乙两基础的沉降量相同

B. 由于相互影响，甲、乙两基础要产生更多的沉降

C. 由于相互影响，甲、乙两基础要背向对方，向外倾斜

D. 由于相互影响，甲基础向乙基础方向倾斜，乙基础背向甲基础方向倾斜

3-11 在软土层中计算沉降，确定沉降计算深度的原则，下列错误的是（ ）

A. 附加应力为总应力的 10%　　B. 附加应力为有效应力的 10%

C. 附加应力为自重应力的 10%　　D. 附加应力趋于零

3-12 压缩指数 C_c 的定义表达式为（ ）。

A. $C_c=\dfrac{e_1-e_2}{\lg P_2-\lg P_1}$　　B. $C_c=-\dfrac{\Delta e}{\lg P_2-\lg P_1}$

C. $C_c=\dfrac{e_2-e_1}{\lg P_2-\lg P_1}$　　D. $C_c=\dfrac{e_1-e_2}{\lg P_1-\lg P_2}$

4.4.4 判断题

4-1 （ ）地下水下降会增加土层的自重应力，引起地基的沉降。

4-2　(　)在土体变形计算时，通常假设土粒是不可压缩的。

4-3　(　)压缩模量是土的无侧限压缩时的竖向应力与应变之比。

4-4　(　)压缩系数越小，土的压缩性越高。

4-5　(　)建筑物下部增加地下室可以使地基沉降量减小。

4-6　(　)室内试验测定土的压缩性指标，常用不允许土样侧向膨胀的固结试验。

4-7　(　)e-P 曲线越陡，说明在同一压力段内，土体孔隙比的减小越缓慢，土的压缩性越低。

4-8　(　)现场载荷试验可以同时测定地基承载力和土的变形模量 E_0。

4-9　(　)用分层总和法计算地基最终沉降量时，可以用各分层厚度中点的应力作为该层的平均应力。

4-10　(　)土的变形模量是土体在无侧限条件下的竖向应力与竖向应变的比值。

4-11　(　)土的变形模量可通过现场原位试验求得。

4-12　(　)土的压缩模量为在侧限条件下土的竖向应力增量与竖向应变增量之比。

4-13　(　)饱和土体的固结过程，是孔隙水压力向有效应力转化的过程。

4-14　(　)地基土中附加应力的计算公式为 $\sigma_z = K_c P_0$，因此在同样的地基上，基底附加应力 P_0 相同的两个建筑物，其沉降值也应相同。

4-15　(　)因为欠固结土不常见，所以在计算固结沉降时，可以不考虑土自重应力作用下继续固结所引起的一部分沉降。

4-16　(　)绝对刚性基础不能弯曲，在中心荷载作用下各点的沉降量一样，所以基础底面的实际应力是均匀分布的。

4-17　(　)饱和土体固结时，孔隙水压力消散的数值等于有效应力增长的数值。

4-18　(　)所谓欠固结土是指在自重作用下还没有达到固结稳定状态的土。

4-19　(　)天然土层在历史上所经受的最大固结压力，称为有效固结压力。

4-20　(　)在饱和土的排水过程中，孔隙水压力消散的速率和有效应力增加的速率应该是相同的。

4-21　(　)饱和黏性土地基在外荷载作用下所产生的起始孔隙水压力的分布图，与附加应力的分布图是相同的。

4-22　(　)较硬的土一般是超固结土，较软的土一般是欠固结土。

4-23　(　)在饱和土的固结过程中，孔隙水压力不断消散，总压力和有效应力不断增长。

4-24　(　)按《规范》法计算地基的沉降量时，地基压缩层厚度 z_n 应满足 $z_n = b(2.5-0.4\ln b)$ 的条件。

4-25　(　)局部倾斜是指单独基础内两端点沉降之差与此两点水平距离之比。

4-26　(　)在软弱地基上修建建筑物的合理施工顺序，是先轻后重、先小后大、先低后高。

4-27　(　)地基沉降主要是由建筑物的荷重产生的附加应力、欠固结土的自重、地下水位下降和施工中水的渗流等引起的。

4-28　(　)有效应力和孔隙水压力都可以使土体固结。

4-29　(　)固结度相同的土体其变形也相同。

4-30 （ ）在有相邻荷载影响的情况下，对基础地面宽度为 b 的浅基础，按《规范》法计算最终沉降量时，其压缩层厚度可以根据 $z_n=b(2.5-0.4\ln b)$确定。

4-31 （ ）土的压缩模量越大，说明土的压缩性越高。

4-32 （ ）按照压缩系数 a_{1-2} 来评定地基土的压缩性，其中下角标 1—2 表示给土样所施加的压力值为 100kPa 和 200kPa。

4-33 （ ）先期固结压力大于现有上覆土层自重应力的土是正常固结土。

4-34 （ ）饱和土体的渗透固结过程是有效应力和孔隙水压力都减少的过程。

4-35 （ ）土的室内压缩试验是在侧限条件下进行的。

4-36 （ ）由侧限压缩试验得出的 e-P 曲线越陡，说明土的压缩性越高。

4-37 （ ）只要土中孔隙水压力大于零，就意味着土的渗透固结尚未完成。

4-38 （ ）在同样的地基上，基底附加应力相同的两个建筑物，其沉降值也相同。

4-39 （ ）地下水位下降会增加土层的自重应力，引起地基沉降。

4-40 （ ）按分层法计算地基的沉降量时，地基压缩层厚度 z_n 应满足的条件是：$\sigma_z=0.2\sigma_{cz}$。

4.4.5 简答题

5-1 什么是土的压缩性？引起土压缩的主要原因是什么？工程上如何评价土的压缩性？

5-2 什么是土的固结与固结度？固结度的大小与哪些因素有关？

5-3 根据有效应力原理，解释由于地下水位下降导致地基发生沉降的原因。

5-4 在填方压实工程中，土体是否能压实到完全饱和状态？为什么？

5-5 表征土的压缩性参数有哪些？简述这些参数的测定方法。

5-6 地下水位变动对地基沉降有何影响？

5-7 分层总和法与《规范》法在计算地基变形时有何异同？试从基本假定、分层厚度、采用的基本计算指标、计算深度和计算结果的修正等方面加以分析。

5-8 地基变形特征值有哪几种？在工程实际中如何控制？

5-9 为什么可以说土的压缩变形实际上是土的孔隙体积的减小？

5-10 地基变形的大小是由什么因素决定的？

5-11 简述分层总和法计算地基最终沉降量的步骤。

5-12 为什么《规范》法计算地基最终沉降量比分层总和法所得结果更接近实际值？

5-13 根据成层土地基中附加应力的分布规律解释软土地区的“硬壳层”的工程意义。

5-14 饱和土体有效应力原理的要点是什么？

5-15 根据太沙基的饱和土一维理论，说明该理论的基本假定和固结土层的厚度、排水条件、渗透系数等因素对固结历时的影响。

4.4.6 计算题

6-1 某土样的侧限压缩试验结果见表 4-1。试求：

①绘制 e-P 关系曲线、求压缩系数 a_{1-2}并评价该土的压缩性；

②当自重应力为 50kPa，自重应力和附加应力之和为 150kPa 时，求压缩模量 E_s。

表 4-1　某土样的侧限压缩试验结果

P（kPa）	0	50	100	200	300	400
e	0.94	0.86	0.78	0.72	0.68	0.65

6-2　某建筑场地土层情况如图 4-9 所示。地质条件为：第一层为软黏土层，厚度 $H=4\text{m}$，天然重度 $\gamma_2=17.5\text{kN/m}^3$，平均压缩模量 $E_s=2500\text{kPa}$；第二层为密实状态的粗砂层，很厚。现欲在地面上填筑厚度为 h 的新填砂土层，设新填砂土重度为 $\gamma_1=18\text{kN/m}^3$，若不计新填砂土层及密实粗砂土层的变形，欲使软黏土层顶面产生 30mm 的沉降，需在其上铺设的砂土层应为多厚，即 h 应为多少？

6-3　地质条件如图 4-10 所示。原地下水位在距离地表 1.5m 处，由于抽水引起地下水位大面积下降，现已下降到距离地表 5.5m 处。若不计密实粗砂层的沉降，求由于地下水长期大面积下降所引起的天然地面的沉降量 Δs。

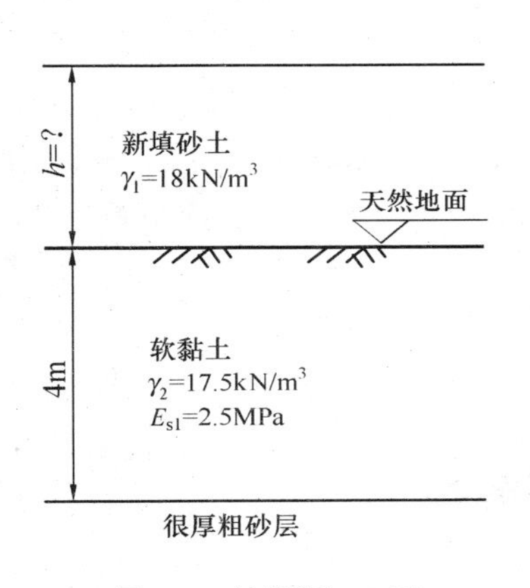

图 4-9　计算题 6-2 图

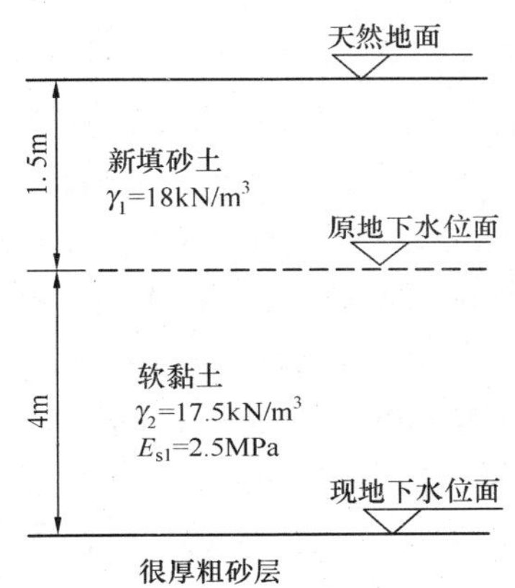

图 4-10　计算题 6-3 图

6-4　有三个基础，基础底面尺寸、埋深和荷载如图 4-11 所示。试比较三个基础沉降量的大小并说明理由。已知地基土的天然重度为 $\gamma=18\text{kN/m}^3$，土质均匀，压缩性指标相同。

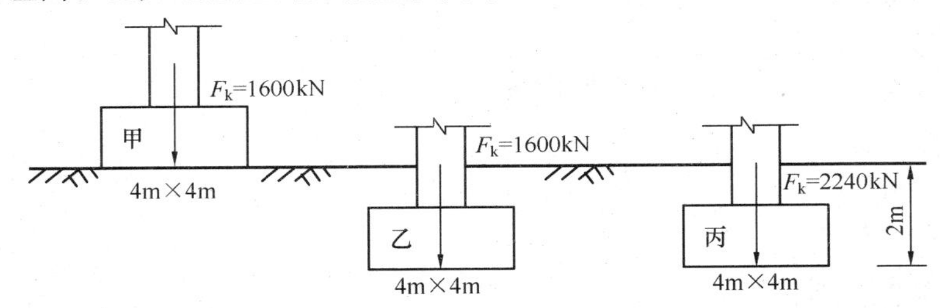

图 4-11　计算题 6-4 图

6-5　某土层厚 5m，其压缩试验结果见表 4-2。原土层的自重应力为 $P=100\text{kPa}$，现考虑在该土层上建造建筑物，估计会增加压力 $\Delta P=150\text{kPa}$。试求该土层的压缩变形量。

表 4-2　土样压缩试验结果

P（kPa）	0	50	100	200	300	400
e	1.406	1.250	1.120	0.990	0.910	0.850

6-6 某柱下独立基础如图 4-12 所示，基础底面尺寸为 4m×2m，基础埋深为 1.5m，上部结构传至基础顶面荷载 $F_k=1100kN$，地基承载力特征值 $f_{ak}=138.25kPa$。试用分层总和法和《规范》法计算柱基中点的最终沉降量。

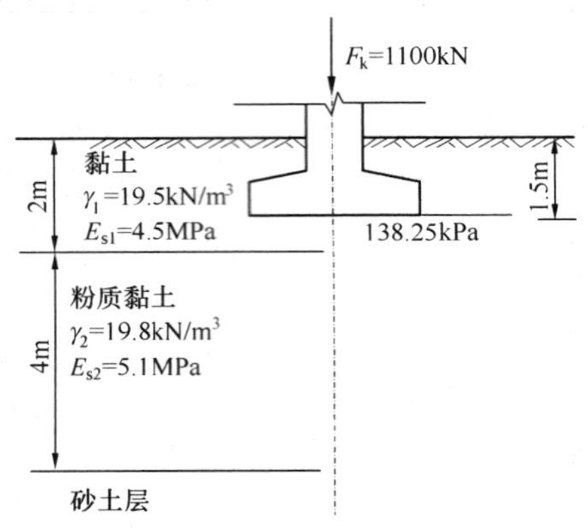

图 4-12 计算题 6-6 图

6-7 某饱和土层的厚度为 8m，在大面积荷载 $P_0=120kPa$ 作用下，该土层的初始孔隙比 $e_1=0.8$，压缩系数 $a=0.3MPa^{-1}$，压缩模量 $E_s=6.0MPa$，渗透系数 $k=0.018m/$年。对该黏土层在单面排水和双面排水的条件下，分别求：

①加荷一年后的沉降量 s_t；

②沉降量达 140mm 所需的时间。

4.5 习题解答

4.5.1 填空题解答

1-1 孔隙体积减小

1-2 越小　越大

1-3 大　低

1-4 压缩模量　压缩指数（或变形模量）

1-5 大　小

1-6 中等　4.5

1-7 反比例　MPa^{-1}

1-8 弹性变形　残余变形

1-9 完全侧限　原状

1-10 孔隙比减少量　有效压应力增量　割线斜率

1-11 竖向附加应力　相应的竖向应变

1-12 大　大

1-13 侧向　小

1-14 固体颗粒　孔隙水　有效应力　孔隙水压力　$\sigma=\sigma'+u$

1-15 附加应力　欠固结

1-16 显著　高　小　低　<0.1MPa^{-1}　0.1MPa^{-1}≤　<0.5MPa　≥0.5MPa^{-1}
1-17 完全侧限　竖向附加应力　应变增量
1-18 分层总和法　规范推荐公式法（应力面积法）
1-19 附加应力　自重应力
1-20 现场荷载　增大
1-21 σ_z　0
1-22 先期固结压力　现有覆盖土重
1-23 正常固结　欠固结　超固结
1-24 地基附加应力　原有土自重应力
1-25 大部分　长
1-26 0　有效应力
1-27 沉降量　最终沉降量

4.5.2　单项选择题解答

2-1（B）　**2-2**（A）　**2-3**（C）　**2-4**（C）　**2-5**（A）
2-6（B）　**2-7**（A）　**2-8**（B）　**2-9**（C）　**2-10**（B）
2-11（D）　**2-12**（C）　**2-13**（C）　**2-14**（D）　**2-15**（B）
2-16（C）　**2-17**（D）　**2-18**（C）　**2-19**（D）　**2-20**（C）
2-21（B）　**2-22**（B）　**2-23**（A）　**2-24**（C）　**2-25**（D）
2-26（C）　**2-27**（B）　**2-28**（B）　**2-29**（D）　**2-30**（B）
2-31（B）　**2-32**（D）　**2-33**（B）　**2-34**（A）　**2-35**（B）
2-36（B）　**2-37**（C）　**2-38**（B）　**2-39**（C）　**2-40**（B）
2-41（A）　**2-42**（B）　**2-43**（A）　**2-44**（D）　**2-45**（C）
2-46（D）

4.5.3　多项选择题解答

3-1（ABD）　**3-2**（ACD）　**3-3**（AD）　**3-4**（ABCD）
3-5（AB）　**3-6**（BCD）　**3-7**（AC）　**3-8**（ABD）
3-9（ABC）　**3-10**（ABC）　**3-11**（ABD）　**3-12**（AB）

4.5.4　判断题解答

4-1（√）　**4-2**（√）　**4-3**（×）　**4-4**（×）　**4-5**（√）
4-6（√）　**4-7**（×）　**4-8**（√）　**4-9**（√）　**4-10**（√）
4-11（√）　**4-12**（√）　**4-13**（√）　**4-14**（×）　**4-15**（×）
4-16（×）　**4-17**（√）　**4-18**（√）　**4-19**（×）　**4-20**（√）
4-21（√）　**4-22**（×）　**4-23**（×）　**4-24**（×）　**4-25**（√）
4-26（×）　**4-27**（√）　**4-28**（×）　**4-29**（×）　**4-30**（×）
4-31（×）　**4-32**（√）　**4-33**（×）　**4-34**（×）　**4-35**（√）
4-36（√）　**4-37**（√）　**4-38**（×）　**4-39**（√）　**4-40**（√）

4.5.5 简答题解答

5-1 【答】 土的压缩性是指土体在压力作用下体积缩小的特性。

在一般情况下，由于土粒与土中水本身的压缩都很小，占土的压缩总量不到 1/400，因此土的压缩变形主要是由于在压力作用下，土中水和气从孔隙中排出，使土中孔隙体积减小的结果。

在工程上主要利用压缩系数、压缩模量等压缩指标来评价地基土压缩性的高低。

5-2 【答】 土体在压力作用下，其压缩量随时间增长的过程，称为土的固结。

土的固结度指的是地基在固结过程中任一时刻 t 的固结沉降量 s_t 与其最终固结沉降量 s 之比。

固结度的大小主要与地基中附加应力大小、地基土的排水条件、固结时间等有关。

5-3 【答】 地下水位下降后，土中孔隙水压力减小，根据有效应力原理，土的有效应力（这里为自重应力）增大。此增加量成为土中附加应力，引起土体新的压缩，因此地面产生沉降。

5-4 【答】 不能压实到完全饱和状态。完全饱和是要所有孔隙充满水，而压实过程中随着土体密实度加大，孔隙中的气体难以和大气相通，形成封闭气体，不能完全排出，孔隙水因此不能充满所有孔隙体积。

5-5 【答】 表征地基土压缩性的参数有压缩系数、压缩指数、压缩模量、变形模量等。

压缩系数：侧限压缩试验—压缩曲线—曲线斜率。

压缩指数：同上，曲线采用半对数坐标。

压缩模量：根据压缩系数采用计算得到，$E_s=\dfrac{1+e_1}{a}$。

变形模量：现场荷载试验测定。

5-6 【答】 地下水位下降，会引起原地下水位以下土中的有效自重应力增加，从而造成地表大面积附加下沉；地下水位上升，虽然不会增加自重应力，但由于使原来地下水位和变动后地下水位之间那部分土压缩性增大，也会产生附加沉降量。

5-7 【答】 对比过程见表 4-3。由于规范推荐法在工程实践中已经积累了丰富的经验，故在实际工程中较多地采用。

表 4-3 分层总和法和规范推荐法对比

项　目	分层总和法	规范推荐法
基本假定	①地基土变形时无侧向膨胀。 ②地基土是一个均质、各向同性的、半无限空间的线弹性体。 ③用基础中心点下地基中的附加应力计算变形。 ④一般地基的沉降量可以认为等于基础地面某一深度范围内各土层压缩量的总和	地基土中的附加应力，采用平均附加应力表示。 每土层厚度范围内，压缩模量沿深度不变
分层厚度	一般按 1～2m 厚为一层，最大不宜超过 0.4b（基础宽度），越薄越准确	按天然土层分层计算
计算采用的指标	用自重应力到自重应力加附加应力范围内（薄层荷载）土的压缩系数	用应力在 100～200kPa 范围内土的压缩模量

续表

项　目	分层总和法	规范推荐法
计算深度	按应力比的条件判断	按沉降比的条件判断
计算结果修正	不修正	用经验系数修正

5-8 【答】地基变形特征值主要有：沉降量、沉降差、倾斜、局部倾斜等四种。

对单层排架结构柱基，主要控制沉降量；对于建筑物地基不均匀，有相邻荷载影响和荷载差异较大的框架结构、单层排架结构，需验算基础沉降差，并把它控制在允许值以内；对于地基不均匀或有相邻荷载影响的多层和高层建筑基础及高耸结构基础，须验算基础的倾斜；对于砌体结构，主要控制局部倾斜。

5-9 【答】土体由固体土颗粒、水和气体三部分构成。研究表明，在工程实践中可能遇到的压力（一般＜600kPa）作用下，土粒与土中水本身的压缩极其微小，可以忽略不计。在外界压力作用下，土颗粒发生相对位移，土中水和气体从孔隙中排出，使孔隙体积减小，从而使土体发生压缩变形。由此可见，土的压缩变形实际上是土的孔隙体积的减小。

5-10 【答】地基变形的大小，主要取决于以下两个方面：①建筑物荷载的大小和分布；②地基土层的类型、分布、各土层厚度及其压缩性。

5-11 【答】分层总和法计算地基最终沉降量可按下列步骤进行：

①将基础底面以下的地基土进行分层，分层厚度 $h_i \leqslant 0.4b$（b 为基础底面的宽度），注意，天然土层面及地下水位面也要作为分层的界面。

②按照弹性理论，求各分层界面上的自重应力 σ_{czi}（从地面起算）和附加应力 σ_{zi}（从基底处起算），并绘出自重应力和附加应力分布曲线。

③确定沉降计算深度 z_n，对一般土，按 $\sigma_{z_n} \leqslant 0.2\sigma_{cz_n}$ 的条件确定；对于软土，按 $\sigma_z \leqslant 0.1\sigma_{cz}$ 的条件确定。

④计算沉降计算深度范围内各分层的自重应力平均值 $\bar{\sigma}_{czi} = \dfrac{\sigma_{czi-1} + \sigma_{czi}}{2}$ 和附加应力平均值 $\bar{\sigma}_{zi} = \dfrac{\sigma_{zi-1} + \sigma_{zi}}{2}$，然后令 $P_{1i} = \bar{\sigma}_{czi}$、$P_{2i} = \bar{\sigma}_{czi} + \bar{\sigma}_{zi}$，从该土层曲线中查相应的 e_{1i} 和 e_{2i}。

⑤根据算出的 P_{1i}、P_{2i} 从压缩曲线 e-P 上分别找出对应的 e_{1i}、e_{2i}。

⑥求每一分层土的变形量 $s_i = (e_{1i} - e_{2i})/(1 + e_{1i})h_i$。

⑦将各分层的变形量加起来，即可得地基的最终沉降量 s。

$$s = \sum_{i=1}^{n} s_i = \sum_{i=1}^{n} \frac{e_{1i} - e_{2i}}{1 + e_{1i}} h_i$$

5-12 【答】分层总和法在计算中假定地基土无侧向变形，这只有当基础面积较大、可压缩土层较薄时，才较符合上述假设，而在一般情况下，将使计算结果偏小。另一方面，计算中采用基础中心点下地基土的附加应力（它大于基础任何其他点下的附加应力），并把基础中心点的沉降作为整个基础的平均沉降，又会使计算结果偏大。这两个相反的因素在一定程度上可能相互抵消一部分，但其误差难以精确估计。再加上许多其他因素造成的误差，如室内侧限压缩试验结果对地基上实际性状描述的准确性、土层非均匀性对附加应力的影响、上部结构对基础沉降的调整作用等，使得分层总和法计算结果与实际沉降往往不相符。因此，《规范》法中引入经验系数 ψ_s 对各种因素造成的沉降计算误差进行修正，以使计算结果更接近实际值。

5-13【答】在软土地区，表面有一层硬壳层，由于应力扩散作用，可以减少地基的沉降，故在设计中基础应尽量浅埋，并在施工中采取保护措施，以免浅层土的结构遭到破坏。

5-14【答】饱和土体有效应力原理的要点是：饱和土体内任意平面上受到的总应力等于有效应力和孔隙水压力之和；土的变形与强度变化都仅取决于有效应力的变化。

5-15【答】太沙基一维固结理论的基本假定有：

①土是均质、各向同性和完全饱和的。

②土粒和孔隙水都是不可压缩的。

③外荷载是一次在瞬间施加的。加荷期间，饱和土层还来不及变形；而在加载以后，附加应力 σ_z 沿深度始终均匀分布。

④土中附加应力沿水平面是无限均匀分布的，因此土层的压缩和土中水的渗流都是一维的。

⑤土中水的渗流服从达西定律。

⑥在渗透固结中，土的渗透系数 k 和压缩系数 a 都是不变的常数。

根据太沙基一维固结理论，有下列关系式：

$$\left.\begin{aligned} T_v &= \frac{C_v t}{h^2} \\ C_v &= \frac{k(1+e)}{\gamma_w a} \end{aligned}\right\} \Rightarrow t = \frac{T_v h^2}{C_v} = \frac{\gamma_w a}{k(1+e)} h^2 T_v$$

由上式可知：固结土层厚度 h 越大，历时越长。

排水条件的影响：双面排水时所需的时间 $t_2 = \dfrac{\dfrac{\gamma_w a}{k(1+e)}\left(\dfrac{h}{2}\right)^2 T_v}{\dfrac{\gamma_w a}{k(1+e)} h^2 T_v} t_1 = \dfrac{1}{4} t_1$（$t_1$ 为单面排水所需时间），即为单面排水所需时间的 1/4。渗透系数 k 越大，历时越短；k 越小，历时越长。

4.5.6 计算题解答

6-1【解】①绘制 e-P 关系曲线，如图 4-13 所示。

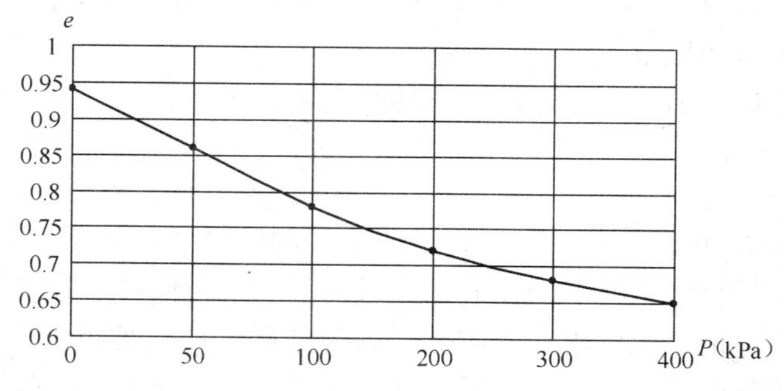

图 4-13 e-P 关系曲线

由土样的侧限压缩试验结果知：$e_1=0.78$，$e_2=0.72$

$$a_{1-2} = \frac{e_1 - e_2}{P_2 - P_1} = \frac{0.78 - 0.72}{200 - 100} = 0.6\text{MPa}^{-1}$$

因为 $a_{1-2}=0.6\text{MPa}^{-1}>0.5\text{MPa}^{-1}$，属高压缩性土。

②当自重应力 P_1 为 50kPa，自重应力和附加应力之和 P_2 为 150kPa 时

由土样的侧限压缩试验结果知：$e_1=0.86$，$e_2=0.75$

则

$$E_s=\frac{P_2-P_1}{\frac{e_1-e_2}{1+e_1}}=\frac{150-50}{\frac{0.86-0.75}{1+0.86}}=1.69\text{MPa}$$

6-2 【解】新填砂土层作为大面积荷载 $q=\gamma_1 h$，作用于软黏土表面，则软黏土中附加应力沿深度均匀分布。

由 $s=\frac{\gamma_1 h}{E_s}H$，得

$$h=\frac{SE_s}{\gamma_1 H}=\frac{30\times 2.5}{18\times 4}=1.04\text{m}$$

6-3 【解】地下水位下降后，对土层自重应力影响如图 4-14（b）阴影所示，此部分即本土层所受附加应力，则

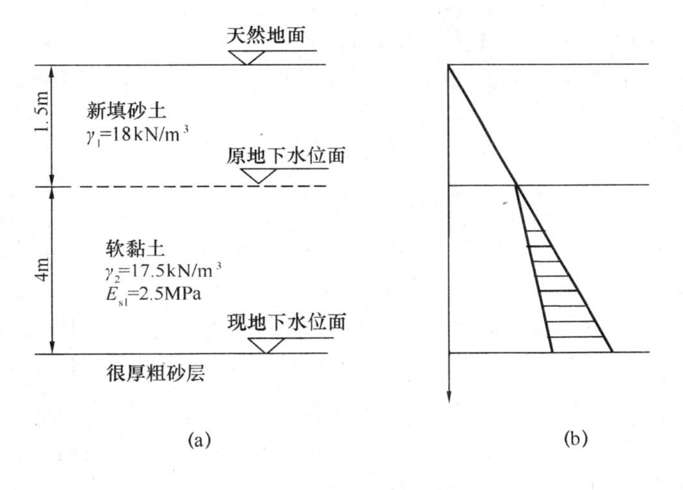

图 4-14　计算题 6-3 解答图

$$s=\frac{\bar{\sigma}_z}{E_s}h=\frac{\frac{1}{2}\times 10\times 4}{2.5\times 10^3}\times 4=32\times 10^{-3}\text{m}=32\text{mm}$$

6-4 【解】由于三个基础底面尺寸相同，地基土的压缩性指标相同，且土质均匀、重度相等，所以只需比较各个基础基底附加应力的大小即可。

对基础甲：$P_0=\frac{1600}{4\times 4}=100\text{kPa}$

对基础乙：$P_0=\frac{1600+4\times 4\times 2\times 20}{4\times 4}-18\times 2=104\text{kPa}$

对基础丙：$P_0=\frac{2240+4\times 4\times 2\times 20}{4\times 4}-18\times 2=144\text{kPa}$

所以三个基础沉降量的大小为：基础甲＜基础乙＜基础丙。

6-5 【解】由已知条件可得 $P_1=100\text{kPa}$，$\Delta P=150\text{kPa}$，$h=5\text{m}$

所以　$P_2=P_1+\Delta P=100+150=250\text{kPa}$

由压缩试验结果可得 $e_1=1.120$，$e_2=0.910$

则该5m厚土层的压缩变形量为

$$\Delta s=\frac{e_1-e_2}{1+e_1}h=\frac{1.12-0.95}{1+1.12}\times 5=0.4\text{m}=400\text{mm}$$

6-6 【解】 计算基础及其台阶上回填土的平均重量

$$G_k=\gamma_G Ad=20\times 4\times 2\times 1.5=240\text{kN}$$

计算基底压力 P_k

$$P_k=\frac{F_k+G_k}{A}=\frac{1100+240}{4\times 2}=167.5\text{kPa}$$

计算基底附加应力 P_0

$$P_0=P_k-\gamma_0 d=167.5-19.5\times 1.5=138.25\text{kPa}$$

①用分层总和法计算该基础的最终沉降量

将基础底面以下的土层进行分层，每分层厚度 $h_i\leqslant 0.4b=0.4\times 2=0.8\text{m}$，自然土层面也作为分层界面，所以基底下土体为一层，厚度为0.5m，其下分五层，每层厚度为0.8m。

计算各分层界面上地基土的自重应力：自重应力从天然地面算起，z 的取值从基底面起算。

由 $\sigma_{cz}=\sum\gamma_i h_i$ 得

$z=0$　　$\sigma_{cz}^0=19.5\times 1.5=29.25\text{kPa}$

$z=0.5\text{m}$　　$\sigma_{cz}^1=29.25+19.5\times 0.5=39\text{kPa}$

$z=1.3\text{m}$　　$\sigma_{cz}^2=39+19.8\times 0.8=54.84\text{kPa}$

$z=2.1\text{m}$　　$\sigma_{cz}^3=54.84+19.8\times 0.8=70.68\text{kPa}$

$z=2.9\text{m}$　　$\sigma_{cz}^4=70.68+19.8\times 0.8=86.52\text{kPa}$

$z=3.7\text{m}$　　$\sigma_{cz}^5=86.52+19.8\times 0.8=102.36\text{kPa}$

$z=4.5\text{m}$　　$\sigma_{cz}^6=102.36+19.8\times 0.8=118.2\text{kPa}$

计算基础中点下地基土中的附加应力：

利用角点法计算，计算结果见表4-4。

表4-4　计算题6-6中 σ_z 计算表

z (m)	z/b	l/b	K_c	$\sigma_z=4K_{cI}P_0$ (kPa)	σ_z/σ_{cz}	$\bar{\sigma}_{zi}$ (kPa)	E_{si} (MPa)	$s_i=\frac{\sigma_{zi}}{E_{si}}h_i$ (mm)	$s=\sum_{i=1}^{n}S_i$ (mm)
0.0	0.0	2.0	0.2500	138.25					
0.5	0.5		0.2384	131.84		135	4.5	15.00	
1.3	1.3		0.1731	95.72		113.78	5.1	17.85	
2.1	2.1		0.1143	63.21		79.47	5.1	12.47	
2.9	2.9		0.0769	42.53		52.87	5.1	8.29	
3.7	3.7		0.0539	29.81	0.22	36.17	5.1	5.67	
4.5	4.5		0.0393	21.73	0.16	25.77	5.1	4.04	63.32

自重应力与附加应力分布曲线如图 4-15 所示。

确定沉降计算深度 z_n：

在 $z=4.5\text{m}$ 处，$\sigma_{cz}=118.2\text{kPa}$，$\sigma_z=21.73\text{kPa}$，$\sigma_z/\sigma_{cz}=0.1614<0.2$，所以，根据 z_n 确定原则，可取 $z_n=4.5\text{m}$。

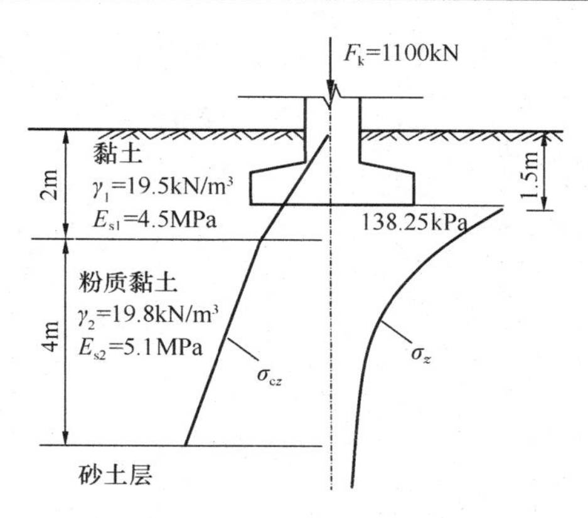

图 4-15　计算题 6-6 解答

②用《规范》法计算该基础的最终沉降量

沉降计算深度 z_n 的确定：

$$z_n=b(2.5-0.4\ln b)=2\times(2.5-0.4\ln 2)$$
$$=4.445\text{m}\approx 4.5\text{m}$$

计算各分层沉降量：

由式 $\Delta s'_i=\dfrac{P_0}{E_{si}}(z_i\overline{\alpha}_i-z_{i-1}\overline{\alpha}_{i-1})$ 可求得各分层沉降量，计算结果见表 4-5。

表 4-5　计算题 6-6 计算附表

z（m）	l/b	z/b	$\overline{\alpha}_i$	$z_i\overline{\alpha}_i$	$z_i\overline{\alpha}_i-z_{i-1}\overline{\alpha}_{i-1}$	$\Delta s'_i=\dfrac{P_0}{E_{si}}(z_i\overline{\alpha}_i-z_{i-1}\overline{\alpha}_{i-1})$ (mm)	s' (mm)
0.0	2.0	0.0	4×0.2500=1.000	0.0			
0.5		0.5	4×0.2468=0.9872	0.494	0.494	15.18	
4.2		4.2	4×0.1319=0.5276	2.216	1.722	46.68	
4.5		4.5	4×0.126=0.504	2.268	0.052	1.41	63.27

③确定计算沉降量 s'

由表 4-5 中结果可知，$\Delta z=0.3\text{m}$，相应的 $\Delta s'_n=1.41\text{mm}$

$$\frac{\Delta s'_n}{\sum_{i=1}^{n}\Delta s'_i}=\frac{1.41}{63.27}=0.022<0.025$$

符合要求。

④确定修正系数 ψ_s

由式 $\overline{E}_s=\dfrac{\sum A_i}{\sum\dfrac{A_i}{E_{si}}}$，得

$$\overline{E}_s=\frac{0.494+1.722+0.052}{\dfrac{0.494}{4.5}+\dfrac{1.722+0.052}{5.1}}=4.95\text{MPa}$$

由 $f_{ak}=P_0$，查沉降计算经验系数表，得 $\psi_s=1.21$。

⑤计算基础最终沉降量

$$s=\psi_s s'=1.21\times 63.27=76.56\text{mm}$$

比较分层总和法和《规范》法的计算结果并结合理论分析可知，《规范》法的计算结果更接近实测值。

6-7 **【解】** 计算该土层的最终沉降量 s

由
$$s = \frac{a}{1+e_1}\sigma_z H = \frac{\sigma_z}{E_s}H$$

得

$$s = \frac{\sigma_z}{E_s}H = \frac{120\times10^{-3}}{6.0}\times 8\times10^3 = 160\text{mm}$$

单面排水的条件下：

①加荷一年后的沉降量 s_t

固结系数：$C_v = \frac{k(1+e_1)}{a\gamma_w} = \frac{0.018\times(1+0.8)}{0.3\times10^{-3}\times10} = 10.8\ \text{m}^2/\text{年}$

时间因素：$T_v = \frac{C_v}{H^2}t = \frac{10.8}{8^2}\times 1 = 0.169$

由 a=1.0 及 T_v=0.169，查不同 a 值土层的 U_t-T_v 关系曲线，得 U_t=0.46

则 $s_t = U_t s = 0.46\times160 = 73.6\text{mm}$

②沉降量达 140mm 所需时间

沉降量达 140mm 时固结度为 $U_t = s_t/s = 140/160 = 0.875$

此时时间因素 $T_v = 0.778$

由时间因素计算式 $T_v = \frac{C_v}{H^2}t$，得

$$t = \frac{T_v H^2}{C_v} = \frac{0.778\times8^2}{10.8} = 4.61\ \text{年}$$

双面排水的条件下：

①加荷一年后的沉降量 s_t

固结系数：$C_v = \frac{k(1+e_1)}{a\gamma_w} = \frac{0.018\times(1+0.8)}{0.3\times10^{-3}\times10} = 10.8\ \text{m}^2/\text{年}$

时间因素：$T_v = \frac{C_v}{4^2}t = \frac{10.8}{4^2}\times 1 = 0.675$

由 a=1.0 及 T_v=0.675，查不同 a 值土层的 U_t-T_v 关系曲线，得 U_t=0.84

则 $s_t = U_t s = 0.84\times160 = 134.4\text{mm}$

②沉降量达 140mm 所需时间

沉降量达 140mm 时固结度为 $U_t = s_t/s = 140/160 = 0.875$

此时时间因素 $T_v = 0.778$

由时间因素计算式 $T_v = \frac{C_v}{H^2}t$，得

$$t = \frac{T_v H^2}{C_v} = \frac{0.778\times4^2}{10.8} = 1.15\ \text{年}$$

第5章　土的抗剪强度和地基承载力

本章学习要求

通过本章的学习，了解和掌握地基土抗剪强度的规律、土中一点的极限平衡条件以及地基土的抗剪强度的测定方法；掌握临塑荷载和临界荷载的概念及计算公式；理解和掌握地基承载力的各种确定方法和适用条件。

5.1　学习指导

5.1.1　土的抗剪强度

当土体中的某点切应力达到土体的抗剪强度时，该点即发生剪切破坏。土的抗剪强度是指土体抵抗剪切破坏的极限能力，土的抗剪强度的数值等于剪切破坏滑动面上的切应力大小，它是土的一个重要力学指标。地基承载力、挡土墙压力、边坡稳定等都与土的抗剪强度有密切的关系。

1. 库仑定律

1776年，法国科学家库仑根据一系列砂土剪切试验，提出了砂土抗剪强度的表达式，即

$$\tau_f = \sigma \tan\varphi \tag{5.1}$$

后来又通过试验进一步提出了黏性土的抗剪强度表达式：

$$\tau_f = c + \sigma \tan\varphi \tag{5.2}$$

式中　τ_f——土的抗剪强度，kPa；

σ——作用于剪切面上的正应力，kPa；

φ——土的内摩擦角，°；

c——土的黏聚力，kPa。

式（5.1）和式（5.2）称为库仑定律或土的抗剪强度定律。根据库仑定律可以绘制出如图5-1所示的库仑直线，其中库仑直线与横轴的夹角称为土的内摩擦角φ，库仑直线在纵轴上的截距c为黏聚力。φ和c称为土的抗剪强度指标。从库仑定律可知，对无黏性土，其抗剪强度仅取决于土粒之间的摩擦力$\sigma\tan\varphi$；而对于黏性土，其抗剪强度由黏聚力c和摩擦力

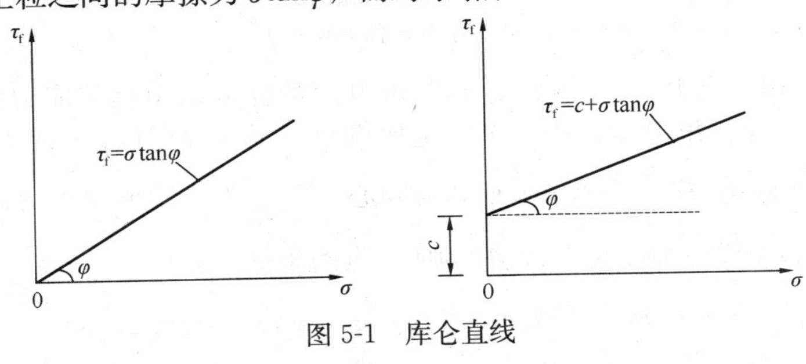

图5-1　库仑直线

$\sigma\tan\varphi$ 两部分构成。抗剪强度的摩擦力除了与剪切面上的法向总应力有关以外，还与土的原始密度、土粒的形状、表面粗糙程度以及颗粒级配等因素有关。抗剪强度的黏聚力通常与土中黏粒含量、矿物成分、含水量、土的结构等因素密切相关。

一般情况下，土体内摩擦角 φ 的取值为：粉细砂 20°～35°；中砂、粗砂及砾砂 30°～52°；粉土 0°～30°。黏聚力 c 的变化范围为 5～100kPa。

应当注意，抗剪强度指标 φ 和 c 不仅与土的性质有关，而且随试验方法和土体的排水条件等不同有较大差异。

2. 土的极限平衡理论

（1）土中某点的应力状态

当土中某点任一方向的剪应力 τ 达到土的抗剪强度 τ_f 时，称该点处于极限平衡状态。因此，若已知土体的抗剪强度 τ_f，则只要求得土体中某点各个面上的剪应力 τ 和法向正应力 σ，即可判断土体所处的状态。

现以平面课题为例，从土体中任取一单元体，如图 5-2（a）所示。设作用在该单元体上的大、小主应力分别为 σ_1 和 σ_3，在单元体内与大主应力 σ_1 作用面成任意角 α 的 mn 平面上有正应力 σ 和切应力 τ。为建立 σ、τ 与 σ_1、σ_3 之间的关系，取楔形脱离体 abc，如图 5-2（b）所示，将各力分别在水平和竖直方向分解。根据静力平衡条件，得：

$$\sigma_3 ds\sin\alpha - \sigma ds\sin\alpha + \tau ds\cos\alpha = 0$$

$$\sigma_1 ds\cos\alpha - \sigma ds\cos\alpha - \tau ds\sin\alpha = 0$$

将以上方程联立求解，得 mn 平面上的应力为：

$$\sigma = \frac{1}{2}(\sigma_1 + \sigma_3) + \frac{1}{2}(\sigma_1 - \sigma_3)\cos 2\alpha$$

$$\tau = \frac{1}{2}(\sigma_1 - \sigma_3)\sin 2\alpha \tag{5.3}$$

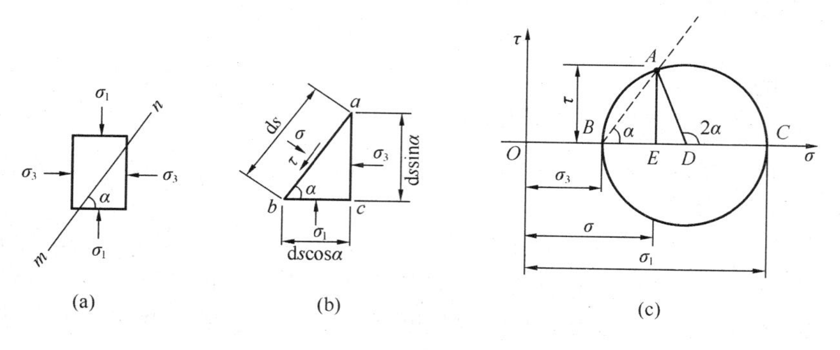

图 5-2　土中任意点的应力状态

（a）单元体上的应力；（b）脱离体上的应力；（c）莫尔应力圆

从材料力学可知，以上 σ、τ 与 σ_1、σ_3 之间的关系也可以用莫尔应力圆表示，如图 5-2（c）所示，即在 $\sigma\tau$ 与直角坐标系中，按一定比例尺，沿 σ 轴截取 OB 和 OC 分别表示为 σ_3 和 σ_1，以 D 点［坐标为 $\frac{(\sigma_1 + \sigma_3)}{2}, \tau = 0$］为圆心、$\frac{(\sigma_1 - \sigma_3)}{2}$ 为半径作圆，从 DC 开始逆时针旋转 2α 角，使 DA 线与圆周交于 A 点。则 A 点的坐标为：

$$OE = OD - ED = \frac{1}{2}(\sigma_1 + \sigma_3) + \frac{1}{2}(\sigma_1 - \sigma_3)\cos 2\alpha$$

$$EA = AD\sin2\alpha = \frac{1}{2}(\sigma_1 - \sigma_3)\sin2\alpha$$

故 A 点的横坐标即为斜面 mn 上的正应力 σ，而纵坐标即为斜面 mn 上的切应力 τ。即单元体与莫尔应力圆的对应关系是：点面对应，转角两倍，转向相同。意思是：圆周上任一点的横坐标与纵坐标分别代表单元体上任一截面的正应力 σ 和切应力 τ，若该截面与大主应力面的夹角等于 $\widehat{CA}$ 所含圆心角的一半，由图 5-2（c）可知，最大剪应力 $\tau_{max} = \frac{1}{2}(\sigma_1 - \sigma_3)$，作用面与大主应力 σ_1 作用面的夹角 $\alpha = 45°$。

（2）土的极限平衡条件

为了判断土中某点是否处于极限平衡状态，可将土的抗剪强度线与描述土中某点应力状态的莫尔应力圆绘于同一直角坐标系上，图 5-3 中Ⅰ、Ⅱ、Ⅲ应力圆表示作用于土中某点的最小主应力 σ_3 不变，而最大主应力 σ_1 有三个不同的数值。按其相对位置判断该点所处状态，有以下三种：

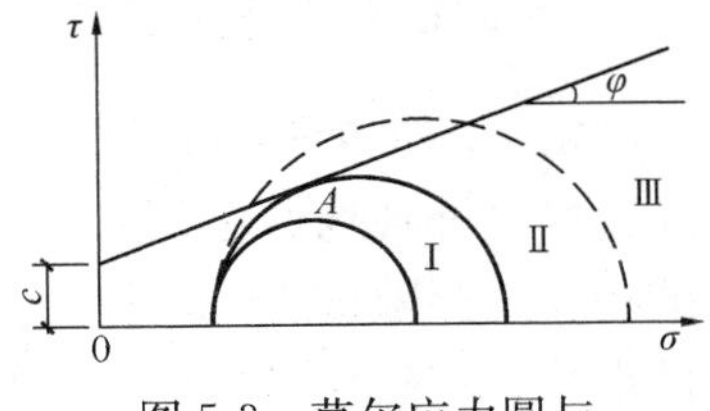

图 5-3　莫尔应力圆与抗剪强度线的关系

①圆Ⅰ位于抗剪强度线的下方，表示土中某点在任何截面的切应力 τ 都小于土的抗剪强度 τ_f，即 $\tau < \tau_f$，该点处于弹性平衡状态，因此土体不会发生剪切破坏。

②圆Ⅱ与抗剪强度线在 A 点相切，表明 A 点所代表的平面上的切应力 τ 等于土的抗剪强度 τ_f，即 $\tau = \tau_f$，该点处于极限平衡状态，故圆Ⅱ亦称为极限应力圆。

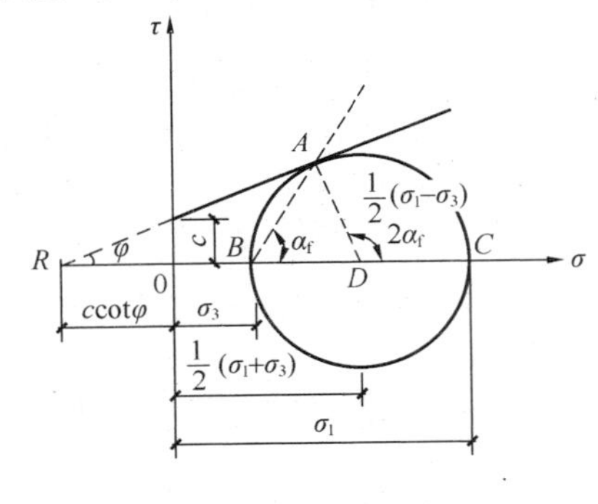

图 5-4　土的极限平衡条件

③圆Ⅲ与抗剪强度线相割，割线以上的点所代表的平面上的切应力 τ 超过了土的抗剪强度 τ_f，即 $\tau > \tau_f$，该点“已被剪破”，实际上这是不可能存在的，因为对任何材料，都不可能超过其强度。

图 5-4 表示极限应力圆与抗剪强度线之间的几何关系。设抗剪强度曲线的延长线与 σ 轴交于 R 点，由三角形 ARD 得：

$$\frac{1}{2}(\sigma_1 - \sigma_3) = \left[c\cot\varphi + \frac{1}{2}(\sigma_1 + \sigma_3)\right]\sin\varphi \quad (5.4)$$

利用三角函数关系转换后可得：

$$\sigma_1 = \sigma_3\tan^2\left(45° + \frac{\varphi}{2}\right) + 2c\tan\left(45° + \frac{\varphi}{2}\right) \quad (5.5)$$

或

$$\sigma_3 = \sigma_1\tan^2\left(45° - \frac{\varphi}{2}\right) - 2c\tan\left(45° - \frac{\varphi}{2}\right) \quad (5.6)$$

当土中某点处于极限平衡状态时，破坏面与最大主应力作用面的夹角为 α_f，由图 5-4 中的几何关系可得：

$$\alpha_f = \frac{1}{2}(90° + \varphi) = 45° + \frac{\varphi}{2}$$

破坏面与最小主应力作用面的夹角为：

$$90° - \left(45° + \frac{\varphi}{2}\right) = 45° - \frac{\varphi}{2}$$

式（5.5）、式（5.6）为土的极限平衡条件。若土为无黏性土，由于$c=0$，所以无黏性土的极限平衡条件为：

$$\sigma_1 = \sigma_3 \tan^2\left(45° + \frac{\varphi}{2}\right) \tag{5.7}$$

或

$$\sigma_3 = \sigma_1 \tan^2\left(45° - \frac{\varphi}{2}\right) \tag{5.8}$$

5.1.2 土的抗剪强度试验方法

测定土的抗剪强度的试验称为剪切试验。剪切试验的方法很多，可以通过室内试验，亦可以通过室外现场原位试验。室内试验的方法根据加荷方式不同分为直接剪切试验、三轴剪切试验和无侧限抗压试验；根据剪切试验时排水条件的不同又分为不排水剪、固结不排水剪和排水剪。室外现场原位试验有十字板剪切试验等。

1. 直接剪切试验

测定土的抗剪强度的最简便和最常用的方法是直接剪切试验，它可以直接测出预定剪切破裂面上的抗剪强度。直接剪切试验所使用的仪器称为直剪仪，可分为应力控制式和应变控制式两种。

试验时，对同一种土，至少取3～4个土样，分别施加不同的竖向压应力σ，使其在剪力的作用下发生剪切破坏，测出相应的抗剪强度τ_f，然后根据试验结果绘制出库仑直线，由此可求出土的抗剪强度指标φ和c。

由于直接剪切试验只能测定作用在受剪面上的总应力，不能测定有效应力或孔隙水压力，所以试验中常模拟工程实际选择快剪、慢剪和固结快剪三种试验方法。

快剪：试验时在土样的上、下两面与透水石之间都用蜡纸或塑料薄膜隔开，竖向压力施加后立刻施加水平推力进行剪切，而且剪切的速度快，一般从加荷到剪坏只用3～5min。可以认为，土样在短暂的时间内来不及排水，所以又称不排水剪。

慢剪：试验时在土样上、下两面与透水石之间不放蜡纸或塑料薄膜。在整个试验过程中允许土样有充分的时间排水和固结。

固结快剪：试验时，土样先在竖向压力作用下使其排水固结。待固结“完毕”后，再施加水平推力，并快速将土样剪坏（约3～5min）。因此，土样在竖向压力作用下充分排水固结，而在施加推力时不让其排水。

由于试验过程中土样排水条件和固结程度不同，三种试验方法所得的抗剪强度指标也不同，一般慢剪的指标大，快剪的指标小，工程中要根据具体情况选择适当的强度指标。

直接剪切试验的优点是仪器构造简单、价格便宜、操作较易，但也存在如下不足：

①不能严格控制排水条件，不能量测试验过程中试样的孔隙水压力；

②试验中人为限定剪切破坏面为上、下盒的接触面，而不是土样最薄弱的面；

③剪切过程中剪切面上的应力分布不均，剪切面积随剪切位移的增加而减小。

因此，直接剪切试验不宜作为深入研究土体抗剪强度特性的手段。

2. 三轴剪切试验

三轴剪切试验是直接量测土样在不同周围压力下的抗压强度，然后利用土的极限平衡理论间接求得土的抗剪强度。

（1）三轴剪切试验原理

试验时先将土样切成圆柱体，套在橡皮膜内放入密室的压力室中，然后由压力室注入液压或气压，使试件在各个方向都受到周围压力 σ_3 作用，并使该周围压力在整个试验过程中保持不变。然后由竖向压力系统施加竖向应力 $\Delta\sigma$，并不断增加 $\Delta\sigma$，此时水平向主应力保持不变，而竖向主应力逐渐增大，直到试件受剪破坏为止。根据量测系统的周围压力 σ_3 和竖向应力增量 $\Delta\sigma$ 可得试件破坏时的最大主应力 $\sigma_1=\sigma_3+\Delta\sigma$，如图 5-5（a）、（b）所示，并由此可绘出破坏时的极限应力圆。同一种土应取 3～4 个土样，分别施加不同的周围压力 σ_3 进行试验，即可得相应的 3～4 个极限应力圆，其公切线就是土样的库仑直线，如图 5-5（c）所示。由此即可求得土的抗剪强度指标 c 和 φ 。

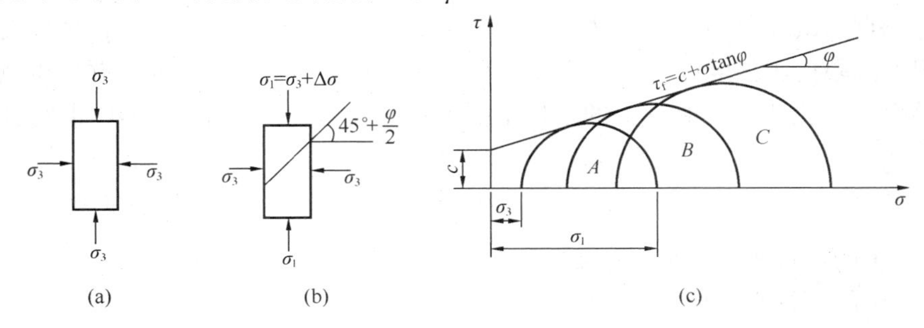

图 5-5　三轴剪切试验

（a）土样受周围压应力；（b）破坏时土样应力；（c）莫尔应力圆破坏包线

（2）三轴剪切试验的优缺点

与直接剪切试验相比，三轴剪切试验的突出优点是能严格地控制试样的排水条件，从而测出试样中的孔隙水压力，以定量获得土中有效应力的变化情况；试件中的应力状态较明确，没有人为地限定剪切破坏面，剪切破坏发生在试件的最弱部位；试件受压比较符合地基的实际受力情况，试验结果更加可靠、准确；还可用于测定土的其他力学性质，如土的弹性模量。

但三轴剪力仪比较复杂，价格较贵，操作技术要求也较高，且试样制作较麻烦，土样易受扰动；试验是在轴对称情况下进行的，即 $\sigma_2=\sigma_3$，这与一般土体实际受力有所差异。

（3）不同排水条件的三轴剪切试验

三轴剪切试验过程中排水与不排水由排水阀控制，需要排水时打开排水阀，不排水时关闭排水阀。所以三轴剪切试验按排水的情况不同亦分为不固结不排水剪、固结不排水剪、固结排水剪三种。

①不固结不排水剪（UU 试验）

简称不排水剪，在三轴剪切试验过程中自始至终不让试样排水固结，即施加周围压力 σ_3 和随后施加竖向应力 $\Delta\sigma$ 直至试样剪损的整个过程中都关闭排水阀，使土样的含水量不变。该试验指标适用于地基排水条件不好、地基土透水性差而施工速度较快的工程。

②固结不排水剪（CU 试验）

试验时在周围压力 σ_3 作用下，先打开排水阀门，让试样充分排水固结，即试样中的孔隙水压力逐渐减小至零，然后关闭排水阀门，再施加竖向应力 $\Delta\sigma$，使试样在不排水的条件下剪切破坏。该试验指标适用于施工期间能够排水固结，但在建筑物竣工后荷载又突然增大（如房屋加层）的情况。

③固结排水剪（CD试验）

简称排水剪，在三轴剪切试验过程中始终打开排水阀门，让试样充分排水固结，即试样中的孔隙水压力始终接近于零，再让试样在充分排水的条件下，缓慢施加竖向应力 $\Delta\sigma$ 直至试样剪损。该试验指标适用于地基排水条件较佳、地基土透水性好而施工速度较慢的工程。

3. 无侧限抗压强度试验

无侧限抗压强度试验实际上是三轴剪切试验的一种特殊情况，即在三轴压缩仪中进行不施加周围压力（$\sigma_3=0$）的不排水剪切试验，又称单剪试验。无侧限抗压强度试验一般是在无侧限压力仪中进行，如图5-6所示。将圆柱形试件放在无侧限压力仪中，不加侧向压力只加竖向压力，直到试样剪切破坏，破坏时试样所能承受的最大轴向压力 q_u 称为无侧限抗压强度。利用无侧限抗压强度试验可以测定饱和软黏土的不排水抗剪强度，并可以测定饱和黏性土的灵敏度 S_t。由于饱和黏性土的不排水抗剪强度线为直线，即 $\varphi_u=0$，由此可得

$$\tau_f = c_u = \frac{q_u}{2} \tag{5.9}$$

式中 τ_f——土的不排水抗剪强度，kPa；

c_u——土的不排水黏聚力，kPa；

q_u——无侧限抗压强度，kPa。

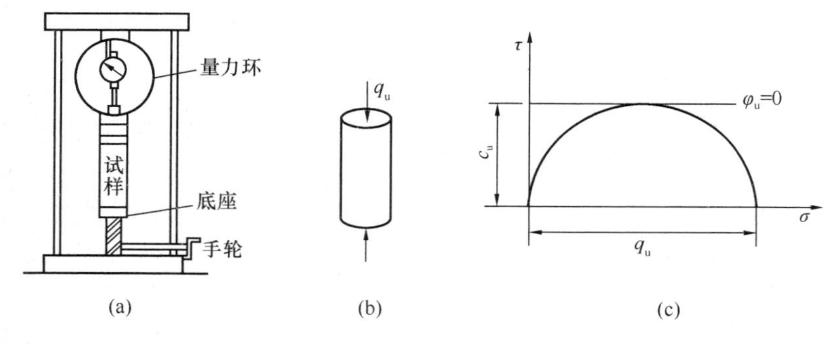

图5-6 无侧限抗压试验

（a）无侧限压力仪；（b）试样；（c）无侧限抗压试验结果

饱和黏性土的强度与土的结构有关，当土的结构遭受破坏时，其强度会迅速降低，工程上常用灵敏度 S_t 来反映土的结构性的强弱。

$$S_t = \frac{q_u}{q_0} \tag{5.10}$$

式中 q_u——原状土的无侧限抗压强度，kPa；

q_0——重塑土的无侧限抗压强度，kPa。

根据灵敏度的大小，可将饱和黏性土分为低灵敏度土（$1<S_t\leqslant2$）、中灵敏度土（$2<S_t\leqslant4$）和高灵敏度土（$S_t>4$）三类。土的灵敏度越高，其结构性越强，受扰动后土的强度降低得越多，对工程不利。所以在基坑开挖过程中，应尽量减少因施工而可能造成的对坑底土的扰动而使地基强度降低。

4. 十字板剪切试验

十字板剪切试验是一种现场测定饱和的抗剪强度的原位试验方法。与室内无侧限抗压强度试验一样，十字板剪切所测得的成果亦相当于不排水抗剪强度。

十字板剪切试验具有无需钻孔取样和使土少受扰动的优点，且仪器结构简单、操作方便，因而在软黏土地基中有较好的适用性，亦常用于在现场对软黏土的灵敏度测定。但这种原位测试方法中剪切面上的应力条件十分复杂，排水条件也不能严格控制，因此所测的不排水强度与原状土室内的不排水剪切试验成果可能会有一点差别。

5.1.3 地基的临塑荷载及极限荷载

1. 地基变形的三个阶段

对地基进行静载荷试验时，一般可得如图 5-7 所示荷载和沉降的关系曲线（P-s 曲线）。从该图可见地基变形的发展分为三个阶段。

（1）线性变形阶段（压密阶段）

相应于 P-s 曲线的 oa 段。由于荷载较小，地基土主要产生压密变形，此时土中各点的切应力均小于土的抗剪强度，土体处于弹性平衡状态，此段荷载和沉降的关系曲线接近于直线。

（2）塑性变形阶段（剪切阶段）

相应于 P-s 曲线的 ab 段。当荷载增大到超过 a 点的压力时，土中局部范围内产生剪切破坏，即出现塑性变形区，此时荷载和沉降之间成曲线关系。随着荷载增加，塑性变形区域逐渐扩大，先从基础的边缘开始，继而向深度和宽度方向发展。

（3）破坏阶段

相应于 P-s 曲线的 bc 段。当施加的荷载继续增加，超过极限荷载，地基中塑性区形成连续贯通的滑动面，土从荷载板下被挤出，在基坑底面形成隆起的土堆，基础急剧下沉，地基完全丧失稳定，产生滑动破坏。

相应于上述地基变形的三个阶段，在 P-s 曲线上有两个转折点 a 和 b，如图 5-7（a）所示。a 点所对应的荷载称为临塑荷载，以 P_{cr} 表示。当基底压力等于该荷载时，基础边缘的土体开始出现剪切破坏，但塑性区尚未发展。b 点所对应的荷载称为极限荷载，以 P_u 表示，是使地基发生整体剪切破坏的荷载。荷载从 P_{cr} 增加到 P_u 的过程是地基剪切破坏区逐渐发展的过程，如图 5-7（b）所示。

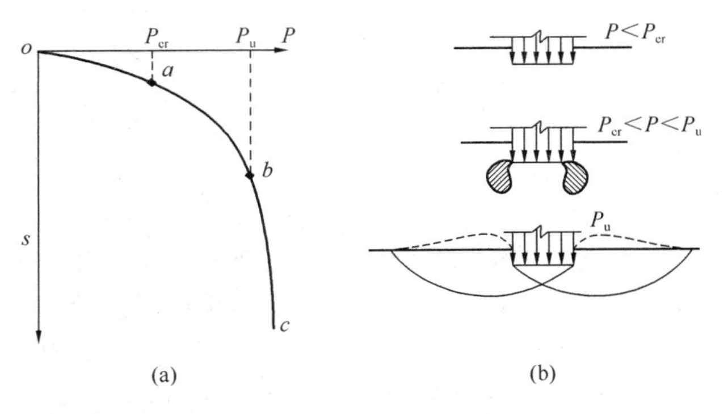

图 5-7 地基静载荷试验的 P-s 曲线

2. 地基的临塑荷载

临塑荷载指地基土中将要出现但尚未出现塑性变形区时的基底压力。以弹性理论计算土中附加应力以及以强度理论的极限平衡条件为依据，塑性区的最大发展深度 $z_{max}=0$，导出临塑荷载的计算式：

$$P_{cr}=\frac{\pi(\gamma_0 d+c\cot\varphi)}{\cot\varphi+\varphi-\frac{\pi}{2}}+\gamma_0 d \tag{5.11}$$

式中　γ_0——基础埋置深度范围内土的加权平均重度，kN/m^3；

φ——地基土的内摩擦角，°。

3. 地基的临界荷载

临界荷载是指允许地基产生一定范围塑性区所对应的荷载。一般情况下，将临塑荷载 P_{cr} 作为地基承载力是偏保守的。工程实践表明，在大多数情况下，即使地基发生局部剪切破坏，地基的塑性区有所发展，但只要塑性区范围不超过某一允许范围，就不影响建筑物的安全和正常使用。而地基塑性区的允许发展深度，与建筑物类型、荷载的大小及性质、基础型式和土的物理力学性质等因素有关。一般认为，在中心荷载作用下，塑性区的最大发展深度 z_{max} 可控制在基础宽度的 1/4，即 $z_{max}=b/4$ 相应的荷载 $P_{1/4}$ 称为界限荷载，计算公式：

$$P_{1/4}=\frac{\pi\left(\gamma_0 d+c\cot\varphi+\frac{1}{4}\gamma b\right)}{\cot\varphi+\varphi-\frac{\pi}{2}}+\gamma_0 d \tag{5.12}$$

对偏心荷载作用下的基础，可取 $z_{max}=b/3$ 相应的荷载 $P_{1/3}$ 作为地基的承载力，即

$$P_{1/3}=\frac{\pi\left(\gamma_0 d+c\cot\varphi+\frac{1}{3}\gamma b\right)}{\cot\varphi+\varphi-\frac{\pi}{2}}+\gamma_0 d \tag{5.13}$$

式（5.12）、式（5.13）也可改写为

$$P_{1/4}=N_{1/4}\gamma b+N_d\gamma_0 d+N_c c \tag{5.14}$$

$$P_{1/3}=N_{1/3}\gamma b+N_d\gamma_0 d+N_c c \tag{5.15}$$

式中　$N_{1/4}$、$N_{1/3}$、N_d、N_c——承载力系数，仅与土的内摩擦角有关，即

$$N_{1/4}=\frac{\pi}{4\left(\cot\varphi+\varphi-\frac{\pi}{2}\right)},N_{1/3}=\frac{\pi}{3\left(\cot\varphi+\varphi-\frac{\pi}{2}\right)}$$

$$N_d=\frac{\left(\cot\varphi+\varphi+\frac{\pi}{2}\right)}{\left(\cot\varphi+\varphi-\frac{\pi}{2}\right)},N_c=\frac{\pi\cot\varphi}{\left(\cot\varphi+\varphi-\frac{\pi}{2}\right)}$$

以上地基承载力是针对条形基础在均布荷载作用下导出的，对于矩形和圆形基础，其结果偏于安全。此外，在公式的推导中采用了线性变形体的弹性理论的解答，与实际地基中已出现塑性区的塑性变形阶段有一定不同，所以，利用式（5.12）、式（5.13）确定地基承载力时仅满足地基强度条件，还必须进行地基变形计算。

4. 地基的极限荷载

地基的极限荷载是指使地基发生剪切破坏失去整体稳定时的基底压力，即地基所能承受的基底压力极限值，常以 P_u 表示。地基极限荷载的计算理论，根据不同的破坏模式有所不同，目前的计算公式均是按整体剪切破坏模式推导，即极限荷载是地基形成连续滑动面时的基底压力，但有的公式根据经验进行修正，亦可用于其他破坏模式的计算。

将地基的极限荷载除以安全系数 K 即为地基承载力特征值 f_a，即

$$f_a = \frac{P_u}{K} \tag{5.16}$$

（1）地基土的破坏模式

地基在荷载作用下的破坏与土的性质、加荷速度、基础埋深、基础形状和大小有关。根据地基土剪切破坏的特征，可将地基的破坏分为整体剪切破坏、局部剪切破坏和冲剪破坏三种类型，如图 5-8 所示。

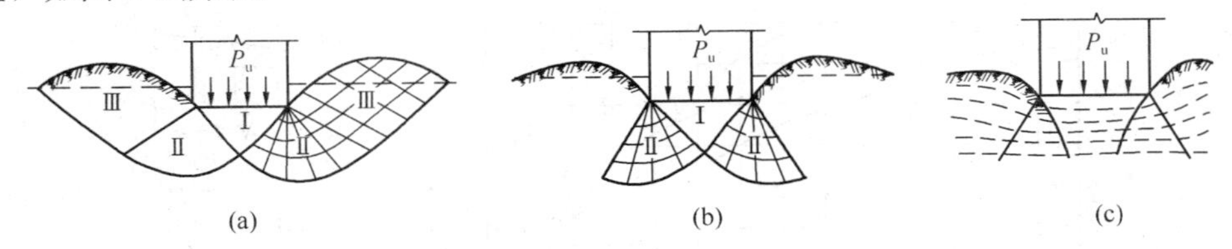

图 5-8　地基的破坏模式

（a）整体剪切破坏；（b）局部剪切破坏；（c）冲剪破坏

①整体剪切破坏

在荷载较小时，地基处于压密状态。随着荷载的增加，地基中局部剪切破坏的区域不断扩大，直至在地基中形成连续的滑动面，达到完全剪切破坏，基础急剧下沉并可能向一侧倾斜，地基丧失稳定性，基础四周的地面明显隆起，如图 5-8（a）所示。压缩性比较小的如紧密砂土、硬黏性土地基常发生这种破坏形式。

②局部剪切破坏

随着荷载的增加，塑性区只发展到地基内某一范围，滑动面并不延伸到地面而是终止于地基内某一深度，基础周围地面有微小隆起，但基础不会出现明显的倾斜，房屋一般不会倒塌，如图 5-8（b）所示。中等密实的砂土地基中常发生这种破坏形式。

③冲剪破坏

基础下软弱土发生垂直剪切破坏，使基础连续下沉。破坏时地基中无明显滑动面，基础四周地面无隆起而是下陷，即基础似“刺入”土中一样，基础无明显倾斜，但发生较大沉降，如图 5-8（c）所示。压缩性较大的如松砂、软土地基常发生这种破坏形式。

（2）地基的极限荷载公式

极限荷载的求解有两种途径：一是通过基础的模型试验，研究地基的滑动面形状，并简化为假定的滑动面，再根据简化滑动面上的静力平衡条件求解；二是根据土的极限平衡方程，由已知的边界条件用数学方法求解，此法因较繁琐，未广泛采用。由于不同的假设，计算极限荷载的公式有多种，下面主要介绍几种常见的计算公式。

①太沙基公式

太沙基公式是国内外常用的计算极限荷载的公式，它应用极限平衡理论的成果与形式，考虑了基础有埋深、基底是粗糙的、地基土有质量等实际情况，并做了半经验性假定，适用于基础底面粗糙的条形基础。

太沙基假定地基中滑动面的形状如图 5-9 所示。公式中不考虑基底以上基础两侧土体抗剪强度的影响，以均布超载 $q=\gamma_0 d$ 来代替埋深范围内的土体自重。根据

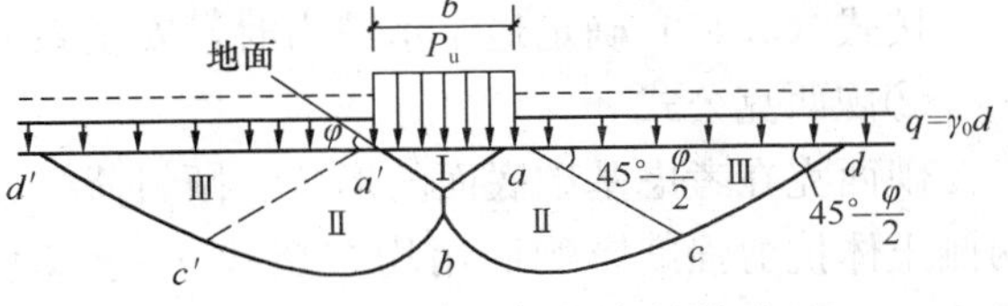

图 5-9　太沙基公式假定的滑动面

弹性土楔体 $aa'b$ 的静力平衡条件，可求得的太沙基极限荷载计算公式为：

$$P_u = cN_c + qN_q + \frac{1}{2}\gamma bN_r \tag{5.17}$$

式中 N_c、N_q、N_r——承载力系数，仅与土的内摩擦角 φ 有关，可由图 5-10 的实线查得；

q——基底面以上基础两侧超载，kPa，$q=\gamma_0 d$；

b、d——分别为基底宽度和埋深，m。

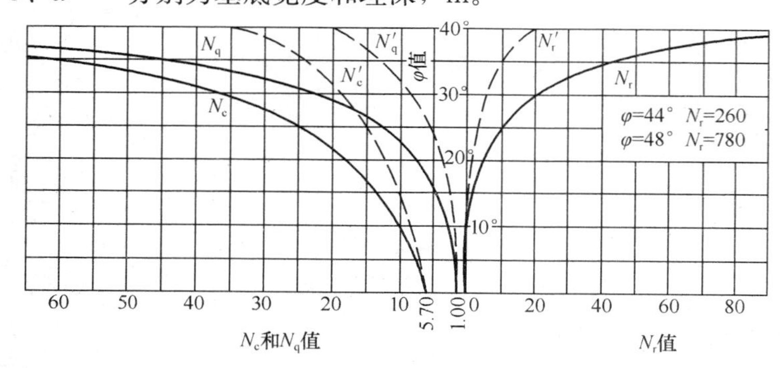

图 5-10　太沙基公式假定的滑动面

公式（5.17）适用于条形荷载作用下地基土整体剪切破坏情况，即适用于坚硬黏土和密实砂土。对于局部剪切破坏（软黏土、松砂），可用调整抗剪强度指标 φ、c 的方法修正，即令

$$c' = \frac{2}{3}c$$

$$\varphi' = \arctan\left(\frac{2}{3}\tan\varphi\right)$$

代替式（5.17）中的 c 和 φ，因此式（5.17）变为：

$$P_u = \frac{2}{3}cN'_c + qN'_q + \frac{1}{2}\gamma bN'_r \tag{5.18}$$

式中 N'_c、N'_q、N'_r——局部剪切破坏时的承载力系数，可由图 5-10 的虚线查得。

对于方形和圆形均布荷载整体剪切破坏情况，太沙基建议采用经验系数进行修正，修正后公式为：

对宽度为 b 的正方形基础：

$$P_u = 1.2cN_c + qN_q + 0.4\gamma bN_r \tag{5.19}$$

对直径为 d 的圆形基础：

$$P_u = 1.2cN_c + qN_q + 0.6\gamma dN_r \tag{5.20}$$

对宽度为 b、长度为 l 的矩形基础，可按 b/l 值，在条形基础（$b/l=10$）和方形基础（$b/l=1$）的极限荷载之间以插入法求得。

按式（5.17）确定地基承载力时，安全系数 K 值一般可取 2～3。

②魏西克公式

魏西克在考虑基础底面的形状、倾斜荷载、基础埋深等对极限荷载的影响，在不计基础两侧土体抗剪强度影响而用均布超载 $q=\gamma_0 d$ 代替的情况下，得出魏西克极限荷载基本公式为：

$$P_u = cN_c s_c d_c i_c + qN_q s_q d_q i_q + \frac{1}{2}\gamma b N_r s_r d_r i_r \tag{5.21}$$

式中　N_c、N_q、N_r——承载力系数，可按表 5-1 确定；

s_c、s_q、s_r——基础形状系数，可按表 5-2 计算得到；

d_c、d_q、d_r——基础埋深系数，可按表 5-2 计算得到；

i_c、i_q、i_r——荷载倾斜系数，可按表 5-2 计算得到。

按魏西克公式确定地基承载力时，安全系数 K 值一般可取 2～4。

③影响地基极限荷载的因素

综上所述，极限荷载的影响因素归纳如下：

a. 土的内摩擦角 φ、黏聚力 c 和重度 γ 越大，极限荷载也越大。

b. 基础底面宽度 b 增加，一般情况极限荷载 P_u 将增大，特别是当土的 φ 值较大时影响越显著。但在饱和软土地基中，b 增加后对 P_u 几乎没有影响。

c. 基础埋深 d 增加，极限荷载 P_u 值亦随之提高。

d. 在其他条件相同的情况下，竖向荷载作用的极限荷载比倾斜荷载作用的极限荷载大。

表 5-1　普朗特尔承载力系数

φ (°)	N_c	N_q	N_r	φ (°)	N_c	N_q	N_r
0	5.14	1.00	0.00	26	22.25	11.85	12.54
2	5.63	1.20	0.15	28	25.80	14.72	16.72
4	6.19	1.45	0.34	30	30.14	18.40	22.40
6	6.81	1.72	0.57	32	35.49	23.18	30.22
8	7.53	2.06	0.86	34	42.16	29.44	41.06
10	8.55	2.47	1.22	36	50.59	37.75	56.31
12	9.28	2.97	1.69	38	61.35	48.93	78.03
14	10.37	3.59	2.29	40	75.31	64.20	109.41
16	11.63	4.35	3.06	42	93.71	85.38	155.55
18	13.10	5.26	4.07	44	118.37	115.31	224.64
20	14.83	6.40	5.39	46	152.10	158.51	330.35
22	16.88	7.82	7.13	48	199.26	222.31	496.01
24	19.32	9.60	9.44	50	266.89	319.07	762.89

表 5-2　魏西克极限承载力公式中各项修正系数计算式

基础形状系数		基础埋深系数	荷载倾斜系数
矩形基础	$s_c = 1 + \frac{l}{b}\frac{N_q}{N_c}$ $s_q = 1 + \frac{l}{b}\tan\varphi$ $s_r = 1 - 0.4\frac{l}{b}$	当 $d/b \leqslant 1$ 时 $d_q = 1 + 2\tan\varphi(1-\sin\varphi)^2\frac{d}{b}$ $d_r = 1.0$ $d_c = d_q - \frac{1-d_q}{N_c\tan\varphi}$ 或　$d_c = 1 + 0.4\frac{d}{b}$	$i_c = 1 - \frac{mP}{b'l'cN_c}(\varphi = 0)$ $i_c = i_q - \frac{1-i_q}{N_c\tan\varphi}(\varphi > 0)$ $i_q = \left(1 - \frac{P_h}{P_v + b'l'c\cdot\cot\varphi}\right)^m$ $i_r = \left(1 - \frac{P_h}{P_v + b'l'c\cdot\cot\varphi}\right)^{m+1}$
方形基础	$s_c = 1 + \frac{N_q}{N_c}$ $s_q = 1 + \tan\varphi$ $s_r = 0.6$	当 $d/b > 1$ 时 $d_q = 1 + 2\tan\varphi(1-\sin\varphi)^2\arctan\frac{d}{b}$ $d_r = 1.0$ $d_c = d_q - \frac{1-d_q}{N_c\tan\varphi}$ 或　$d_c = 1 + 0.4\arctan\frac{d}{b}$	

5.1.4 地基承载力的确定

在进行地基基础设计时，必须先明确地基承载力特征值。地基承载力特征值 f_a是指在保证地基强度和稳定的前提下，建筑物不产生过大沉降和不均匀沉降时地基所能承受的最大荷载。

影响地基承载力的因素很多，它不仅与土的物理力学性质有关，而且还与基础的型式、底面尺寸、埋深、建筑类型、结构特点和施工速度等有关。目前确定地基承载力的方法有：

①按现场载荷试验或其他原位测试方法确定；

②根据地基土的抗剪强度指标以理论公式确定；

③经验方法确定。

1. 按现场载荷试验确定地基承载力

现场载荷试验主要有浅层平板载荷试验和深层平板载荷试验。浅层平板载荷试验的承压板面积不应小于 0.25m^2，对于软土不应小于 0.5m^2，可测定浅部地基土层在承压板下应力主要影响范围内的承载力。深层平板载荷试验的承压板一般采用直径为 0.8m 的刚性板，紧靠承压板周围外侧土层高度应不少于 80cm，可测定深部地基土层在承压板下应力主要影响范围内的承载力。

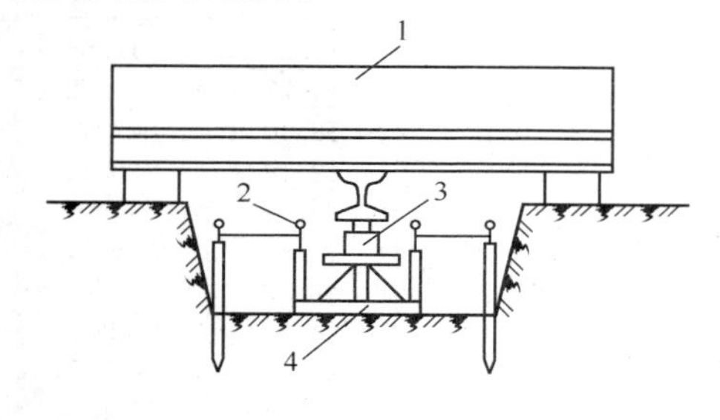

图 5-11 静载荷试验

1—堆重；2—百分表；3—千斤顶；4—承压板

载荷试验用重物或液压千斤顶均匀加载，如图 5-11 所示。试验过程中，荷载分级增加，加荷分级不应少于 8 级，最大加载量不小于设计要求的 2 倍。每级加载后，按间隔时间 10min、10min、10min、15min、15min，以后为每隔 30min 测读一次沉降量，当在连续 2h 内，每小时的沉降量小于 0.1mm，则认为沉降已趋于稳定，可加下一级荷载。当出现下列情况之一时，即认为土体已达到破坏，可终止加载，其对应的前一级荷载即为极限荷载：

①承压板周围的土明显地侧向挤出；

②荷载 P 增加很小，但沉降量 s 却急剧增大，荷载和沉降的关系曲线（P-s 曲线）出现陡降段；

③在某一级荷载下，24h 内沉降速率不能达到稳定标准；

④沉降量与承压板宽度或直径之比大于或等于 0.06。

根据载荷试验的 P-s 曲线，可用以下三种方法确定地基承载力特征值：

① 当 P-s 曲线上有明显的比例界限时，取该比例界限所对应的荷载 P_0值作为地基承载力特征值 f_{ak}，如图 5-12（a）所示。

② 当极限荷载 P_u小于对应比例界限的荷载 P_0值的 2 倍时，取极限荷载 P_u值的一半作为地基承载力特征值 f_{ak}。

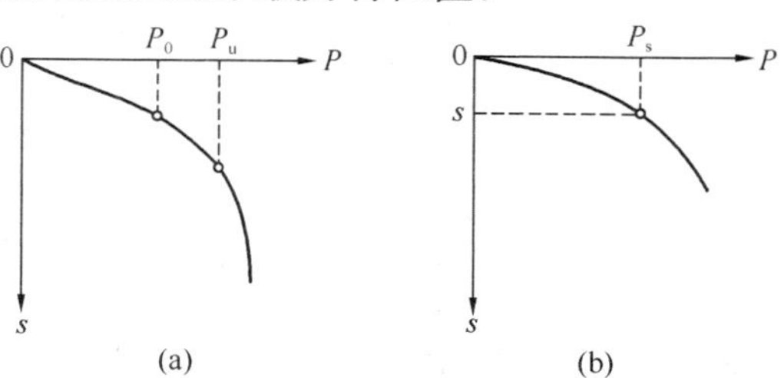

图 5-12 载荷试验的 P-s 曲线

（a）有明显的 P_0、P_u值；（b）P_0、P_u值不明确

③ 当不能按上述两点要求确定时，如承压板面积为 0.25～0.5m^2，可取 s/b=0.01～

0.015 所对应的荷载值作为地基承载力特征值 f_{ak}，但其值不应大于最大加载量的一半，如图 5-12（b）所示。

同一土层参加统计的试验点不应少于 3 个点，当试验实测值的极差不超过其平均值的 30%时，取此平均值作为该土层的地基承载力特征值 f_{ak}。

2. 按理论公式计算确定地基承载力

（1）临塑荷载公式

$$f_a = P_{cr} = \frac{\pi(\gamma_0 d + c\cot\varphi)}{\cot\varphi + \varphi - \frac{\pi}{2}} + \gamma_0 d$$

（2）临界荷载公式

$$f_a = P_{1/4} = \frac{\pi\left(\gamma_0 d + c\cot\varphi + \frac{1}{4}\gamma b\right)}{\cot\varphi + \varphi - \frac{\pi}{2}} + \gamma_0 d$$

（3）极限荷载除以安全系数

$$f_a = \frac{P_u}{K} = \frac{1}{K}\left(cN_c + qN_q + \frac{1}{2}\gamma b N_r\right)$$

（4）《建筑地基基础设计规范》（GB 50007—2011）公式

当偏心距 e 小于或等于 0.033 倍基础底面宽度时，通过试验和统计得到土的抗剪强度指标标准值后，可按式（5.22）计算地基土承载力特征值：

$$f_a = M_b\gamma b + M_d\gamma_0 d + M_c c_k \tag{5.22}$$

式中　M_b、M_d、M_c——承载力系数，按表 5-3 采用；

b——基础底面宽度，m，当基础底面宽度大于 6m 时按 6m 考虑；对砂土小于 3m 时按 3m 考虑；

c_k——基底下一倍基础底面短边宽深度内土的黏聚力标准值。

表 5-3　承载力系数 M_b、M_d、M_c 表

土的内摩擦角标准值 φ_k（°）	M_b	M_d	M_c	土的内摩擦角标准值 φ_k（°）	M_b	M_d	M_c
0	0	1.00	3.14	22	0.61	3.44	6.04
2	0.03	1.12	3.22	24	0.80	3.87	6.45
4	0.06	1.25	3.51	26	1.10	4.37	6.90
6	0.10	1.39	3.71	28	1.40	4.93	7.40
8	0.14	1.55	3.93	30	1.90	5.59	7.95
10	0.18	1.73	4.17	32	2.60	6.35	8.55
12	0.23	1.94	4.42	34	3.40	7.21	9.22
14	0.29	2.17	4.69	36	4.20	8.25	9.97
16	0.36	2.43	5.00	38	5.00	9.44	10.80
18	0.43	2.72	5.31	40	5.80	10.84	11.73
20	0.51	3.06	5.66				

3. 经验方法确定地基承载力

（1）间接原位测试的方法

平板载荷试验是直接测定地基承载力的原位测试方法，而其他的原位测试方法，如静力触探、动力触探、标准贯入试验等不能直接测定地基承载力，但是可以将其结果与各地区的载荷试验结果相比较，积累一定数量的数据，建立经验关系，间接地确定地基承载力，这种方法广泛应用于工程实际中。但是当地基基础设计等级为甲级和乙级时，应结合室内试验成果综合分析，不宜单独使用。

①动力触探试验

动力触探是利用一定的锤击能量，使触探杆打入土层一定深度，根据其所需的锤击数来判断土的工程性质。利用锤击数与地基承载力之间的关系，可以确定地基承载力。

②静力触探试验

静力触探试验适用于软土、一般黏性土、粉土、砂土和含少量碎石的土。试验时，用静压力将装有探头的触探器压入土中，通过压力传感器及电阻应变仪测出土层对探头的贯入阻力。探头贯入阻力的大小直接反映了土的强度的大小，利用贯入阻力与地基承载力之间的关系可以确定地基承载力。

③标准贯入试验

标准贯入试验适用于砂土和粉土。试验时，先行钻孔，再把上端接有钻杆的标准贯入器放至孔底，然后用质量为 63.5kg 的锤子，以 76cm 的高度自由下落将贯入器先打入土中 15cm，然后测出累计打入 30cm 的锤击数，该击数称为标准贯入锤击数。利用标准贯入锤击数与地基承载力之间的关系可以确定地基承载力。

(2) 利用地基承载力表来确定地基承载力

在一些设计规范或勘察设计规范中，常给出一些可根据土的物理性质指标确定地基承载力的表，这些是各地区根据建筑工程实践经验、现场载荷试验、标准贯入试验等数据进行统计分析得到的，具有很强的地域性，不能不顾条件生搬硬套，需不断进行试验复核与工程检验工作，可以在本地区得到验证的条件下，作为一种推荐性的经验方法使用。

4. 地基承载力特征值的修正

当实际工程中基础宽度 $b>3$m 或基础埋深 $d>0.5$m 时，按照现场载荷试验或其他原位测试、经验值等方法确定的地基承载力特征值，尚应按式 (5.23) 修正：

$$f_a = f_{ak} + \eta_b \gamma (b-3) + \eta_d \gamma_0 (d-0.5) \tag{5.23}$$

式中 f_a——修正后的地基承载力特征值，kPa；

f_{ak}——地基承载力特征值，kPa；

γ——基础底面以下土的重度，地下水位以下取有效重度，kN/m^3；

γ_0——基础底面以上土的加权平均重度，地下水位以下取有效重度，kN/m^3；

b——基础底面宽度，m，当基础底面宽度小于 3m 时按 3m 考虑，大于 6m 时按 6m 考虑；

η_b、η_d——基础宽度和埋深的地基承载力修正系数，按基底下土的类别查表 5-4 取值；

d——基础埋置深度，m，宜自室外地面标高算起，当埋深小于 0.5m 时按 0.5m 取值。在填方整平地区，可自填土地面标高算起，但填土在上部结构施工后完成时，应从天然地面标高算起。对地下室，如采用箱形基础或筏基时，基础埋深自室外地面标高算起；当采用独立基础或条形基础时，应从室内地面标高算起。

表 5-4　承载力修正系数

<table>
<tr><th colspan="2">土的类别</th><th>η_b</th><th>η_d</th></tr>
<tr><td colspan="2">淤泥和淤泥质土</td><td>0</td><td>1.0</td></tr>
<tr><td colspan="2">人工填土、e 或 I_L 大于等于 0.85 的黏性土</td><td>0</td><td>1.0</td></tr>
<tr><td rowspan="2">红黏土</td><td>含水比 a_w＞0.8</td><td>0</td><td>1.2</td></tr>
<tr><td>含水比 a_w≤0.8</td><td>0.15</td><td>1.4</td></tr>
<tr><td rowspan="2">大面积压实填土</td><td>压实系数大于 0.95 的粉质黏土</td><td>0</td><td>1.5</td></tr>
<tr><td>最大干密度大于 2.1t/m^3 的级配砂石</td><td>0</td><td>2.0</td></tr>
<tr><td rowspan="2">粉土</td><td>黏粒含量 ρ_c≥10％的粉土</td><td>0.3</td><td>1.5</td></tr>
<tr><td>黏粒含量 ρ_c＜10％的粉土</td><td>0.5</td><td>2.0</td></tr>
<tr><td colspan="2">e 及 I_L 均小于 0.85 的黏性土</td><td>0.3</td><td>1.6</td></tr>
<tr><td colspan="2">粉砂、细砂（不包括很湿与饱和时的稍密状态）</td><td>2.0</td><td>3.0</td></tr>
<tr><td colspan="2">中砂、粗砂、砾砂和碎石土</td><td>3.0</td><td>4.4</td></tr>
</table>

5.2　考核要点

1. 土的抗剪强度与强度机理

考核要点：土的抗剪强度指标的含义；影响地基土抗剪强度的因素；库仑公式的应用。

2. 土的极限平衡条件与莫尔-库仑破坏理论

考核要点：极限平衡状态与极限平衡条件的概念；莫尔应力圆与抗剪强度包线之间的关系；破裂面的概念；极限平衡条件的应用。

3. 土的抗剪强度指标测定

考核要点：测定地基土抗剪强度指标的试验方法；无侧限抗压强度与灵敏度的概念；排水条件对抗剪强度指标的影响。

4. 临塑荷载、临界荷载与极限荷载

考核要点：地基变形的三个阶段、地基破坏形式的特点及各在什么情况下容易发生；根据 P-s 曲线理解临塑荷载、临界荷载与极限荷载的概念，三者的大小关系；临塑荷载、临界荷载的计算公式及公式中各符号的含义。

5. 计算地基承载力的理论公式

考核要点：太沙基极限承载力公式所假设的基础下地基滑动面的形状；太沙基在进行极限承载力推导时，所假定的地基的破坏形式、基础的形状、适用条件等。

6. 地基承载力特征值的确定

考核要点：地基承载力特征值、地基承载力特征值修正的概念；确定地基承载力的方法；影响地基承载力的因素；提高地基承载力的措施。

5.3　典型题解

【例 5-3-1】 简述土的内摩擦角和黏聚力的含义。

内摩擦角代表的是土的内摩擦力，包括土粒之间的表面摩擦力和由于土粒之间的连锁作用而产生的咬合力，其大小取决于土颗粒的粒度大小、颗粒级配、密实度和土粒表面的粗糙程度等。

黏聚力取决于土颗粒间的胶结作用和各种物理化学作用力，其与土中黏粒含量、矿物成分、含水量、土的结构等因素密切相关。

【例 5-3-2】 含水量的变化对土的抗剪强度有什么影响？

含水量越大，结合水在土粒表面形成水膜，起到润滑作用，使颗粒之间摩擦力降低；黏性土中，水膜变厚甚至增加了自由水，土粒之间静电分子引力降低，导致土体黏聚力降低。

【例 5-3-3】 抗剪强度理论的要点是什么？

①剪切破裂面上，土体的抗剪强度是法向应力的函数；

②当法向应力不是很大时，抗剪强度可以简化为法向应力的线性函数，即表示为库仑公式；

③土体单元体中，任何一个面上的剪应力大于该面上土体的抗剪强度，土体单元体即发生剪切破坏，可以莫尔-库仑破坏准则表示。

【例 5-3-4】 已知地基土中某点的最大主应力 $\sigma_1=600\text{kPa}$，最小主应力 $\sigma_3=200\text{kPa}$。试：① 绘制该点应力状态的莫尔应力圆；② 求最大切应力值 τ_{max}及其作用面的方向；③ 计算与大主应力面成夹角 $\alpha=15°$的斜面上的正应力和切应力。

【解】 ① 建立直角坐标系 $\sigma\tau$。在横坐标 σ 轴上，按比例定出最大主应力 $\sigma_1=600\text{kPa}$ 与最小主应力 $\sigma_3=200\text{kPa}$ 的位置，然后以 $\sigma_1\sigma_3$ 为直径作圆，即为所求莫尔应力圆，如图 5-13 所示。

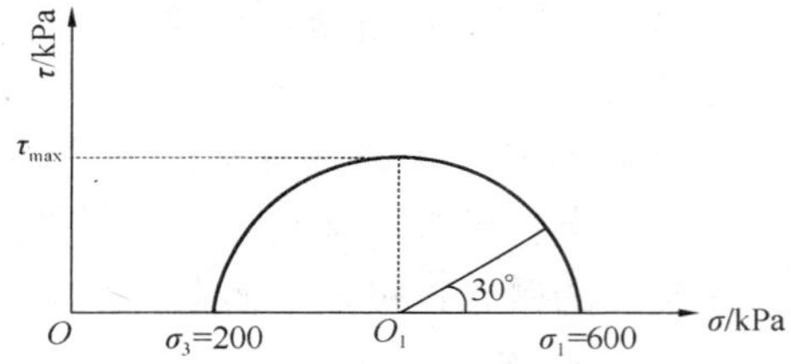

图 5-13 【例 5-3-4】图

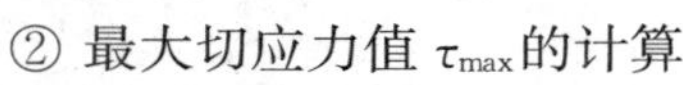

② 最大切应力值 τ_{max}的计算

由 $\tau=\dfrac{1}{2}(\sigma_1-\sigma_3)\sin 2\alpha$，得

当 $\sin 2\alpha=1$，即 $2\alpha=90°$，$\alpha=45°$时

$$\tau=\tau_{max}=(\sigma_1-\sigma_3)/2=(600-200)/2=200\text{kPa}$$

③ 当 $\alpha=15°$时

由 $\sigma=\dfrac{1}{2}(\sigma_1+\sigma_3)+\dfrac{1}{2}(\sigma_1-\sigma_3)\cos 2\alpha$，得

$$\sigma=\frac{1}{2}(600+200)+\frac{1}{2}(600-200)\cos 2\times 15°=573\text{kPa}$$

由 $\tau=\dfrac{1}{2}(\sigma_1-\sigma_3)\sin 2\alpha$，得

$$\tau=\frac{1}{2}(600-200)\sin 2\times 15°=100\text{kPa}$$

【例 5-3-5】 某砂土的内摩擦角 $\varphi=34°$，若 $\sigma_3=100\text{kPa}$，求：① 达极限平衡时的 $\sigma_1=$？② 破坏面与大主应力面的夹角为多大？③ 当 $\sigma_1=300\text{kPa}$ 时哪个平面最危险？

【解】 ①由 $\sigma_1=\sigma_3\tan^2\left(45°+\dfrac{\varphi}{2}\right)$，得

$$\sigma_1=100\times\tan^2\left(45°+\frac{34°}{2}\right)=353.7\text{kPa}$$

② 破坏面与大主应力面的夹角为 $\alpha_f = 45° + (\varphi/2) = 45° + (34°/2) = 62°$

③ 当 $\sigma_1 = 300$kPa 时，小于极限平衡时的353.7kPa，则没有达到极限平衡，不存在危险面。

【例 5-3-6】 是非题（　）库仑定律说明，土体的抗剪强度任何时候都与正应力成正比。

【答】 ×

【释】 当内摩擦角为零时，抗剪强度只与黏聚力有关。

【例 5-3-7】 是非题（　）土的抗剪强度指标只与土的种类有关。

【答】 ×

【释】 土的抗剪强度指标不仅与土的种类有关，还与土样的天然结构是否被扰动、室内试验时的排水条件是否符合现场条件等有关。不同的排水条件所测定的抗剪强度指标是有差别的。

【例 5-3-8】 是非题（　）随着建筑物的逐渐增高，地基承载力也慢慢降低。

【答】 ×

【释】 随着建筑物的逐渐增高，地基承载力也慢慢提高。

【例 5-3-9】 选择题　某试样有效应力抗剪强度指标 $c' = 34$kPa，$\varphi' = 26°$，若该试样在周围压力 $\sigma_3 = 200$kPa 时进行排水剪切至破坏，则破坏时的最大主应力为（　）。

A. 78.1kPa　　B. 120.6kPa　　C. 512.2kPa　　D. 621.03kPa

【答】 C

【释】 利用 $\sigma_1 = \sigma_3 \tan^2(45° + \frac{\varphi}{2}) + 2c\tan\left(45° + \frac{\varphi}{2}\right)$ 计算。

【例 5-3-10】 选择题　某饱和黏性土无侧限抗压强度试验的不排水抗剪强度为 $c_u = 70$kPa，如果对同一土样进行三轴不固结不排水试验，施加周围压力 $\sigma_3 = 150$kPa，则该试样将在（　）的轴向压力作用下发生破坏。

A. 290kPa　　B. 140kPa　　C. 220kPa　　D. 80kPa

【答】 A

【释】 饱和黏性土的不排水抗剪强度线为直线，即 $\varphi_u = 0$。

5.4　习　　题

5.4.1　填空题

1-1　黏性土库仑定律的总应力表达式是____，有效应力表达式为____。

1-2　土的抗剪强度指标是指____，土体切应力等于抗剪强度时的临界状态称为____状态。

1-3　用直接剪切试验测定土的抗剪强度指标时，对同一种土至少取____个试样。

1-4　直接剪切仪分为____和____两种。

1-5　土的抗剪强度有____和____两种表达方法。

1-6　莫尔应力圆与抗剪强度包线____时，说明该点处于极限平衡状态。

1-7　土的抗剪强度指标可由____试验和____试验确定。

1-8　直剪试验按排水条件可分为____、____和____三种。

1-9 水平面上的抗剪强度大于垂直面上的抗剪强度，是由于____。

1-10 地基为厚黏土层，施工速度快，应该选择____试验的抗剪强度指标。若施工期较长，地基能排水固结，当工程完工一段时间后，建筑物需要增加荷载，宜选择____试验的抗剪强度指标较为合适。

1-11 土的抗剪强度由____和____组成。

1-12 土的抗剪强度有两种表达方法，一种是以总应力 σ 表示剪切破坏面上的法向应力，称为____，相应的 c、φ 称为____；另一种则以有效应力 σ' 表示剪切破坏面上的法向应力，称为____，c' 和 φ' 称为____。

1-13 三轴剪切试验按排水条件可分为____、____和____三种试验方法。

1-14 三轴剪切试验根据排水条件不同有三种试验方法。对抗剪强度指标的选用，如果能确定土孔隙水压力，宜采用____强度指标；若难以确定则采用____强度指标。

1-15 某砂土地基内摩擦角 $\varphi=30°$，若地基中某点的大主应力 $\sigma_1=300\text{kPa}$，小主应力 $\sigma_3=100\text{kPa}$，则地基中可能产生的最大切应力为____，最大切应力面与大主应力作用面的夹角为____。

1-16 抗剪强度曲线与莫尔应力圆在 A 点相切，表明 A 点所代表的平面的剪应力 τ ____抗剪强度 τ_f，即该点处于____状态。

1-17 土的抗剪强度指标在室内可以通过____、____试验和____试验测定。

1-18 某黏土地基黏聚力 $c=24\text{kPa}$，内摩擦角 $\varphi=25°$，已知地基中某点的大主应力 $\sigma_1=140\text{kPa}$，若该点处于极限平衡状态，则该点的小主应力为____。

1-19 地基破坏形式可分为____、____、____三种。

1-20 《建筑地基基础设计规范》（GB 50007—2011）规定，当基础宽度 b ____，埋深 d ____，需对地基承载力特征值进行修正。

1-21 地基变形的三阶段通常分为____、____和____。

1-22 地基在荷载作用下，出现连续并延伸至地表的滑动面，基础周围土体明显隆起，这时地基发生____，相应的界限荷载称为____。

1-23 在地基极限承载力理论中，假定地基破坏形式为____，基础形状为____。

1-24 随着荷载的增加，剪切破坏的范围逐渐____，最终在土体中形成____，而丧失____。

1-25 某饱和黏土在试验前不存在孔隙水压，在无侧限试验中测得 q_u（无侧限抗压强度），如对同样土样在三轴仪中进行不排水剪切试验，试样的周围压为 σ_3，则破坏时的轴向压力 σ_1 为____，抗剪强度为____。

1-26 土抵抗剪切破坏的____称为土的抗剪强度；天然土层中同一深度处，竖直面上的抗剪强度在数值上与水平面上的抗剪强度相比，要____。

1-27 在实践中，对于在中心垂直荷载作用下的地基，基底以下塑性区最大允许深度一般控制为基宽的____倍，对于偏心垂直荷载作用下，为基宽的____倍。

1-28 对一软土试样进行无侧限抗压强度试验，测得原状土和重塑土的无侧限抗压强度分别为 40kPa 和 5kPa，则该土的不排水抗剪强度 $c_u=$____，灵敏度 $S_t=$____。

1-29 饱和黏性土在局部荷载作用下，其沉降可认为是由机理不同的____、____和____三部分组成。

1-30　饱和黏性土在不同排水条件下的三轴剪切试验中，______试验测得的 φ 值最大，____试验测得的 φ 值最小且等于____。

1-31　在地基承载力按基础的宽度、埋深修正的公式中，γ 为____土的天然重度，γ_0 为____范围内土的加权平均重度。

1-32　已知土中某点，$\sigma_1=3\text{kN/m}^2$，$\sigma_3=1\text{kN/m}^2$，最大剪应力值为____，其作用面与主应力面成____夹角。

1-33　根据现场的静载荷试验，地基的破坏形式有____、____和____。

1-34　地基承载力修正公式为____；计算式中，对于其中的埋深 d 值，在填方整平地区，当填土在上部结构施工完成后，d 值应从____算起。

1-35　砂土的天然孔隙比大于其临界孔隙比时，剪切过程中其体积将____，称为____现象。

5.4.2　单项选择题

2-1　土体强度的实质是指（　）。

A. 抗压强度　　B. 抗拉强度　　C. 抗剪强度　　D. 剪切应力

2-2　某土样进行直剪试验，当法向应力为100kPa、200kPa、300kPa、400kPa时，测得抗剪强度 τ_f 分别为52kPa、83kPa、115kPa、145kPa，若在土中的某一平面上作用的法向应力为260kPa，切应力为92kPa，该平面状态是（　）

A. 未剪坏　　B. 处于极限平衡　　C. 剪切破坏　　D. 无法确定

2-3　建立土的极限平衡条件的依据是（　）。

A. 静力平衡条件

B. 莫尔应力圆与抗剪强度包线相切的几何关系

C. 莫尔应力圆与抗剪强度包线相离的几何关系

D. 莫尔应力圆与抗剪强度包线相割的几何关系

2-4　对砂性土，判断土中一点发生破坏的条件是（　）。

A. $1/2(\sigma_1+\sigma_3)\tan\varphi\leqslant 1/2(\sigma_1-\sigma_3)$　　B. $1/2(\sigma_1+\sigma_3)\tan\varphi\geqslant 1/2(\sigma_1-\sigma_3)$

C. $1/2(\sigma_1+\sigma_3)\sin\varphi\leqslant 1/2(\sigma_1-\sigma_3)$　　D. $1/2(\sigma_1+\sigma_3)\sin\varphi\geqslant 1/2(\sigma_1-\sigma_3)$

2-5　土体中某截面处于极限平衡状态，该截面的应力点在（　）。

A. 库仑直线上方　　B. 库仑直线下方　　C. 库仑直线上　　D. 不一定

2-6　对一个砂土试样进行直剪试验，竖向压力为100kPa，破坏时剪应力为57.7kPa，该土样的大主应力面与破裂面的夹角为（　）。

A. 15°　　B. 30°　　C. 45°　　D. 60°

2-7　土体中发生剪切破坏的面一般为（　）。

A. 剪应力最大的面　　B. 与最大主平面成45°+（$\varphi/2$）的面

C. 与最大主平面成45°的面　　D. 与最大主平面成45°－（$\varphi/2$）的面

2-8　土中某点处在极限平衡状态时，其破坏面与小主应力 σ_3 作用面的夹角为（　）。

A. 45°　　B. 45°＋（$\varphi/2$）　　C. 45°－（$\varphi/2$）　　D. 45°＋φ

2-9　黏性土中某点的大主应力 $\sigma_1=400\text{kPa}$ 时，其抗剪强度指标：黏聚力 $c=10\text{kPa}$，内摩擦角 $\varphi=20°$，则该点发生破坏时小主应力的大小为（　）。

A. 294kPa　　B. 266kPa　　C. 210kPa　　D. 182kPa

2-10 黏性土抗剪强度表达式为 $\tau_f = c + \sigma\tan\varphi$，下列几项中，全部是土的抗剪强度指标的是（　）。

A. τ_f、c　　B. c、φ　　C. τ_f、σ　　D. σ、φ

2-11 某条形基础，基础宽度 $b=3.0$m，基础埋深 $d=1.5$m，地基土的重度 $\gamma=18.6$kN/m^3，黏聚力 $c=16$kPa，内摩擦角 $\varphi=20°$，则按太沙基公式求得的地基极限承载力 P_u为（　）。

A. 159kPa　　B. 237.5kPa　　C. 327.9kPa　　D. 519kPa

2-12 承上题，若安全系数 $K=2.5$，则地基承载力 f_a为（　）。

A. 218kPa　　B. 208kPa　　C. 196.8kPa　　D. 187.4kPa

2-13 某截面处于极限平衡状态，若让其破坏，可以（　）。

A. 正应力不变，减小剪应力　　B. 正应力不变，增大剪应力

C. 剪应力不变，增大正应力　　D. 以上三种都可能

2-14 某土样处于极限平衡状态，其莫尔应力圆与库仑直线的关系是（　）。

A. 相切　　B. 相离　　C. 相割　　D. 无关

2-15 无侧限压缩试验主要适用于（　）。

A. 饱和砂土　　B. 饱和软黏性土

C. 松砂　　D. 非饱和黏性土

2-16 对快速施工的厚黏性土地基，可以采用三轴剪切试验的（　）计算抗剪强度。

A. 固结排水剪　　B. 固结不排水剪

C. 不固结不排水剪　　D. 不固结排水剪

2-17 已知某种土的 $\varphi=30°$。取该土进行三轴剪切试验，若当前应力状态为 $\sigma_1=180$kPa，$\sigma_3=50$kPa，则液压 P 减小 30kPa 时土样发生破坏，由此可确定该种土的黏聚力 c 为（　）kPa。

A. 24.6　　B. 26.0　　C. 30.2　　D. 34.6

2-18 对松散砂土进行剪切时，其体积将（　）。

A. 增大　　B. 保持不变　　C. 会有所增减　　D. 减小

2-19 （　）的无侧限抗压强度线接近于一条水平线。

A. 饱和无黏性土　　B. 饱和黏性土　　C. 黏性土　　D. 无黏性土

2-20 黏性土的黏聚力主要是由（　）形成的。

A. 毛细水压力　　B. 粒间咬合力

C. 粒间摩擦阻力　　D. 静电分子吸引力

2-21 已知某土体的强度指标 $c'=20$kPa，$\varphi'=26°$，其所受的有效主应力为 450kPa 和 150kPa，该土体（　）。

A. 已经破坏　　B. 刚好处于极限平衡状态

C. 未达到极限平衡状态　　D. 不一定

2-22 从载荷试验的 P-s 曲线形态上看，线性关系转为非线性关系时的界限荷载为（　）。

A. 极限承载力　　B. 塑性荷载　　C. 临界荷载　　D. 临塑荷载

2-23　发生整体破坏时地基变形 s_1 与局部剪切破坏地基变形 s_2 的关系为（　）。

A. $s_1=s_2$　　B. $s_1>s_2$　　C. $s_1<s_2$　　D. 不确定

2-24　若地基土和其他条件均相同时，条形基础下地基极限承载力用于矩形基础，其结果是（　）。

A. 偏于安全　　B. 危险　　C. 没有差异　　D. 不确定

2-25　黏性土（$c\neq0$，$\varphi\neq0$）地基上，有两个宽度不同、埋置深度相同的条形基础，试问：两个基础的临塑荷载（　）。

A. 宽度大的临塑荷载大　　C. 宽度小的临塑荷载大

C. 两个基础的临塑荷载一样大　　D. 不确定

2-26　黏性土（$c\neq0$，$\varphi\neq0$）地基上，有两个宽度相同、埋置深度不同的条形基础，两个基础（　）。

A. 深度小的临塑荷载大　　B. 深度大的临塑荷载大

C. 两个基础的临塑荷载一样大　　D. 不确定临塑荷载谁大

2-27　在推导地基的临塑荷载时，所采用的荷载类型是（　）。

A. 均布矩形荷载　　B. 一次骤然施加的大面积荷载

C. 竖向集中力　　D. 均布条形荷载

2-28　已知地基中某一单元体上的大主应力 $\sigma_1=415\text{kPa}$，且大小主应力差为 $\sigma_1-\sigma_3=221\text{kPa}$，则作用在该单元体上的小主应力 σ_3 为（　）。

A. 164kPa　　B. 176kPa　　C. 194kPa　　D. 212kPa

2-29　对同一个基础，下列荷载中数值最小的是（　）。

A. 临塑荷载 P_{cr}　　B. 极限荷载 P_u

C. 临界荷载 $P_{1/4}$　　D. 临界荷载 $P_{1/3}$

2-30　测得某黏性土的 $c=20\text{kPa}$，$\varphi=14°$。再取该土进行常规三轴剪切试验，若当前应力状态为 $\sigma_1=120\text{kPa}$，$\sigma_3=50\text{kPa}$，则室压降低（　）kPa 后，土样发生破坏。

A. 20.54　　B. 23.54　　C. 24.54　　D. 41.08

2-31　现场十字板剪切试验得到的强度，与室内（　）方式测得的强度相当。

A. 慢剪　　B. 固快　　C. 直剪　　D. 快剪

2-32　与基础宽度大小无关的承载力参数是（　）。

A. 允许荷载　　B. 临塑荷载　　C. 塑性荷载　　D. 极限荷载

2-33　对同一地基，下列指标数值最小的是（　）。

A. $P_{1/4}$　　B. $P_{1/3}$　　C. P_{cr}　　D. P_u

2-34　在软土地基上（$\varphi=0$），有甲、乙两个宽度不同（$b_{甲}>b_{乙}$）埋深相同的条形基础。试问：两基础的极限承载力关系为（　）。

A. $P_{u甲}>P_{u乙}$　　B. $P_{u甲}<P_{u乙}$　　C. $P_{u甲}=P_{u乙}$　　D. 不确定

2-35　试样始终处于固结状态的剪切试验是（　）。

A. 不排水剪　　B. 固结不排水剪

C. 排水剪　　D. 十字板剪切试验

2-36　太沙基的地基极限承载力理论假设基础底面是（　）。

A. 粗糙的条形面积　　B. 光滑的条形面积

C. 粗糙的矩形面积　　D. 光滑的矩形面积

2-37 正常固结的饱和黏性土做固结不排水剪试验，在剪切过程中试样中的孔隙水压力将（　）。

A. >0　　B. <0　　C. $=0$　　D. $=1$

2-38 砂土在剪切过程中，（　）。

A. 土体体积随剪切变形增加而增加

B. 土体体积随剪切变形增加而减小

C. 土体体积变化与砂土密实程度和剪切位移变化有关

D. 土体体积不产生变化

2-39 临塑荷载 P_{cr} 及临界荷载 $P_{1/4}$ 的计算式是在条形均布荷载作用下导出的，对于矩形和圆形基础，其结果是（　）。

A. 偏于安全　　B. 不变　　C. 偏于危险　　D. 都不对

2-40 临塑荷载 P_{cr}、界限荷载 $P_{1/4}$ 及极限荷载 P_u 之间的关系是（　）。

A. $P_{cr}>P_{1/4}>P_u$　　B. $P_{1/4}>P_{cr}>P_u$　　C. $P_u>P_{1/4}>P_{cr}$　　D. $P_{cr}>P_u>P_{1/4}$

2-41 根据载荷试验确定地基承载力时，P-s 曲线开始不再保持线性关系时，表示地基土受力处于（　）。

A. 弹性状态　　B. 整体破坏状态

C. 局部剪切状态　　D. 整体塑性变形状态

2-42 一般情况下，地基的承载力应取在受荷过程中（　）位置上。（P_{cr}——临塑荷载，P_u——极限荷载）

A. $<P_{cr}$　　B. $>P_{cr}$　　C. $<P_u$　　D. $P_{cr}<$且$<P_u$

2-43 能控制排水条件和量测孔隙水压力的剪切试验仪器，是（　）。

A. 直剪仪　　B. 三轴剪切仪　　C. 无侧限强度试验仪　　D. 十字板剪切仪

2-44 地基土的地基承载力，随基础埋置深度增加而（　）。

A. 增大　　B. 不变　　C. 减小　　D. 不确定

2-45 地基土的地基承载力，随基础宽度增加而（　）。

A. 增大　　B. 不变　　C. 减小　　D. 不确定

2-46 当埋置于处理后的地基中的基础，其宽度 $b<3$m、埋置深度 $d>0.5$m 时，确定此地基承载力（　）。

A. 按 b、d 进行修正　　B. 只按 b 进行修正

C. 只按 d 进行修正　　D. 不需要修正

2-47 在地基承载力修正公式 $f_a=f_{ak}+\eta_b\gamma(b-3)+\eta_d\gamma_0(d-0.5)$ 中，基础宽度 b 取值应（　）。

A. 大于 3m 按 3m 算　　B. 小于 6m 按 6m 算

C. 小于 3m 按 3m 算，大于 6m 按 6m 算　　D. 按实际采用的基础宽度计算

2-48 地基土中，当塑限区开展的最大深度为零时，此时基础底面的压力称为（　）。

A. 临界荷载　　B. 临塑荷载　　C. 极限荷载　　D. 均布荷载

2-49 如土的库仑强度线与土中某点莫尔应力圆在同一坐标图上相切时，则在切点所代表的剪切面的平面上，剪应力（　）土的抗剪强度。

A. 小于　　B. 等于　　C. 大于　　D. 0.5 倍于

2-50　砂土内摩擦角主要是由（　）形成的。

A. 颗粒之间的联结力　　B. 粒间咬合力与摩擦阻力

C. 上部荷载大小　　D. 孔隙水压力

2-51　地基极限承载力系数的大小取决于（　）。

A. 内摩擦角　　B. 黏聚力

C. 基础宽度与埋深　　D. 土的含水量

2-52　根据太沙基极限承载力公式确定地基承载力 f_a时，安全系数一般取（　）。

A. 2～3　　B. 1.5　　C. 1.0～1.5　　D. 1.2

2-53　下列因素中，与土的内摩擦角无关的因素是（　）。

A. 土颗粒的大小　　B. 土颗粒表面粗糙度

C. 土粒相对密度　　D. 土的密实度

2-54　如果矩形底面基础的尺寸为 $l\times b=10\text{m}\times 8\text{m}$，在进行地基承载力特征值修正时，公式中 b 应取（　）。

A. 3m　　B. 4m　　C. 6m　　D. 8m

2-55　确定地基承载力的诸方法中，相对最可靠的方法是（　）。

A. 动力触探　　B. 静载荷试验　　C. 经验公式计算　　D. 理论公式计算

2-56　在软土地基上，采用分级分期逐步加载建造仓库工程，这种情况要选用（　）来分析地基的稳定和承载力。

A. 不固结不排水剪强度指标　　B. 固结不排水剪强度指标

C. 固结排水剪强度指标　　D. 无侧限抗压强度指标

2-57　对排水条件良好，且施加荷载的速率比较缓慢、施工工期较长的土层，常采用（　）来分析地基的稳定和承载力。

A. 不固结不排水剪强度指标　　B. 固结不排水剪强度指标

C. 固结排水剪强度指标　　D. 无侧限抗压强度指标

2-58　采用不固结不排水剪试验，测定饱和软黏土的抗剪强度指标，其内摩擦角近似等于（　）。

A. 0°　　B. 30°　　C. 45°　　D. 60°

2-59　圆形刚性基础置于砂土表面，四周无超载，在竖向中心集中荷载作用下基底压力呈（　）分布。

A. 抛物线　　B. 马鞍形　　C. 钟形　　D. 均匀

2-60　现场十字板剪切试验得到的强度，与室内（　）方式测得的强度相当。

A. 排水剪　　B. 固结排水剪　　C. 不排水剪　　D. 直剪

5.4.3　多项选择题

3-1　有关无侧限抗压强度试验，下列说法正确的是（　）。

A. 适用于黏性土

B. 适用于饱和黏性土

C. 可用来测定黏性土的灵敏度

D. 可用来测定淤泥和淤泥质土的原位不排水抗剪强度

3-2 有关十字板剪切试验，下列说法正确的是（ ）。

A. 常用于现场测定饱和黏性土的原位不排水抗剪强度

B. 是现场原位测试黏性土的抗剪强度指标的一种方法

C. 十字板剪切试验可用来测定软黏土的灵敏度

D. 适用于饱和软黏土、粉土

3-3 下列说法，正确的是（ ）。

A. 在饱和黏性土地基上开挖基坑时的基坑稳定验算，可采用直剪仪快剪试验测定土的抗剪强度指标

B. 低塑性黏土的抗剪强度指标可采用固结排水或慢剪试验测定

C. 如果加荷速率较慢、地基土的透水性较大以及排水条件又较佳时，则可以采用固结排水或慢剪试验的结果

D. 直接剪切试验，对同一种土通常取 4 个试样

3-4 存在于土体内部的摩擦力来源于（ ）。

A. 剪切面上土粒之间的滑动摩擦阻力

B. 凹凸面间的镶嵌作用所产生的摩擦阻力

C. 与外界物体之间的摩擦力

D. 咬合摩擦

3-5 黏性土的黏聚力是由于（ ）形成的。

A. 土粒间的胶结物质的胶结作用　　B. 结合水膜的作用

C. 土粒之间的电分子吸引力作用　　D. 试验所用的仪器类型和操作方法

3-6 与土的抗剪强度 τ_f 有关系的因素有（ ）。

A. 土的性质　　B. 试验时的排水条件

C. 试验时的剪切速率　　D. 试验所用的仪器类型和操作方法

3-7 下列有关土的抗剪强度的叙述，正确的是（ ）。

A. 土的抗剪强度与该面上的应力的大小成正比

B. 土的强度破坏是由于土中某点的剪应力达到土的抗剪强度所致

C. 破裂面发生在最大剪应力作用面上

D. 破裂面发生在应力圆与抗剪强度包线相切的切点所代表的平面上

3-8 建筑物竣工以后较久，荷载又突然增大（如房屋增层）时，可采用（ ）方法确定地基土的抗剪强度。

A. 三轴仪固结不排水剪切试验　　B. 直剪仪固结快剪试验

C. 三轴仪固结排水剪切试验　　D. 直剪仪快剪试验

3-9 下列属于地基土冲剪破坏特征的是（ ）。

A. 破坏时地基中没有明显的滑动面

B. 基础四周地面无隆起而是下陷

C. 基础无明显倾斜，但发生较大沉降

D. P-s 曲线有明显转折点，有明显的 P_{cr} 和 P_u

3-10 如果加荷速率较慢，地基土的透水性较大以及排水条件又较佳时，可采用（ ）

测定土的抗剪强度。

A. 三轴仪固结排水剪切试验　　B. 直剪仪慢剪试验

C. 直剪仪快剪试验　　D. 三轴仪固结不排水剪切试验

3-11　下列叙述，正确的是（　）。

A. P_{cr}可作为确定地基承载力设计值的依据之一

B. $P_{1/4}$可作为确定地基承载力设计值的依据之一

C. 地基极限承载力即地基承载力设计值

D. 将地基极限承载力除以安全系数，即得地基承载力设计值

3-12　下列属于地基土整体剪切破坏特征的是（　）。

A. 基础四周的地面发生明显隆起

B. 基础急剧下沉或向一侧倾斜

C. 地基中形成连续的滑动面并贯穿至地面

D. 比例界限荷载和极限荷载相差较大

3-13　如果施工进度快，而地基土的透水性低且排水条件不良时，可采用（　）测定土的抗剪强度。

A. 三轴仪不固结不排水剪切试验　　B. 三轴仪固结不排水剪切试验

C. 三轴仪固结排水剪切试验　　D. 直剪仪快剪试验

3-14　地基的破坏模式与（　）有关。

A. 地基土本身的承载能力　　B. 基础埋深

C. 加荷速率　　D. 地基土的压缩性高低

3-15　若地基土的承载力不足，在（　）中可能发生整体剪切破坏。

A. 密实的砂土地基　　B. 坚硬的黏土地基

C. 松砂地基　　D. 软弱土地基

3-16　下列说法，正确的是（　）。

A. 地基承载力是指地基承受荷载（压力）的能力

B. 地基极限承载力是指使地基发生剪切破坏失去整体稳定时的基底压力，是地基所能承受的基底压力极限值

C. 临塑荷载是指地基中刚要出现但尚未出现剪切破坏（塑性区）时的基底压力

D. 地基承载力设计值是具有一定安全储备的地基承载力，可由地基极限承载力除以安全系数确定

3-17　下面关于三轴压缩试验的叙述中，正确的是（　）

A. 三轴压缩试验能严格地控制排水条件

B. 三轴压缩试验可量测试样中孔隙水压力的变化

C. 破裂面发生在试样的最薄弱处

D. 试验过程中，试样中的应力状态无法确定，较复杂

3-18　下面说法，错误的是（　）

A. 土的强度破坏是由于土中某点的剪应力达到土的抗剪强度所致

B. 土体发生强度破坏时，破坏面上的剪应力达到最大值

C. 土的抗剪强度就是土体中剪应力的最大值

D. 黏性土和无黏性土具有相同的抗剪强度规律

5.4.4 判断题

4-1 ( )孔隙水压力的消散过程就是饱和土强度的增长过程。

4-2 ( )土体的所有破坏都是剪切破坏。

4-3 ( )土体受剪切的实质，是土的骨架受剪。

4-4 ( )土的抗剪强度不是取决于剪切面的法向总应力，而是取决于该面上的法向有效应力。

4-5 ( )单元土体中破坏面上剪应力等于土的抗剪强度，该面一般为具有最大剪应力的那个面。

4-6 ( )在与大主应力面成 $\alpha=45^{\circ}$的平面上剪应力为最大，故该平面总是首先发生剪切破坏。

4-7 ( )地基的局部剪切破坏通常会形成延伸到地表的滑动面。

4-8 ( )在直剪试验时，剪切破坏面上的剪应力并不是土样所受的最大剪应力。

4-9 ( )砂土的抗剪强度由摩擦力和黏聚力两部分组成。

4-10 ( )正常土的不固结不排水剪试验的破坏应力圆的强度包线是一条水平线，其说明土样的破坏面与最大剪应力作用面是一致的。

4-11 ( )破裂面与小主应力 σ_3 作用面的夹角为 $45^{\circ}+(\varphi/2)$。

4-12 ( )依照库仑定律和莫尔应力圆原理可知，当 σ_1 不变时，σ_3 越小越易破坏。

4-13 ( )土的摩擦力与土的正应力成正比。

4-14 ( )土层固结度与土的排水条件无关。

4-15 ( )对饱和软黏土，常用无侧限抗压强度试验代替三轴仪不固结不排水剪切试验。

4-16 ( )饱和黏土不排水剪的强度线(总应力)是一条水平线。

4-17 ( )增加地基埋深可提高黏性土的地基极限荷载。

4-18 ( )三轴剪切试验中，土体达到极限平衡状态时，剪切破坏面与大主应力 σ_1 作用方向之间的夹角为 $45^{\circ}+(\varphi/2)$。

4-19 ( )地基承载力系数与 c、φ、γ 有关。

4-20 ( )塑性区是指地基中已发生剪切破坏的区域，随着荷载的增加，塑性区会逐渐发展扩大。

4-21 ( )各类地基极限承载力计算公式中，承载力系数数值相同。

4-22 ( )对均质地基来说，增加浅基础的底面宽度，可以提高地基的临塑荷载和极限荷载。

4-23 ( )十字板剪切试验可以用来测定软土的不排水抗剪强度和地基承载力。

4-24 ( )地基临界荷载 $P_{1/4}>P_{1/3}$。

4-25 ( )临塑荷载是指塑性区最大深度等于基础埋深时所对应的荷载。

4-26 ( )对于无法取得原状土样的土类，如在自重作用下不能保持原状的软黏土，其抗剪强度的测定应采用现场原位测试方法。

4-27 ( )当地基上的荷载小于临塑荷载时，地基土处于弹性状态。

4-28 ( )太沙基极限承载力计算公式适用于均值地基上基底光滑的浅基础。

4-29　(　)在推导地基的临塑荷载时，采用的是均布条形荷载，对矩形底面的基础，公式也可借用。

4-30　(　)在实际工程中，代表土中某点应力状态的莫尔应力圆，不可能与抗剪强度包线相割。

4-31　(　)对均质地基来说，增加浅基础的埋深，可以提高地基承载力，从而可以明显减小基底面积。

4-32　(　)当饱和土处于不排水状态时，可认为土的抗剪强度为一定值。

4-33　(　)直剪试验可以严格控制排水条件，而且设备简单、操纵方便，因而为一般工程广泛使用。

4-34　(　)如果以临塑荷载作为地基承载力特征值，对中压缩性或低压缩性的地基土，将是十分危险的。

4-35　(　)黏性土的灵敏度越高，其结构性越强，受扰动后的土的强度增长就越多。

4-36　(　)对地基承载力做宽度修正时，基底宽度大于 10m 按 10m 考虑。

4-37　(　)饱和黏性土在不固结不排水条件下的抗剪强度，可以通过无侧限抗压强度试验确定。

4-38　(　)强超固结土在受剪过程中体积有增大的趋势，在不排水受剪时，其孔隙水压力将减小。

5.4.5　简答题

5-1　何谓土的抗剪强度？砂土与黏性土的抗剪强度表达式有何不同？同一土样的抗剪强度是不是一个定值？

5-2　为什么直剪试验要分快剪、固结快剪及慢剪？这三种试验结果有何差别？

5-3　测定土的抗剪强度指标主要有哪几种方法？试比较它们的优缺点。

5-4　土体中发生剪切破坏的平面是不是切应力最大的平面？在什么情况下，破裂面与最大切应力面是一致的？一般情况下，破裂面与最大主应力面成什么角度？

5-5　为什么土颗粒越粗，内摩擦角 φ 越大？相反，土颗粒越细，其黏聚力 c 越大？

5-6　试述三轴压缩试验的基本原理。三轴压缩试验有哪些优点？如何应用三轴压缩试验求得抗剪强度指标 c、φ 值？

5-7　地基土的临塑荷载 P_{cr} 和临界荷载 $P_{1/4}$ 的物理意义是什么？在工程上有何实用意义？中心荷载与偏心荷载作用下，临界荷载有何区别？

5-8　什么是地基承载力特征值 f_a？有几种测定方法？

5.4.6　计算题

6-1　对某砂样试件做三轴固结排水剪切试验，测得试件破坏时的主应力差为 $\sigma_1-\sigma_3=400$kPa，周围压力 $\sigma_3=100$kPa。试求该砂土的抗剪强度指标。

6-2　已知某土样的一组直剪试验成果，在法向应力 σ 为 50kPa、100kPa、200kPa 和 300kPa 时，测得的抗剪强度 τ_f 分别为 42.6kPa、69kPa、122kPa 和 175kPa。试用作图求该土的抗剪强度指标 c、φ 值。若作用在此土样中某平面上的正应力和切应力分别是 230kPa 和 120kPa，试问该面是否会剪切破坏？

6-3 某一饱和黏性土试样在三轴仪中进行固结不排水试验，施加周围压力 $\sigma_3=200\text{kPa}$，试件破坏时的主应力差 $\sigma_1-\sigma_3=300\text{kPa}$，测得孔隙水压力 $u=175\text{kPa}$，整理试验结果的有效内摩擦角 $\varphi'=30°$，有效黏聚力 $c'=72.3\text{kPa}$。试求：

① 破坏面上的法向应力和切应力；

② 试件中的最大切应力，并计算说明为什么破坏面不发生在最大切应力的作用面上。

6-4 某条形基础下地基土体中一点的应力为：$\sigma_z=250\text{kPa}$，$\sigma_x=100\text{kPa}$，$\tau_{xz}=40\text{kPa}$。已知地基土为砂土，内摩擦角为 $\varphi=30°$。试问该点是否剪切破坏？如 σ_z 和 σ_x 不变，τ_{xz} 增至 60kPa，则该点状态又如何？

6-5 设砂土地基中一点的最大、最小主应力分别为 400kPa 和 160kPa，其内摩擦角 $\varphi=32°$。试求：

① 该点最大切应力是多少？最大切应力面上的法向应力为多少？

② 此点是否已经达到极限平衡状态？为什么？

③ 如果此点未达到极限平衡，令最大主应力不变，而改变最小主应力，使该点达到极限平衡状态，这时最小主应力应为多少？

6-6 某条形基础宽度 $b=12\text{ m}$，基础埋深 $d=2\text{m}$，地基土为均质黏土，$\gamma=18\text{kN/m}^3$，$\varphi=15°$，$c=15\text{kPa}$。试求：

① 临塑荷载 P_{cr} 和界限荷载 $P_{1/4}$；

② 按太沙基公式计算极限承载力 P_u；

③ 若地下水位在基础底面处（$\gamma_{sat}=19.9\text{kN/m}^3$），$P_{cr}$ 和 $P_{1/4}$ 又各是多少？

5.5 习题解答

5.5.1 填空题解答

1-1 $\tau_f=c+\sigma\tan\varphi$　$\tau_f=c'+\sigma'\tan\varphi$

1-2 内摩擦角和黏聚力　极限平衡

1-3 3～4

1-4 应变控制式　应力控制式

1-5 总应力　有效应力

1-6 相切

1-7 直接剪切　三轴剪切

1-8 快剪　固结快剪　慢剪

1-9 水平面上的固结压力大于侧向固结压力

1-10 不排水剪　排水剪

1-11 内摩擦力　黏聚力

1-12 抗剪强度总应力法　总应力强度指标　抗剪强度有效应力法　有效应力强度指标

1-13 不固结不排水剪　固结不排水剪　固结排水剪

1-14 有效应力　总应力

1-15 100kPa　45°

1-16 等于 极限平衡
1-17 直剪试验 三轴剪切 无侧限抗压强度
1-18 26.22kPa
1-19 整体剪切破坏 局部剪切破坏 冲剪破坏
1-20 $>3\text{m}$ $>0.5\text{m}$
1-21 弹性变形阶段 塑性变形阶段 破坏阶段
1-22 整体剪切破坏 极限荷载
1-23 整体剪切破坏 条形基础
1-24 扩大 连续的滑动面 稳定性
1-25 σ_3+q_u $q_u/2$
1-26 极限能力 小（竖直面上的正应力要比水平面上的小）
1-27 1/4 1/3
1-28 20kPa 8
1-29 瞬时沉降 主固结沉降 次固结沉降
1-30 固结排水剪 不固结不排水剪 0
1-31 基础底面以上 基础埋深
1-32 1kN/m^2 $45°$
1-33 整体剪切破坏 局部剪切破坏 冲剪破坏
1-34 $f_a=f_{ak}+\eta_b\gamma(b-3)+\eta_d\gamma_0(d-0.5)$ 天然地面
1-35 减小 减缩

5.5.2 单项选择题解答

2-1	(A)	**2-2**	(A)	**2-3**	(B)	**2-4**	(C)	**2-5**	(C)
2-6	(D)	**2-7**	(B)	**2-8**	(C)	**2-9**	(D)	**2-10**	(B)
2-11	(D)	**2-12**	(B)	**2-13**	(B)	**2-14**	(A)	**2-15**	(B)
2-16	(C)	**2-17**	(B)	**2-18**	(D)	**2-19**	(B)	**2-20**	(D)
2-21	(A)	**2-22**	(D)	**2-23**	(B)	**2-24**	(A)	**2-25**	(C)
2-26	(B)	**2-27**	(D)	**2-28**	(C)	**2-29**	(A)	**2-30**	(A)
2-31	(D)	**2-32**	(B)	**2-33**	(C)	**2-34**	(A)	**2-35**	(C)
2-36	(A)	**2-37**	(A)	**2-38**	(C)	**2-39**	(A)	**2-40**	(C)
2-41	(C)	**2-42**	(D)	**2-43**	(B)	**2-44**	(A)	**2-45**	(A)
2-46	(C)	**2-47**	(C)	**2-48**	(B)	**2-49**	(B)	**2-50**	(B)
2-51	(A)	**2-52**	(A)	**2-53**	(C)	**2-54**	(C)	**2-55**	(B)
2-56	(B)	**2-57**	(C)	**2-58**	(A)	**2-59**	(C)	**2-60**	(C)

5.5.3 多项选择题解答

3-1	(BCD)	**3-2**	(ACD)	**3-3**	(ABCD)	**3-4**	(ABD)
3-5	(ABC)	**3-6**	(ABCD)	**3-7**	(BD)	**3-8**	(AB)
3-9	(ABC)	**3-10**	(AB)	**3-11**	(BD)	**3-12**	(ABC)

3-13 （AD）	**3-14** （ABCD）	**3-15** （AB）	**3-16** （ABCD）
3-17 （ABC）	**3-18** （BCD）		

5.5.4 判断题解答

4-1 （√）	**4-2** （×）	**4-3** （√）	**4-4** （√）	**4-5** （×）
4-6 （×）	**4-7** （×）	**4-8** （√）	**4-9** （×）	**4-10** （√）
4-11 （×）	**4-12** （√）	**4-13** （√）	**4-14** （×）	**4-15** （√）
4-16 （√）	**4-17** （√）	**4-18** （×）	**4-19** （×）	**4-20** （√）
4-21 （×）	**4-22** （×）	**4-23** （√）	**4-24** （×）	**4-25** （×）
4-26 （√）	**4-27** （√）	**4-28** （×）	**4-29** （√）	**4-30** （√）
4-31 （√）	**4-32** （√）	**4-33** （×）	**4-34** （√）	**4-35** （×）
4-36 （×）	**4-37** （√）	**4-38** （√）		

5.5.5 简答题解答

5-1【答】土的抗剪强度是指土体抵抗剪切破坏的极限能力，其数值等于土体产生剪切破坏时滑动面上的剪应力。

对砂土，其抗剪强度仅取决于土粒之间的摩擦力 $\sigma\tan\varphi$，即 $\tau_f=\sigma\tan\varphi$；而对于黏性土，其抗剪强度由黏聚力 c 和摩擦力 $\sigma\tan\varphi$ 两部分构成，即 $\tau_f=c+\sigma\tan\varphi$。

对同一土样，其抗剪强度也不是一个定值，而是与剪切面上的正应力、土层的加荷方式（动、静、循环与否）、加荷速度（快慢）、土层的排水条件以及土层的应力历史等有很大的关系。

5-2【答】由于直剪试验只能测定作用在受剪面上的总应力，不能测定有效应力或孔隙水压力，所以试验中常模拟工程实际分快剪、固结快剪及慢剪三种试验方法。

一般来说，快剪、固结快剪及慢剪得出的强度值是依次递减的。

5-3【答】测定土的抗剪强度指标的方法有直接剪切试验法、三轴剪切试验法、无侧限抗压强度试验法和十字板剪切试验法。其中，无侧限抗压强度试验是室内测定饱和黏性土抗剪强度指标的方法，十字板剪切试验是室外现场原位测定饱和软黏土抗剪强度指标的方法。适用于测定一般土的抗剪强度指标的试验方法主要是直接剪切试验和三轴剪切试验，分别具有以下优缺点：

直接剪切试验：

优点：直剪仪构造简单、操作方便，在一般工程中广泛采用。

缺点：① 不能严格控制排水条件，不能量测试验过程中试样的孔隙水压力；

② 试验中人为限定剪切破坏面为上、下盒的接触面，而不是土样最薄弱的面；

③ 剪切过程中剪切面上的应力分布不均，剪切面积随剪切位移的增加而减小。

三轴剪切试验：

优点：① 能较严格地控制试样的排水条件，从而可以量测试样中的孔隙水压力，以定量地获得土中有效应力的变化情况；

② 试件中的应力状态较明确，没有人为地限定剪切破坏面，剪切破坏发生在试件的最

弱部位；

③ 试件受压比较符合地基的实际受力情况，试验结果更加可靠、准确。

缺点：① 三轴剪力仪较复杂，价格较贵，操作技术要求高，且试样制备也比较麻烦，土样易受扰动；

② 试验是在轴对称情况下进行的，这与一般土体受力有所差异。

5-4【答】土体中发生剪切破坏的平面不是切应力最大的平面。

土体中某点的切应力 $\tau = 1/2(\sigma_1 - \sigma_3)\sin2\alpha$，当 $\sin2\alpha = 1$，即 $2\alpha = 90°$，$\alpha = 45°$ 时，该点的切应力达最大值，即当破裂角 $\alpha_f = 45°$时，破裂面与最大剪应力面是一致的。

在一般情况下，破裂面与大主应力作用面的夹角为 $45° + (\varphi/2)$。

5-5【答】土颗粒越粗，土粒形状越不规则，表面越粗糙，使得土体内摩擦角 φ 增大；土颗粒变细，土体由无黏性土变为黏性土，黏粒含量增加，其黏聚力 c 越大。

5-6【答】三轴压缩试验时，同一种土取 3～4 个土样，先分别施加不同的周围压力 σ_3，然后由竖向压力系统施加竖向应力 $\Delta\sigma$，并不断增加 $\Delta\sigma$，直到试件受剪破坏为止。

三轴剪切试验的优点是：能严格地控制试样的排水条件，从而测出试样中的孔隙水压力，以定量获得土中有效应力的变化情况；试件中的应力状态较明确，没有人为地限定剪切破坏面，剪切破坏发生在试件的最弱部位；试件受压比较符合地基的实际受力情况，试验结果更加可靠、准确；还可用于测定土的其他力学性质，如土的弹性模量等。

根据量测系统的周围压力 σ_3 和竖向应力增量 $\Delta\sigma$ 可得试件破坏时的最大主应力 $\sigma_1 = \sigma_3 + \Delta\sigma$，由 σ_1 和 σ_3 可绘出破坏时的极限应力圆即可得相应的 3～4 个极限应力圆，极限应力圆的公切线就是土样的库仑直线，如图 5-14（b）所示。公切线在纵坐标上的截距即为黏聚力 c，公切线的倾角即为内摩擦角 φ。

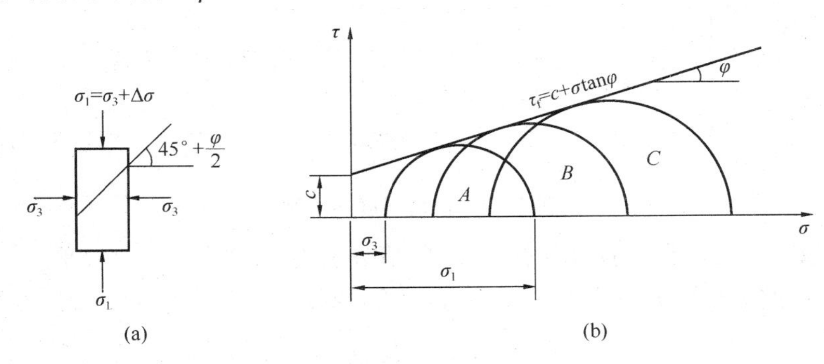

图 5-14　简答题 5-6 解答

5-7【答】临塑荷载 P_{cr} 是指地基中即将出现塑性区时所对应的荷载；临界荷载 $P_{1/4}$ 是地基中允许塑性区开展的深度为基础宽度的 1/4 时所对应的荷载。

工程实践表明，一般情况下将临塑荷载 P_{cr} 作为地基承载力是偏保守的；在大多数情况下，即使地基发生局部剪切破坏，地基的塑性区有所发展，但只要塑性区范围不超过某一允许范围（允许塑性区开展的深度为基础宽度的 1/4 时），也就不影响建筑物的安全和正常使用。

当基础荷载为偏心荷载时，地基中塑性区不均衡地开展，为充分发挥地基土的承载力，取塑性区开展深度为基础宽度的 1/3 来计算临界荷载。

5-8【答】 地基承载力特征值 f_a 是指在保证地基强度和稳定的前提下，建筑物不产生过大沉降和不均匀沉降时地基所能承受的最大荷载。

测定方法有以下几种：

① 根据土的抗剪强度指标按理论公式计算。

② 根据现场载荷试验确定。

③ 静力触探、动力触探、标准贯入试验、旁压试验等现场原位测试。

5.5.6 计算题解答

6-1【解】 因为该土样为砂土，所以 $c=0$

由题意 $\sigma_3=100$kPa，且 $\sigma_1-\sigma_3=400$kPa，知 $\sigma_1=500$kPa

当土体处于极限平衡状态时，对砂土，应满足

$$\sigma_1=\sigma_3\tan^2(45°+\frac{\varphi}{2})$$

即
$$500=100\tan^2\left(45°+\frac{\varphi}{2}\right)$$

解得
$$\varphi=41.8°$$

即该砂样的抗剪强度指标为：$c=0$，$\varphi=41.8°$。

6-2【解】 ① 以法向应力 σ 为横坐标，抗剪强度 τ_f 为纵坐标，按相同比例将土样抗剪强度试验结果标示并连线即为土的抗剪强度线，如图 5-15 所示。

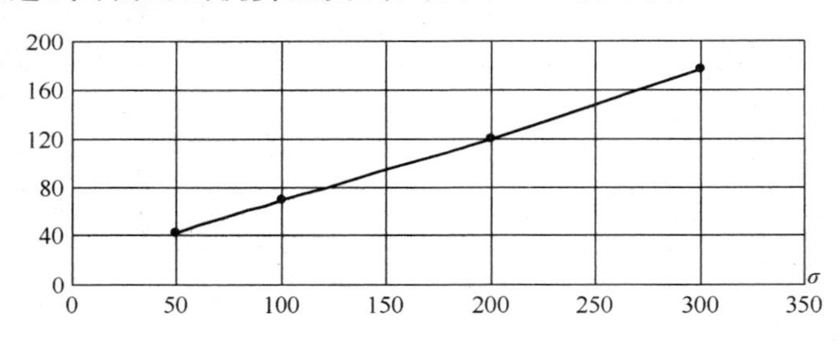

图 5-15　抗剪强度线绘制

从图上量取可得土的抗剪强度指标 c、φ 的值分别为 $c=16$kPa，$\varphi=28°$。

② 若作用在此土样中某平面上的正应力 $\sigma=230$kPa，切应力 $\tau=120$kPa

由
$$\sigma=\frac{1}{2}(\sigma_1+\sigma_3)+\frac{1}{2}(\sigma_1-\sigma_3)\cos2\alpha$$

$$\tau=\frac{1}{2}(\sigma_1-\sigma_3)\sin2\alpha$$

$$\alpha=45°+\frac{\varphi}{2}$$

得
$$230=\frac{1}{2}(\sigma_1+\sigma_3)+\frac{1}{2}(\sigma_1-\sigma_3)\cos2\left(45°+\frac{28°}{2}\right) \tag{1}$$

$$120=\frac{1}{2}(\sigma_1-\sigma_3)\sin2\left(45°+\frac{28°}{2}\right) \tag{2}$$

由式（1）、式（2）联合求解，得 $\sigma_1=431$kPa，$\sigma_3=158$kPa。

若该面处于极限平衡状态，则当 $\sigma_3=158$kPa 时对应的大主应力 σ_{1f} 为

$$\sigma_{1f} = \sigma_3 \tan^2\left(45° + \frac{\varphi}{2}\right) + 2c\tan\left(45° + \frac{\varphi}{2}\right)$$

$$= 158 \tan^2\left(45° + \frac{28°}{2}\right) + 2 \times 16\tan\left(45° + \frac{28°}{2}\right)$$

$$= 490.3\text{kPa}$$

因为实际的 $\sigma_1 = 431\text{kPa} < \sigma_{1f} = 490.3\text{kPa}$，所以极限应力圆半径将大于实际应力圆半径，实际应力圆位于抗剪强度线下方，所以该面不会剪切破坏。

或者，由抗剪强度定律，当正应力 $\sigma = 230\text{kPa}$ 时，求得其抗剪强度为

$$\tau_f = c + \sigma\tan\varphi = 16 + 230\tan 28° = 138.3\text{kPa} > \tau = 120\text{kPa}$$

则该面不会剪切破坏。

6-3【解】 由题意 $\sigma_3 = 200\text{kPa}$，且 $\sigma_1 - \sigma_3 = 300\text{kPa}$，知 $\sigma_1 = 500\text{kPa}$

且破坏面与大主应力面的夹角 $\alpha_f = 45° + (\varphi'/2) = 45° + (30°/2) = 60°$

① 破坏面上的法向应力和切应力

由
$$\sigma = \frac{1}{2}(\sigma_1 + \sigma_3) + \frac{1}{2}(\sigma_1 - \sigma_3)\cos 2\alpha$$

得
$$\sigma = \frac{1}{2} \times (500 + 200) + \frac{1}{2} \times (500 - 200)\cos 120° = 275\text{kPa}$$

由
$$\tau = \frac{1}{2}(\sigma_1 - \sigma_3)\sin 2\alpha$$

得
$$\tau = \frac{1}{2} \times (500 - 200)\sin 120° = 129.9\text{kPa} \approx 130\text{kPa}$$

② 试件中的最大切应力 τ_{max} 发生在 $\alpha = 45°$ 的平面上

由
$$\tau = \frac{1}{2}(\sigma_1 - \sigma_3)\sin 2\alpha$$

得
$$\tau_{max} = \frac{1}{2} \times (500 - 200)\sin(2 \times 45°) = 150\text{kPa}$$

因为破坏面上的有效正应力为 $\sigma' = \sigma - u = 275 - 175 = 100\text{kPa}$

抗剪强度　　$\tau_f = c' + \sigma'\tan\varphi' = 72.3 + 100\tan 30° = 130\text{kPa}$

所以破坏面不发生在最大切应力的作用面上。

6-4【解】 利用材料力学公式 $\begin{matrix}\sigma_1 \\ \sigma_3\end{matrix} = \frac{\sigma_z + \sigma_x}{2} \pm \sqrt{\frac{(\sigma_z - \sigma_x)^2}{4} + \tau_{xz}^2}$

当 $\sigma_z = 250\text{kPa}$，$\sigma_x = 100\text{kPa}$，$\tau_{xz} = 40\text{kPa}$ 时

得
$$\begin{matrix}\sigma_1 \\ \sigma_3\end{matrix} = \frac{250 + 100}{2} \pm \sqrt{\frac{(250 - 100)^2}{4} + 40^2}$$

$$= \begin{matrix}260 \\ 90\end{matrix}\text{kPa}$$

地基土为砂土，$c = 0$，$\varphi = 30°$

设该点达到极限平衡状态，则当 $\sigma_1 = 260\text{kPa}$ 时对应的小主应力 σ_{3f} 为

$$\sigma_{3f} = \sigma_1 \tan^2\left(45° - \frac{\varphi}{2}\right)$$

$$= 260\tan^2\left(45° - \frac{30°}{2}\right)$$

$$= 86.67\text{kPa}$$

因为实际的 $\sigma_3 = 90\text{kPa} > \sigma_{3f} = 86.67\text{kPa}$，所以极限应力圆半径将大于实际应力圆半径，实际应力圆位于抗剪强度线下方，所以该点不会剪切破坏。

如果 σ_z 和 σ_x 不变，τ_{xz} 增至 60kPa 时

$$\begin{matrix}\sigma_1\\\sigma_3\end{matrix} = \frac{250+100}{2} \pm \sqrt{\frac{(250-100)^2}{4} + 60^2}$$

$$= \begin{matrix}271\\79\end{matrix}\text{kPa}$$

设该点达到极限平衡状态，则当 $\sigma_1 = 271\text{kPa}$ 时对应的小主应力 σ_{3f} 为

$$\sigma_{3f} = \sigma_1\tan^2\left(45° - \frac{\varphi}{2}\right)$$

$$= 271\tan^2\left(45° - \frac{30°}{2}\right)$$

$$= 90.3\text{kPa}$$

因为实际的 $\sigma_3 = 90\text{kPa} < \sigma_{3f} = 90.3\text{kPa}$，所以极限应力圆半径将小于实际应力圆半径，实际应力圆与抗剪强度相割，所以该点剪切破坏。

6-5【解】① 该点最大切应力 τ_{max} 及最大切应力面上的法向应力 σ

由 $\tau = \frac{1}{2}(\sigma_1 - \sigma_3)\sin 2\alpha$，得

当 $\sin 2\alpha = 1$，即 $2\alpha = 90°$，$\alpha = 45°$时

$$\tau = \tau_{max} = (\sigma_1 - \sigma_3)/2 = (400 - 160)/2 = 120\text{kPa}$$

最大切应力面上的法向应力 σ 为

$$\sigma = \frac{1}{2}(\sigma_1 + \sigma_3) + \frac{1}{2}(\sigma_1 - \sigma_3)\cos 2\alpha$$

$$= \frac{1}{2} \times (400 + 160) + \frac{1}{2} \times (400 - 160)\cos(2 \times 45°)$$

$$= 280\text{kPa}$$

② 因为 $\sigma_1 = 400\text{kPa} < \sigma_{1f} = \sigma_3\tan^2[45° + (\varphi/2)] = 160\tan^2[45° + (32°/2)] = 520.7\text{kPa}$ 所以此点未达极限平衡状态。

③ 令最大主应力不变，而改变最小主应力，使该点达到极限平衡状态，此时最小主应力应为

$$\sigma_{3f} = \sigma_1\tan^2[45° - (\varphi/2)] = 400\tan^2[45° - (32°/2)] = 122.9\text{kPa}$$

6-6【解】①临塑荷载 P_{cr} 和界限荷载 $P_{1/4}$

$$P_{cr} = \frac{\pi(\gamma_0 d + c\cot\varphi)}{\cot\varphi + \varphi - \frac{\pi}{2}} + \gamma_0 d$$

$$= \frac{3.14 \times (18 \times 2 + 15\cot 15°)}{\cot 15° + 15° \times \frac{3.14}{180°} - \frac{3.14}{2}} + 18 \times 2$$

$$= 155.3\text{kPa}$$

$$P_{1/4}=\frac{\pi\left(\gamma_0 d+c\cot\varphi+\frac{1}{4}\gamma b\right)}{\cot\varphi+\varphi-\frac{\pi}{2}}+\gamma_0 d$$

$$=\frac{3.14\times\left(18\times2+15\cot15^\circ+\frac{1}{4}\times18\times12\right)}{\cot 15^\circ+\frac{3.14}{180^\circ}\times15^\circ-\frac{3.14}{2}}+18\times2$$

$$=225.3\text{kPa}$$

② 按太沙基公式计算极限承载力 P_u

由 $\varphi=15^\circ$查承载力系数图表，得 $N_c=12.9$，$N_q=4.45$，$N_r=1.8$

由 $P_u=cN_c+qN_q+\frac{1}{2}\gamma bN_r$，得

$$P_u=15\times12.9+18\times2\times4.45+\frac{1}{2}\times18\times12\times1.8$$

$$=193.5+160.2+194.4$$

$$=548.1\text{kPa}$$

③ 若地下水位在基础底面处，此时

$$P_{cr}=\frac{\pi(\gamma_0 d+c\cot\varphi)}{\cot\varphi+\varphi-\frac{\pi}{2}}+\gamma_0 d$$

$$=\frac{3.14\times(18\times2+15\cot15^\circ)}{\cot 15^\circ+15^\circ\times\frac{3.14}{180^\circ}-\frac{3.14}{2}}+18\times2$$

$$=155.3\text{kPa}$$

$$P_{1/4}=\frac{\pi\left(\gamma_0 d+c\cot\varphi+\frac{1}{4}\gamma b\right)}{\cot\varphi+\varphi-\frac{\pi}{2}}+\gamma_0 d$$

$$=\frac{3.14\times\left(18\times2+15\cot15^\circ+\frac{1}{4}\times9.9\times12\right)}{\cot15^\circ+\frac{3.14}{180^\circ}\times15^\circ-\frac{3.14}{2}}+18\times2$$

$$=193.8\text{kPa}$$

第6章　土压力与土坡稳定

本章学习要求

通过本章的学习，了解挡土墙的类型；掌握三种土压力的概念、掌握朗肯土压力理论的基本假定和计算原理，并能熟练计算常见情况下的主动、被动土压力；理解库仑土压力理论的假定和原理，会计算主动、被动土压力；掌握挡土墙稳定计算的内容和方法，了解土坡稳定性分析的原理和方法，能进行简单土坡稳定性分析。

6.1　学习指导

挡土墙是防止土体坍塌、保证天然或人工土坡稳定的长条形构筑物，在房屋建筑、水利、铁路及桥梁工程中有着广泛的应用。

土压力是指挡土墙后填土因自重或外荷载作用对墙背产生的侧向压力。由于土压力是作用在挡土墙上的主要外荷载，因此，在设计挡土墙之前就必须知道土压力的类型、大小、方向、作用点和分布。土压力的计算十分复杂，它涉及填料、挡墙和地基三者之间的相互作用。它不仅与挡土墙的高度、墙背的形状、倾斜度、粗糙度以及土的物理力学性质、填土面的坡度及荷载作用情况有关，而且与挡土墙的位移大小和方向、支撑的位置以及施工方法等有关。目前土压力的计算，仍大多采用古典的朗肯理论和库仑理论。

6.1.1　土压力的类型

影响挡土墙土压力大小及其分布规律的因素较多，其中挡土墙的位移量及位移方向是最主要的因素。根据挡土墙的位移情况和墙后土体所处的应力状态，可将土压力分为以下三种。

1. 静止土压力

当挡土墙具有足够的截面或建造在坚硬基岩上时，挡土墙在墙后填土压力作用下不产生任何方向移动或转动而保持原有位置不变，墙后土体处于弹性平衡状态，如图6-1(a) 所示，此时作用在墙背上的土压力称为静止土压力，一般用 E_0 表示。如地下室外墙、地下水池侧壁、涵洞的侧壁等因结构不产生位移，作用于墙背上的土压力即为静止土压力。

2. 主动土压力

若挡土墙在墙后填土压力作用下背离填土方向发生位移时，则随着位移的增大，墙后土压力将逐渐减少。当位移达到一定数值时，墙后土体就处于主动极限平衡状态，土体即将沿着某一滑动面下滑，土压力达到最小值，此时作用在墙背上的土压力就称为主动土压力，用 E_a 表示，如图6-1(b) 所示。如支撑建筑物周围填土的挡土墙受到的外荷载就是主动土压力。

3. 被动土压力

若挡土墙在外荷载作用下向填土方向发生位移时，随着位移增大，填土受到墙的挤压其反作用力将逐渐增大。当位移达到较大量值时，墙后土体就处于被动极限平衡状态，土体即将沿某一滑动面向上滑动，土压力达到最大值，此时作用在墙背上的土压力称为被动土压力，用 E_p 表示，如图 6-1(c) 所示。如桥梁工程中的桥台就是按被动土压力设计的。

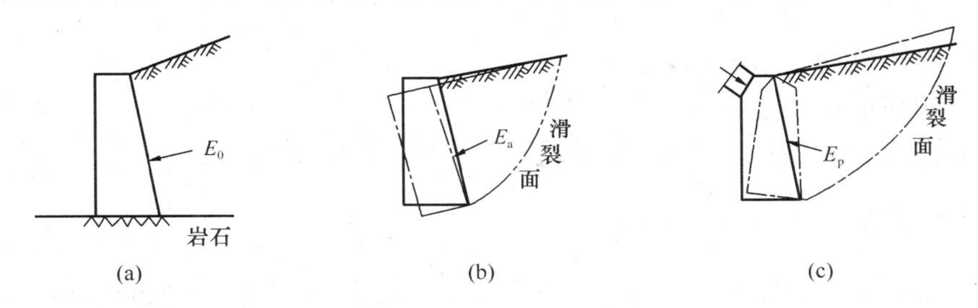

图 6-1　挡土墙上的三种土压力

(a) 静止土压力；(b) 主动土压力；(c) 被动土压力

根据理论分析和挡土墙的模型试验表明：对同一挡土墙，在填土的物理力学性质相同的条件下，三种土压力大小的关系是：$E_a < E_0 < E_p$。由此可见，作用于挡土墙上的土压力性质、大小及沿墙高的分布规律与很多因素有关，主要有：

① 挡土墙的位移量和位移的方向；

② 挡土墙的形状、墙背的光滑程度和结构形式；

③ 墙后填土的性质，包括填土的重度、含水量、内摩擦角和黏聚力的大小及填土面的倾斜程度。

6.1.2　静止土压力的计算

当挡土墙在墙后压力作用下，不产生任何位移和变形时，作用在墙背上的土压力就是静止土压力。由于挡土墙是长条形的，可以认为其任何一个横截面均为其对称面，因此，取 1m 作为计算单元。

静止土压力可根据半空间无限弹性体的应力状态来求解。计算时，在水平填土面以下任意深度 z 处的 M 点取一单元体，如图 6-2 所示。填土对墙背产生的静止土压力强度为 σ_0，计算公式为：

$$\sigma_0 = \sigma_{cx} = K_0 \sigma_{cz} = K_0 \gamma z \tag{6.1}$$

式中　K_0——土的侧压力系数，即静止土压力系数；

z——计算点在填土下面的深度，m；

γ——墙后填土的重度，kN/m^3。

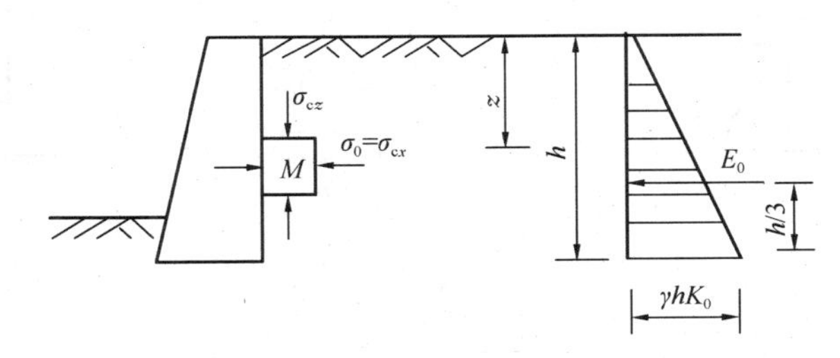

图 6-2　静止土压力计算图

由式 (6.1) 可知，静止土压力强度沿墙高呈三角形分布，如图 6-2 所示，则 1m 墙长的单元体上，静止土压力合力 E_0 (kN/m) 的大小为：

$$E_0 = \frac{1}{2} \times K_0 \gamma h \times h \times 1 = \frac{1}{2} K_0 \gamma h^2 \tag{6.2}$$

式中　h——挡土墙的高度，m；

E_0——单位墙长上的静止土压力（kN/m）。

静止土压力 E_0 的作用点在距离墙底 $h/3$ 处，即三角形的形心处。

6.1.3　朗肯土压力理论

朗肯土压力理论是根据弹性半空间土体内的应力状态和土的极限平衡理论导出的土压力计算方法。其前提条件是：①墙体为刚体；②墙背垂直、光滑；③墙后填土面水平。

1. 主动土压力

当挡土墙离开土体向前移动时，墙后土体主动伸展。如图 6-3(a) 所示，竖直方向的主应力 σ_z 保持不变，仍为 $\sigma_z=\gamma z$，而水平方向的主应力 σ_x 逐渐减小，当达到极限平衡状态时，土体将沿着与最大主应力作用面（即水平面）成 $\left((45°+\frac{\varphi}{2}\right)$ 的滑裂面下滑，此时 σ_x 达到最小值，这个最小值即为主动土压力强度 σ_a。

此时，竖直方向的主应力 $\sigma_z=\gamma z$ 为最大主应力 σ_1，水平方向的主应力 $\sigma_x=\sigma_a$ 为最小主应力 σ_3，因此由极限平衡条件得主动土压力的计算公式为：

$$\begin{aligned}\sigma_a = \sigma_3 &= \gamma z \tan^2\left(45° - \frac{\varphi}{2}\right) - 2c\tan\left(45° - \frac{\varphi}{2}\right) \\ &= \gamma z K_a - 2c\sqrt{K_a}\end{aligned} \tag{6.3}$$

式中　σ_a——主动土压力强度，kPa；

γ——墙后填土的重度，kN/m^3；

K_a——朗肯主动土压力系数，$K_a = \tan^2\left(45° - \frac{\varphi}{2}\right)$；

c——填土的黏聚力，kPa；

φ——填土的内摩擦角，°。

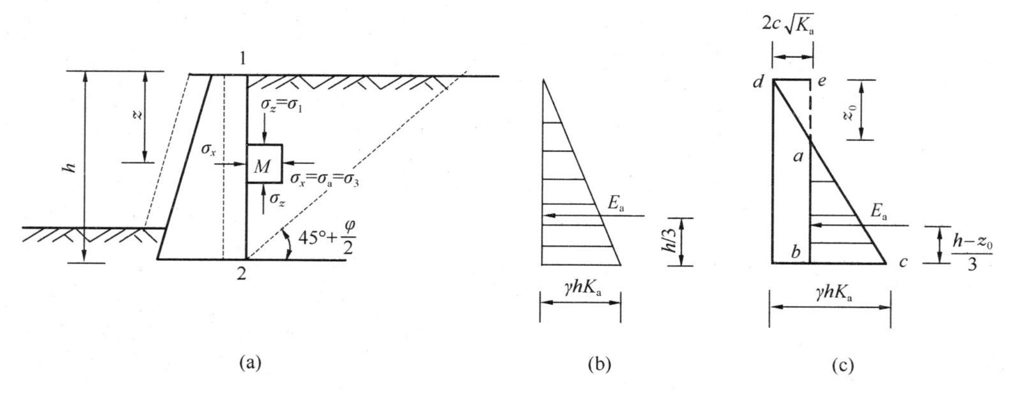

图 6-3　朗肯主动土压力分布图

(a) 主动土压力图示；(b) 无黏性土；(c) 黏性土

(1) 无黏性土主动土压力

对无黏性土，$c=0$，所以主动土压力计算公式为 $\sigma_a = \gamma z K_a$。如图 6-3(b) 所示，主动土

压力强度与深度 z 成正比，沿挡土墙高度呈三角形分布，墙背单位长度所受总主动土压力 E_a 为三角形面积，即：

$$E_a = \frac{1}{2}K_a\gamma h^2 \tag{6.4}$$

主动土压力 E_a 作用点通过三角形形心，距墙底 $h/3$ 处。

（2）黏性土主动土压力

黏性土主动土压力由两部分组成：一部分是由土的自重应力引起的土压力 $\gamma z K_a$，另一部分是由于黏聚力的存在而引起的拉应力 $2c\sqrt{K_a}$。这两部分叠加的结果如图 6-3(c) 所示，其中 ade 部分是拉应力，会使填土与墙背脱离，应略去这部分应力不计，黏性土土压力的计算仅考虑 abc 部分。

a 点离填土面的深度 z_0 称为临界深度，一般可由式（6.3）令 $\sigma_a=0$ 求得：

$$z_0 = \frac{2c}{\gamma\sqrt{K_a}} \tag{6.5}$$

挡土墙墙背单位长度所受总主动土压力 E_a 为三角形 abc 面积，即：

$$E_a = \frac{1}{2}(h - z_0)(\gamma h K_a - 2c\sqrt{K_a}) \tag{6.6}$$

主动土压力 E_a 作用点通过三角形 abc 形心，距墙底 $(h - z_0)/3$ 处。

2. 被动土压力

当挡土墙在外力作用下产生向填土方向位移时，墙后土体被动压缩。如图 6-4(a) 所示，竖直方向的主应力 σ_z 仍保持不变，为 $\sigma_z=\gamma z$，而水平方向的主应力 σ_x 逐渐增大，当达到极限平衡状态时，土体将沿着与最小主应力作用面（即水平面）成 $\left(45°-\frac{\varphi}{2}\right)$ 的滑裂面向上滑动，此时 σ_x 达到最大值，这个最大值即为被动土压力强度 σ_p。

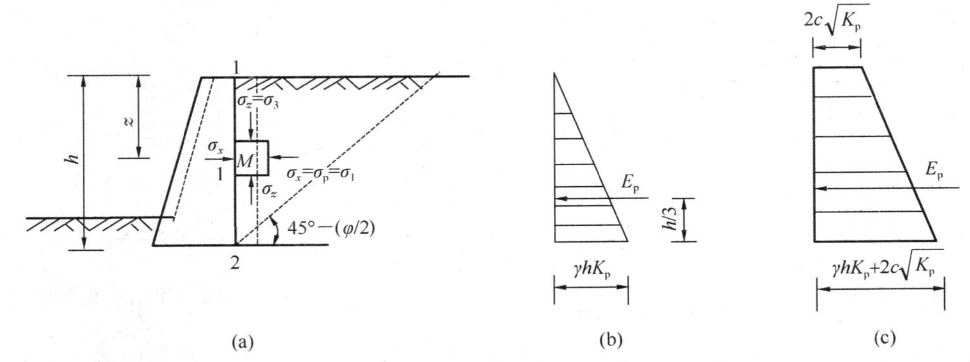

图 6-4　朗肯被动土压力分布图

(a) 被动土压力图示；(b) 无黏性土；(c) 黏性土

此时，竖直方向的主应力 $\sigma_z=\gamma z$ 为最小主应力 σ_3，水平方向的主应力 $\sigma_x=\sigma_p$ 为最大主应力 σ_1，因此由极限平衡条件得被动土压力的计算公式为：

$$\begin{aligned}\sigma_p &= \sigma_1 = \gamma z\tan^2\left(45° + \frac{\varphi}{2}\right) + 2c\tan\left(45° + \frac{\varphi}{2}\right) \\ &= \gamma z K_p + 2c\sqrt{K_p}\end{aligned} \tag{6.7}$$

式中　σ_p——被动土压力强度，kPa；

K_p——朗肯被动土压力系数，$K_p = \tan^2\left(45° + \frac{\varphi}{2}\right)$。

由式（6.7）得被动土压力的分布如图 6-4(b)、(c)所示。无黏性土为三角形分布，黏性土仍由两部分组成，呈梯形分布。

挡土墙墙背单位长度所受总被动土压力 E_p为：

无黏性土
$$E_p = \frac{1}{2}K_p\gamma h^2 \tag{6.8}$$

黏性土
$$E_p = \frac{1}{2}K_p\gamma h^2 + 2ch\sqrt{K_p} \tag{6.9}$$

被动土压力 E_p作用点通过三角形或梯形压力分布图的形心。

6.1.4 常见情况下土压力计算

在工程实际中，挡土墙后填土可能是由多层土体构成，填土面上可能有外荷载作用，土中还可能存在地下水，现对如上几种常见情况分析挡土墙后土压力的计算。

1. 填土面上作用有均布外荷载

当挡土墙后填土面上有连续均布外荷载 q 作用时，通常可将均布外荷载换算成与地表以下土层性质完全相同的当量土重，即用假想的土重代替均布外荷载对填土表面的作用。

如图 6-5 所示，当填土面水平时，按照替换前后填土面上所受应力相等的原则，即 $q = \gamma h_d$，可得当量土层厚度 h_d为

$$h_d = \frac{q}{\gamma} \tag{6.10}$$

替换后，可以以（$h + h_d$）为墙高，按填土面上无外荷载作用的情形计算土压力。以墙后填土为无黏性土为例，则墙顶 A 点处的主动土压力强度为：

$$\sigma_{aA} = \gamma h_d K_a = qK_a$$

墙底 B 点处的主动土压力强度为：

$$\sigma_{aB} = \gamma(h_d + h)K_a = (q + \gamma h)K_a$$

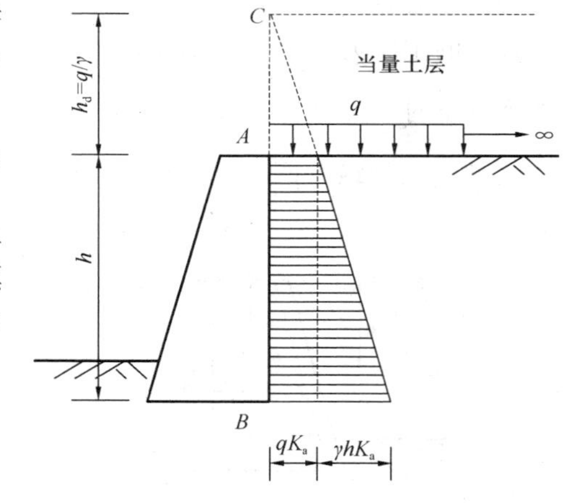

图 6-5　填土面上作用均布荷载

土压力强度分布图形是从图 6-5 中 C 点开始的，但仅实际墙高 h 范围内有效，即图中阴影部分。主动土压力 E_a的大小为图中梯形面积，作用点通过梯形形心。

由上述 A、B 两点的土压力表达式可知，作用于填土表面下深度为 z 处的主动土压力强度 σ_a等于该处土的竖向应力乘以主动土压力系数 K_a。

2. 成层填土

当墙后填土有几种不同种类的水平土层时，仍可采用朗肯土压力理论计算。以墙后填土为无黏性土为例，先求出各层土的土压力系数，其次求出各层面处的竖向应力，某层土的土压力强度 σ_a等于各层面处的竖向应力乘以相应土层的主动土压力系数 K_a。如图 6-6 所示，墙后各层面的主动土压力强度为：

$$\sigma_{a1}=0$$
$$\sigma_{a2上}=\gamma_1 h_1 K_{a1}$$
$$\sigma_{a2下}=\gamma_1 h_1 K_{a2}$$
$$\sigma_{a3}=(\gamma_1 h_1+\gamma_2 h_2)K_{a2}$$

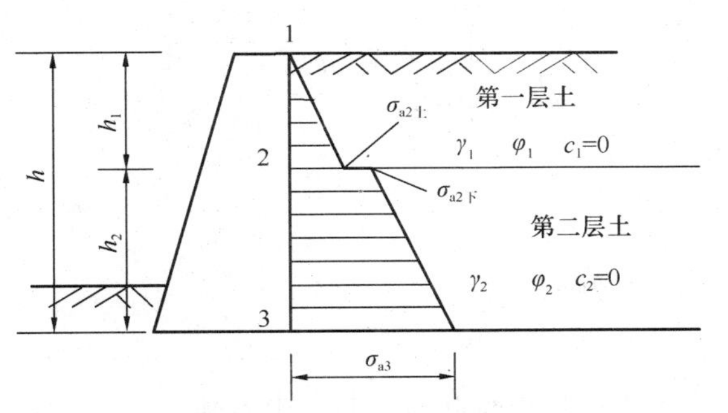

图 6-6　成层填土的土压力计算

图 6-7　墙后填土有地下水

3. 墙后填土有地下水

挡土墙后的回填土常会部分或全部处于地下水位以下，由于地下水的存在将使土的含水量增加，抗剪强度降低，同时还会产生静水压力，使墙背受到土压力和水压力的双重作用，作用在墙背上的侧压力会增加，因此挡土墙应有良好的排水措施。

在计算土压力时，通常假设水位以上和水位以下土的内摩擦角 φ 和黏聚力 c 都保持不变。但水位以下取土的有效重度，而水位以上土压力的计算仍取土的天然重度，墙背上的总侧压力应是土压力与水压力之和。图 6-7 中 $abcdf$ 部分为无黏性填土时主动土压力强度分布图，def 为水压力分布图。

6.1.5　库仑土压力理论

库仑土压力理论的基本假定是：①墙后的填土是理想的散粒体（黏聚力 $c=0$）；②滑裂面为通过墙踵的平面；③滑动土楔为刚体，即本身无变形。

库仑土压力理论适用于砂土或碎石土，可以考虑墙背倾斜、粗糙及填土面倾斜等各种因素的影响。分析计算时，取挡土墙后滑动楔体进行分析，并以 1m 墙长为计算单元。当墙发生位移时，墙后的滑动土楔随挡土墙的位移而达到主动或被动极限平衡状态，根据滑动土楔的静力平衡条件，可分别求得主动土压力和被动土压力。

1. 库仑主动土压力

如图 6-8(a) 所示，墙背与铅垂线之间的夹角为 α，填土表面与水平面之间夹角为 β，墙与填土间的摩擦角为 δ。当挡土墙离开填土向前位移使得墙后土体处于主动极限平衡状态时，土体沿某一滑裂面向下滑动，假设滑裂面 AC 与水平面的夹角为 θ。作用在滑动土楔体 ABC 上的作用力有：

（1）土楔体 ABC 的自重

$$G=\frac{1}{2}AC\cdot BD\cdot\gamma=\frac{1}{2}\gamma h^2\cdot\frac{\cos(\alpha-\beta)\cos(\theta-\alpha)}{\cos^2\alpha\sin(\theta-\beta)}$$

（2）滑裂面 AC 上的反力 R：R 是滑裂面上土楔体 ABC 自重的法向分力和该面上土体间

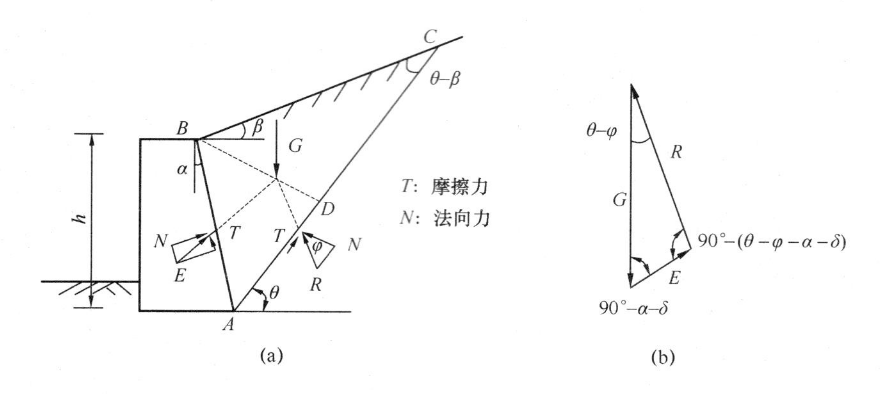

图 6-8　库仑主动土压力计算

(a) 土楔体 ABC 上的作用力；(b) 力三角形

摩擦力的合力，其方向与 AC 面法线间的夹角等于土的内摩擦角 φ，而大小未知。

(3) 墙背对土楔体的反力 E：E 是作用于墙背上土楔体自重的法向分力和该面上土体间摩擦力的合力，它与墙背法线间夹角等于填土与墙背之间的摩擦角 δ，δ 也称为外摩擦角。

土楔体 ABC 在以上三力作用下处于静力平衡状态，R 和 E 的方向位于法线的下方，如图 6-8(b) 所示。现已知三力的方向和力 G 的大小，由正弦定理可得：

$$E=\frac{1}{2}\gamma h^{2}\cdot\frac{\cos(\alpha-\beta)\cos(\theta-\alpha)\sin(\theta-\varphi)}{\cos^{2}\alpha\sin(\theta-\beta)\cos(\theta-\varphi-\alpha-\delta)} \tag{6.11}$$

E 的最大值 $E_{\max}$ 即是作用于墙背的主动土压力 E_a，其对应的滑裂面即是土楔体最危险的滑裂面。

$$E_a=\frac{1}{2}\gamma h^{2}\frac{\cos^{2}(\varphi-\alpha)}{\cos^{2}\alpha\cos(\alpha+\delta)\left[1+\sqrt{\frac{\sin(\delta+\varphi)\sin(\varphi-\beta)}{\cos(\alpha+\delta)\cos(\alpha-\beta)}}\right]^{2}} \tag{6.12}$$

令

$$K_a=\frac{\cos^{2}(\varphi-\alpha)}{\cos^{2}\alpha\cos(\alpha+\delta)\left[1+\sqrt{\frac{\sin(\delta+\varphi)\sin(\varphi-\beta)}{\cos(\alpha+\delta)\cos(\alpha-\beta)}}\right]^{2}} \tag{6.13}$$

则

$$E_a=\frac{1}{2}K_a\gamma h^{2} \tag{6.14}$$

式中　K_a——库仑主动土压力系数，按式 (6.13) 计算或查表 6-1；

γ——墙后填土的重度，kN/m^3；

h——挡土墙高度；

α——墙背的倾斜角，°；俯斜为正，仰斜为负；

φ——墙后填土的内摩擦角，°；

β——墙后填土面的倾角，°；

δ——土与挡土墙墙背之间的摩擦角，°；可按表 6-2 选用。

表 6-1　库仑主动土压力系数

δ	α	β \ φ	15°	20°	25°	30°	35°	40°	45°	50°
0°	0°	0°	0.589	0.490	0.406	0.333	0.271	0.217	0.172	0.132
		10°	0.704	0.569	0.462	0.374	0.300	0.238	0.186	0.142
		20°		0.883	0.573	0.441	0.344	0.267	0.204	0.154
		30°				0.750	0.436	0.318	0.235	0.172
	10°	0°	0.652	0.560	0.478	0.407	0.343	0.288	0.238	0.194
		10°	0.784	0.655	0.550	0.461	0.383	0.318	0.261	0.211
		20°		1.015	0.685	0.548	0.444	0.360	0.291	0.231
		30°				0.925	0.566	0.433	0.337	0.262
	20°	0°	0.736	0.648	0.569	0.498	0.434	0.375	0.332	0.274
		10°	0.896	0.768	0.663	0.572	0.492	0.421	0.358	0.302
		20°		1.205	2.834	0.688	0.576	0.484	0.405	0.337
		30°				1.169	0.740	0.586	0.474	0.385
	−10°	0°	0.540	0.433	0.344	0.270	0.209	0.158	0.117	0.083
		10°	0.644	0.500	0.389	0.301	0.229	0.171	0.125	0.088
		20°		0.785	0.482	0.353	0.261	0.190	0.136	0.094
		30°				0.614	0.333	0.226	0.155	0.104
	−20°	0°	0.497	0.380	0.287	0.212	0.153	0.106	0.070	0.043
		10°	0.595	0.439	0.323	0.234	0.166	0.114	0.074	0.045
		20°		0.707	0.401	0.274	0.188	0.125	0.080	0.047
		30°				0.498	0.239	0.147	0.090	0.051
10°	0°	0°	0.533	0.447	0.373	0.309	0.253	0.204	0.163	0.127
		10°	0.664	0.531	0.431	0.350	0.282	0.225	0.177	0.136
		20°		0.897	0.549	0.420	0.326	0.254	0.195	0.148
		30°				0.762	0.423	0.306	0.226	0.166
	10°	0°	0.603	0.520	0.448	0.384	0.326	0.275	0.230	0.189
		10°	0.759	0.626	0.524	0.440	0.369	0.307	0.253	0.206
		20°		1.064	0.674	0.534	0.432	0.351	0.284	0.227
		30°				0.969	0.564	0.427	0.332	0.258
	20°	0°	0.659	0.615	0.543	0.478	0.419	0.365	0.316	0.271
		10°	0.890	0.752	0.646	0.558	0.482	0.414	0.354	0.300
		20°		1.308	0.844	0.687	0.573	0.481	0.403	0.337
		30°				1.268	0.758	0.594	0.478	0.388
	−10°	0°	0.477	0.385	0.309	0.245	0.191	0.146	0.106	0.078
		10°	0.590	0.455	0.354	0.275	0.211	0.159	0.116	0.082
		20°		0.773	0.450	0.328	0.242	0.177	0.127	0.088
		30°				0.605	0.313	0.212	0.146	0.098
	−20°	0°	0.427	0.330	0.252	0.188	0.137	0.096	0.064	0.039
		10°	0.529	0.388	0.286	0.209	0.149	0.103	0.068	0.041
		20°		0.675	0.364	0.248	0.170	0.114	0.073	0.044
		30°				0.475	0.220	0.135	0.082	0.047

续表

δ	α	β \ φ	15°	20°	25°	30°	35°	40°	45°	50°
15°	0°	0°	0.518	0.434	0.363	0.301	0.248	0.201	0.160	0.125
		10°	0.656	0.522	0.423	0.343	0.277	0.222	0.174	0.135
		20°		0.914	0.546	0.415	0.323	0.251	0.194	0.147
		30°				0.777	0.422	0.305	0.225	0.165
	10°	0°	0.592	0.511	0.441	0.378	0.323	0.273	0.228	0.189
		10°	0.760	0.623	0.520	0.437	0.366	0.305	0.252	0.206
		20°		1.103	0.679	0.535	0.432	0.351	0.284	0.228
		30°				1.005	0.571	0.430	0.334	0.260
	20°	0°	0.690	0.611	0.540	0.476	0.419	0.366	0.317	0.273
		10°	0.904	0.757	0.649	0.560	0.484	0.416	0.357	0.303
		20°		1.383	0.862	0.697	0.579	0.486	0.408	0.341
		30°				1.341	0.778	0.606	0.487	0.395
	−10°	0°	0.458	0.371	0.298	0.237	0.186	0.142	0.106	0.076
		10°	0.576	0.422	0.344	0.267	0.205	0.155	0.114	0.081
		20°		0.776	0.441	0.320	0.237	0.174	0.125	0.087
		30°				0.607	0.308	0.209	0.143	0.097
	−20°	0°	0.405	0.314	0.240	0.180	0.132	0.093	0.062	0.038
		10°	0.509	0.372	0.275	0.201	0.144	0.100	0.066	0.040
		20°		0.667	0.352	0.239	0.164	0.110	0.071	0.042
		30°				0.470	0.214	0.131	0.080	0.046
20°	0°	0°			0.357	0.297	0.245	0.199	0.160	0.125
		10°			0.419	0.340	0.275	0.220	0.174	0.135
		20°			0.547	0.414	0.322	0.251	0.193	0.147
		30°				0.798	0.425	0.306	0.225	0.166
	10°	0°			0.438	0.377	0.322	0.273	0.229	0.190
		10°			0.521	0.438	0.367	0.306	0.254	0.208
		20°			0.690	0.540	0.436	0.354	0.286	0.230
		30°				1.051	0.582	0.437	0.338	0.264
	20°	0°			0.543	0.479	0.422	0.370	0.321	0.277
		10°			0.659	0.568	0.490	0.423	0.363	0.309
		20°			0.891	0.715	0.592	0.496	0.417	0.349
		30°				1.434	0.807	0.624	0.501	0.406
	−10°	0°			0.291	0.232	0.182	0.140	0.105	0.076
		10°			0.337	0.262	0.202	0.153	0.113	0.080
		20°			0.437	0.316	0.233	0.171	0.124	0.086
		30°				0.614	0.306	0.207	0.142	0.096
	−20°	0°			0.231	0.174	0.128	0.090	0.061	0.038
		10°			0.266	0.195	0.140	0.097	0.064	0.039
		20°			0.344	0.233	0.160	0.108	0.069	0.042
		30°				0.468	0.210	0.129	0.079	0.045

表 6-2　土对挡土墙墙背的摩擦角

挡 土 墙 情 况	摩 擦 角 δ
墙背平滑、排水不良	$(0\sim0.33)\varphi_k$
墙背粗糙、排水良好	$(0.33\sim0.5)\varphi_k$
墙背很粗糙、排水良好	$(0.5\sim0.67)\varphi_k$
墙背与填土之间不可能滑动	$(0.67\sim1.0)\varphi_k$

注：φ_k为墙背填土的内摩擦角的标准值。

为求离墙顶任意深度 z 处的主动土压力强度σ_a，可将 E_a对 z 求导而得，即

$$\sigma_a=\frac{dE_a}{dz}=\frac{d}{dz}\left(\frac{1}{2}K_a\gamma z^2\right)=\gamma zK_a \tag{6.15}$$

由式（6.15）可知，主动土压力强度σ_a沿墙高仍呈三角形分布，如图 6-9 所示。主动土压力的合力作用点在离墙底 $h/3$ 处，方向与墙背法线顺时针成 δ 角，与水平面成（$\alpha+\delta$）角。如图 6-9(b）中所示的土压力强度分布图只是表示沿墙垂直高度的大小，而不代表作用方向。

当墙背垂直、光滑、填土面水平时，将 $\alpha=0$、$\delta=0$、$\beta=0$ 代入式（6.13)，可得

$$K_a=\tan^2\left(45°-\frac{\varphi}{2}\right)$$

可见，在此条件下，库仑主动土压力公式和朗肯主动土压力公式相同，也即若墙后填土为无黏性土时，朗肯理论是库仑理论的特例。

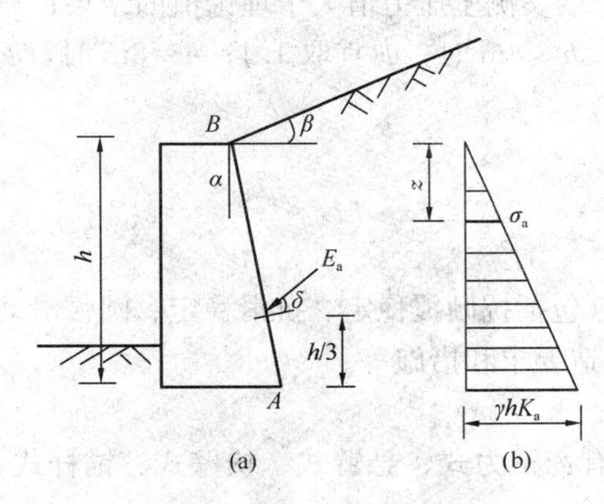

图 6-9　库仑主动土压力分布
（a）E_a作用点和方向；（b）土压力强度分布图

2. 库仑被动土压力

当挡土墙在外力作用下推向土体，使得墙后土体处于被动极限平衡状态时，土楔体 ABC 将沿滑裂面AC 向上滑动，此时土楔体 ABC 在自重G、反力 R 和 E 的作用下处于静力平衡状态，R 和 E 的方向位于法线的上方。按求主动土压力同样的方法，可得库仑被动土压力计算公式为：

$$E_p=\frac{1}{2}K_p\gamma h^2 \tag{6.16}$$

其中

$$K_p=\frac{\cos^2(\varphi+\alpha)}{\cos^2\alpha\cos(\alpha-\delta)\left[1+\sqrt{\frac{\sin(\delta+\varphi)\sin(\varphi+\beta)}{\cos(\alpha-\delta)\cos(\alpha-\beta)}}\right]^2} \tag{6.17}$$

被动土压力强度的计算公式为：

$$\sigma_p=\frac{dE_p}{dz}=\gamma zK_p \tag{6.18}$$

E_p的作用点在离墙底 $h/3$ 处，作用线位于过该点法线的下方，与法线成 δ 角。

3. 朗肯理论与库仑理论的比较

朗肯土压力理论与库仑土压力理论是在不同假定条件下，根据不同分析方法来计算土压

力的，只有当挡土墙墙背垂直光滑、墙后填土面水平，且墙后填土为无黏性土时，这两种理论计算出的结果才完全相同，其他情况下，两者则不一样。

朗肯土压力理论是根据半空间无限体中的应力状态和土的极限平衡条件来计算土压力的，概念明确，公式简单，在工程中应用广泛。由于计算时忽略了墙背与填土间的摩擦力，使计算出的主动土压力值偏大，被动土压力值偏小。但朗肯理论必须在墙背垂直、光滑、墙后填土面水平的条件下才能应用。

库仑土压力理论是根据墙后土体处于极限平衡状态并形成一滑裂面时，由滑裂面上土楔体的静力平衡条件来计算土压力的，可用于墙背倾斜、粗糙、填土面不水平等情况，但仅适用于无黏性填土。对黏性填土须采用规范推荐的计算公式。另外，在库仑理论推导中，假定滑裂面是平面，而实际中滑裂面为一曲面，只有当墙背倾角 α 及墙背与填土间摩擦角 δ 很小时，滑裂面才接近于平面。由此，使计算的主动土压力值偏小而被动土压力值很大，被动土压力值的偏差不被工程所允许，因此库仑理论在工程中只用于求主动土压力。

4.《规范》法计算土压力

《建筑地基基础设计规范》(GB 50007—2011）根据库仑理论，并考虑黏性土的黏聚力 c 和填土表面外荷载对土压力的影响，推荐了主动土压力 E_a 的计算公式为：

$$E_a = \psi_a \frac{1}{2} K_a \gamma h^2 \tag{6.19}$$

式中 ψ_a——主动土压力增大系数，系考虑高大挡土墙实测土压力值大于理论值的结果；当挡土墙高 $h<5$m 时，ψ_a 宜取 1.0；$5\text{m}\leqslant h\leqslant 8$m 时；$\psi_a$ 宜取 1.1；$h>8$m 时，ψ_a 宜取 1.2；

K_a——主动土压力系数。

6.1.6 挡土墙设计

挡土墙设计包括挡土墙类型选择、稳定性验算（包括抗倾覆稳定、抗滑稳定、圆弧滑动稳定）、地基承载力验算、墙身材料强度验算以及构造要求和措施等。

1. 挡土墙的类型

挡土墙是防止土体坍塌的构造物，常见的类型有：重力式、悬臂式、扶壁式、锚杆式、锚定板式、板桩式和加筋土挡土墙等。

2. 重力式挡土墙的设计计算

设计挡土墙时，一般先根据工程地质条件、墙后填土性质、填土面荷载情况以及建筑材料和施工条件等，凭经验初步拟定挡土墙的截面尺寸，然后进行验算。如不满足要求，则应改变截面尺寸或采取其他措施。

(1) 挡土墙受力分析

作用于挡土墙上的力主要有墙身自重、土压力和基底反力。

① 墙身自重 G。计算墙身自重时，取 1m 墙长进行计算。

② 土压力 E。土压力是挡土墙上的主要荷载，根据墙与填土的相对位移确定土压力类型。

③ 基底反力 R。基底反力是基底压力的反作用力，可分解为垂直分力及水平分力。

(2) 挡土墙抗倾覆稳定性验算

倾覆破坏是指挡土墙在土压力作用下绕墙趾 O 点（图 6-10）向外转动而失稳，是挡土墙最易发生的破坏。为方便计算，将主动土压力 E_a 分解为水平分力 E_{ax} 和垂直分力 E_{az}，则使墙体发生倾覆的力矩为 $E_{ax}z_f$，而抵抗倾覆的力矩是 $Gx_0+E_{az}x_f$。抗倾覆力矩与倾覆力矩的比值称为抗倾覆安全系数 K_t，为了保证挡土墙的稳定，要求 K_t 不得小于 1.6，即

$$K_t=\frac{Gx_0+E_{az}x_f}{E_{ax}z_f}\geqslant 1.6 \tag{6.20}$$

式中　G——挡土墙每延米自重，kN/m；

E_{ax}——E_a 的水平分力，$E_{ax}=E_a\cos(\alpha+\delta)$，kN/m；

E_{az}——E_a 的垂直分力，$E_{az}=E_a\sin(\alpha+\delta)$，kN/m；

x_0——挡土墙重心离墙趾 O 点的水平距离，m；

x_f——土压力作用点离墙趾 O 点的水平距离，$x_f=b-z\tan\alpha$，m；

z_f——土压力作用点离墙趾 O 点的垂直距离，$z_f=z-b\tan\alpha_0$，m；

b——基底的水平投影宽度，m；

α_0——挡土墙基底逆坡倾角，°；

z——土压力作用点离墙踵的垂直距离，m。

（3）挡土墙抗滑移稳定性验算

滑移是指挡土墙在土压力作用下沿基底滑动而失稳。如图 6-11 所示，将 E_a 和 G 均分解为平行和垂直于基底切向分力和法向分力。切向分力的合力即为滑动力，法向分力的合力在基底产生的摩擦力为抗滑力。抗滑力与滑动力的比值称为抗滑安全系数 K_s，为了保证挡土墙稳定，K_s 应不小于 1.3，即

$$K_s=\frac{(G_n+E_{an})\mu}{E_{at}-G_t}\geqslant 1.3 \tag{6.21}$$

式中　G_n——G 在垂直于基底方向的法向分力，$G_n=G\cos\alpha_0$，kN/m；

G_t——G 在平行于基底方向的切向分力，$G_t=G\sin\alpha_0$，kN/m；

E_{an}——E_a 在垂直于基底方向的法向分力，$E_{an}=E_a\sin(\alpha+\alpha_0+\delta)$，kN/m；

E_{at}——E_a 在平行于基底方向的切向分力，$E_{at}=E_a\cos(\alpha+\alpha_0+\delta)$，kN/m；

μ——土对挡土墙基底的摩擦系数，可按表 6-3 采用。

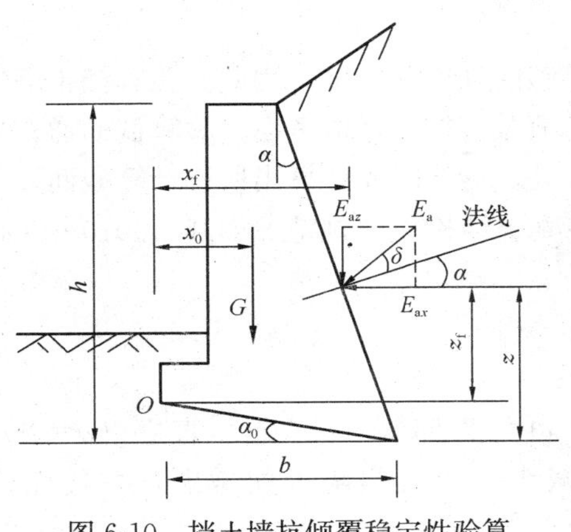

图 6-10　挡土墙抗倾覆稳定性验算

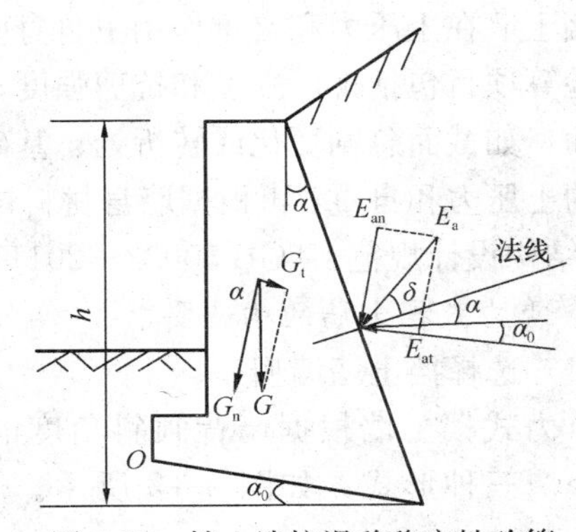

图 6-11　挡土墙抗滑移稳定性验算

表 6-3 土对挡土墙基底的摩擦系数

土的类别		摩擦系数 μ
黏性土	可 塑	0.25～0.30
	硬 塑	0.30～0.35
	坚 硬	0.35～0.45
粉 土		0.30～0.40
中砂、粗砂、砾砂		0.40～0.50
碎 石 土		0.40～0.60
软 质 岩		0.40～0.60
表面粗糙的硬质岩		0.65～0.75

(4) 地基强度的验算

为保证地基土不因剪切破坏而失稳，要求挡土墙的基底压力小于地基的承载力。挡土墙基底一般受偏心荷载作用，因此可按条形基础单向偏心受压情况计算基底压力。

地基强度验算的公式为：

$$P_{\mathrm{k}}=\frac{F_{\mathrm{n}}}{b'}\leqslant f_{\mathrm{a}} \tag{6.22}$$

$$e\leqslant\frac{b'}{6} \tag{6.23}$$

$$P_{\mathrm{kmax}}=\frac{F_{\mathrm{n}}}{b}(1+\frac{6e}{b})\leqslant 1.2f_{\mathrm{a}} \tag{6.24}$$

当偏心距 $e>\frac{b'}{6}$ 时，可按 $P_{\mathrm{kmax}}=\frac{2F_{\mathrm{n}}}{3c}\leqslant 1.2f_{\mathrm{a}}$ 进行验算，但必须满足 $e\leqslant\frac{b'}{4}$ 的条件。

式中 P_{k}——相应于作用的标准组合时，基础底面处的平均压应力值，kPa；

P_{kmax}——相应于作用的标准组合时，基础底面边缘的最大压应力值，kPa；

f_{a}——修正后的地基承载力特征值，kPa。

(5) 墙身强度的验算

挡土墙在土压力和自重作用下自身应具备足够的强度和刚度，因此应验算挡土墙墙身强度。验算项目包括抗压强度和抗剪强度，计算时荷载应按设计值考虑。验算截面通常取最危险截面，如截面急剧变化或转折处、基础底面等处。验算时先计算出所选计算截面以上墙体所受的土压力和自重，再根据墙身材料，按《混凝土结构设计规范》(GB 50010—2010) 和《砌体结构设计规范》(GB 50003—2011) 进行。

3. 重力式挡土墙的构造要求

(1) 选择挡土墙墙型

重力式挡土墙根据墙背倾斜角度的不同，可分为仰斜 ($\alpha<0$)、直立 ($\alpha=0$) 和俯斜 ($\alpha>0$) 三种形式，如图 6-12 所示。若仅从减小土压力因素方面考虑，宜优先采用仰斜式。

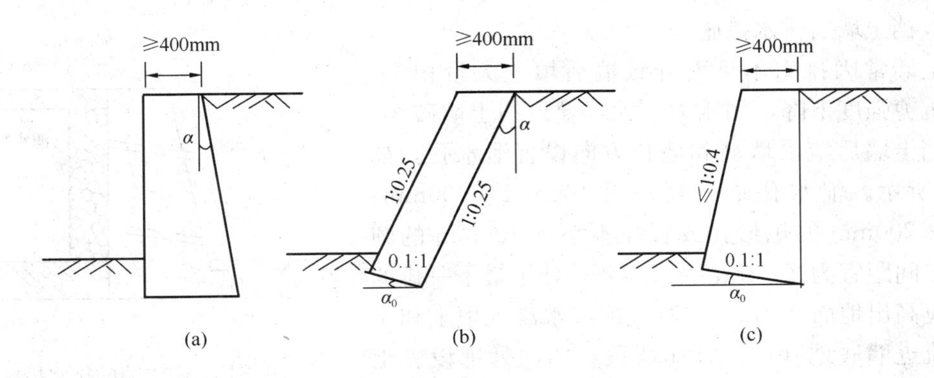

图 6-12　重力式挡土墙形式

（a）俯斜式；（b）仰斜式；（c）直立式

如果挡土墙用于护坡工程，也宜采用仰斜式。因仰斜墙背可与边坡紧密贴合，而俯斜式墙背后必须回填土。反之，如果是填方工程，则宜用俯斜式或直立式，以便于填土的夯实。

（2）截面尺寸要求

重力式挡土墙的截面尺寸随墙型、墙高和墙身材料而变。当采用混凝土砌块和毛石砌筑时，墙顶宽度不宜小于 0.4m；整体现浇的混凝土挡土墙，墙顶宽不应小于 0.2m。设计时，墙顶宽可取为$(1/10 \sim 1/12)h$，墙底宽约$(1/2 \sim 1/3)h$，最后尺寸通过计算确定。

挡土墙墙背和墙面坡度一般选用 1∶0.2～1∶0.3；仰斜墙背坡度越缓，主动土压力越小。但为了避免施工困难，墙背坡度不宜缓于 1∶0.25，且墙面与墙背尽量平行。

对于垂直墙背，当墙前的地形较陡时，墙面坡度可取为 1∶0.05～1∶0.2，对于中、高挡土墙，在墙前地形平坦时，墙面坡度可较缓，但不宜缓于 1∶0.4。

为增加挡土墙抗滑能力，可将基底做成逆坡形式，如图 6-13 所示。对于土质地基，基底逆坡坡度不宜大于 1∶10；对于岩石地基，基底逆坡坡度不宜大于 1∶5。

为了扩大基础底面尺寸，减少作用在地基上的基底压力，可沿墙底加设墙趾台阶，如图 6-14 所示。墙趾台阶的高宽比为 $h : a = 2 : 1$，其中 a 不得小于 20cm。

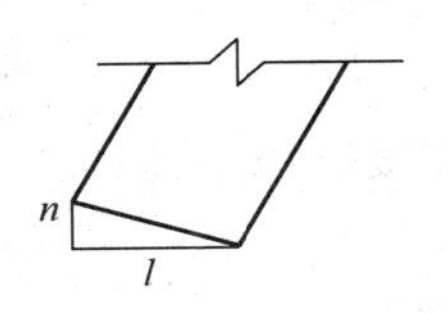

图 6-13　基底逆坡坡度

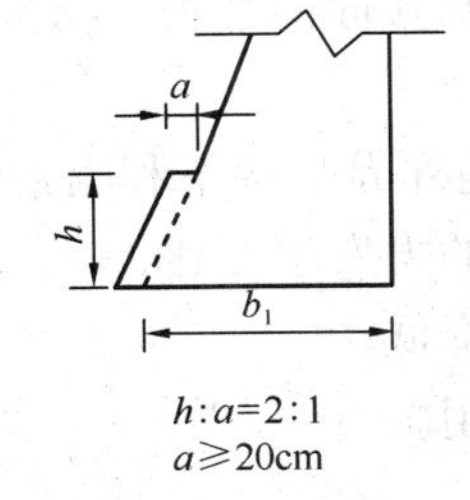

图 6-14　墙趾台阶尺寸

（3）挡土墙基础埋深的要求

重力式挡土墙底部一般位于地面以下，墙前地面到基础底面的距离称为挡土墙基础埋深，应根据地基承载力、水流冲刷（挡土墙用于护岸时）、岩石裂隙发育及风化程度等因素确定。在特强冻胀、强冻胀地区应考虑冻胀的影响。在土质地基中，基础埋深不宜小于 0.5m；在软质岩地基中，埋深不宜小于 0.3m。

(4) 挡土墙后排水措施

挡土墙常因排水不良而导致墙后填土大量积水，使土的抗剪强度下降，侧压力增大，导致挡土墙破坏。因此，挡土墙后应沿墙高和墙长方向设置泄水孔，如图 6-15 所示。泄水孔眼一般采用 100mm×100mm、150mm×200mm 的矩形孔或直径不小于 100mm 的圆孔，孔眼间距宜为 2～3m，外斜 5%，处于最下一排的泄水孔应高出地面 0.3m。为避免地表水渗入填土和土中积水流进墙底地基中，宜在墙顶和墙底处铺设黏土防水层。为方便填土中积水排出，墙后要设置滤水层和必要的排水盲沟，当墙后有山坡时，还应在坡下设置截水沟。

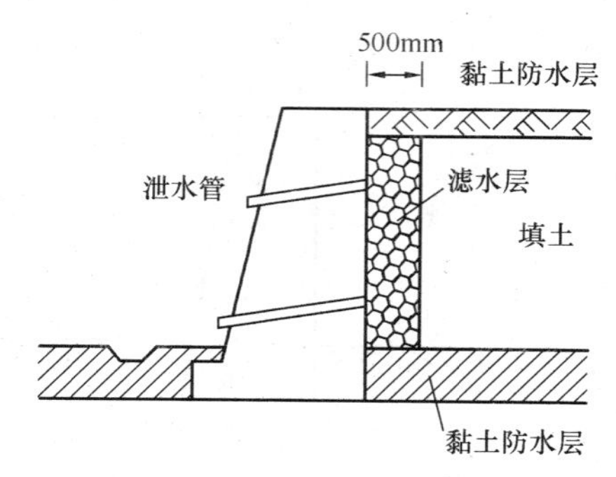

图 6-15　挡土墙的排水措施

此外，重力式挡土墙应每隔 10～20m 设置一道伸缩缝，当地基有变化时宜加设。在结构拐角处，应适当采取加强措施。

(5) 填土质量

挡土墙墙后填土宜选用透水性较强的填料，如砂土、砾石、碎石等；当采用黏性土作为填料时，宜掺入适量的块石，以增大透水性和抗剪强度；在季节性冻土地区，墙后填土应选择非冻胀性填料，如炉渣、碎石、粗砂等；墙后填土还应分层夯实，以确保质量。

6.1.7　边坡稳定性分析

1. 滑坡的形式和原因

土坡滑动一般是指土坡在一定范围内整体地沿某一滑动面向下和向外滑动而丧失其稳定性。滑坡会造成严重的工程事故，并危及人身安全。因此应验算土坡的稳定性，必要时可考虑采用挡土墙。

(1) 滑坡的破坏形式

根据滑动面形状不同，滑坡破坏通常有以下两种形式：

① 滑动面为平面的滑坡，常发生在均质的无黏性土坡中。

② 滑动面为近似圆弧面的滑坡，常发生在黏性土坡中。

(2) 滑坡原因

导致滑坡的原因是外界某些不利因素的影响，主要有以下几种：

① 作用于土坡上的力发生变化。

② 土体抗剪强度降低。

③ 静水压力的作用。

(3) 滑坡防治

应根据工程地质、水文地质条件以及施工影响等因素，分析滑坡可能发生或发展的主要原因，采取必要的防治滑坡的处理措施，如排水、支挡、卸载、反压等。

2. 边坡开挖的要求

在山坡整体稳定的条件下，土质边坡的开挖应符合下列规定：

(1) 边坡坡度的允许值，应根据当地经验，参照同类土层的稳定坡度确定。当土质良好且均匀、无不良地质现象、地下水不丰富时，可按表 6-4 确定。

表 6-4　土质边坡坡度的允许值

土的类别	密实度或状态	坡度允许值（高宽比）	
		坡高在 5m 以内	坡高在 5～10m
碎石土	密　实	1∶0.35～1∶0.50	1∶0.50～1∶0.75
	中　密	1∶0.50～1∶0.75	1∶0.75～1∶1.00
	稍　密	1∶0.75～1∶1.00	1∶ 1.00～1∶ 1.25
黏性土	坚　硬	1∶0.75～1∶1.00	1∶1.00～1∶1.25
	硬　塑	1∶1.00～1∶1.25	1∶1.25～1∶1.50

(2) 土质边坡开挖时，必须加强排水措施，边坡的顶部必须设置截水沟。在任何情况下不应在坡脚及坡面积水。

(3) 边坡开挖时，只能由上往下开挖，依次进行。弃土应分散处理，不允许将弃土堆置在坡顶及坡面上。

(4) 边坡开挖后，应立即对边坡进行防护处理。

3. 土坡的稳定性分析

(1) 无黏性土坡的稳定性分析

由于无黏性土颗粒间没有内聚力，只有摩擦力，因此，这类土坡的稳定问题实质是单个颗粒的稳定问题，只要坡面不滑动，土坡就能保持稳定状态。其稳定平衡条件可由图 6-16 所示的力系来说明。

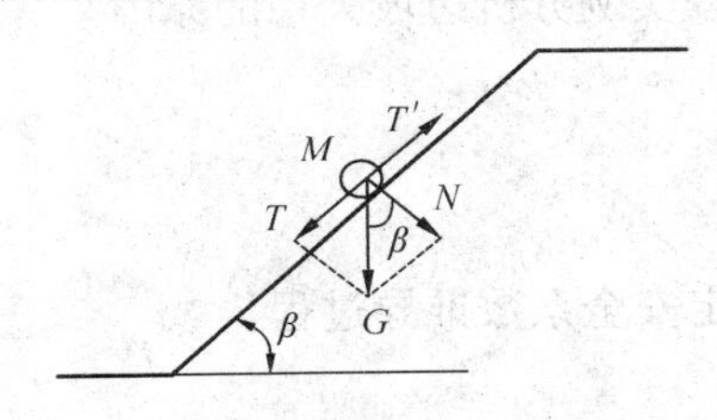

图 6-16　无黏性土坡的稳定性分析

设坡面上某土颗粒 M 的自重为 G，土的内摩擦角为 φ，土坡坡角为 β。重力 G 沿坡面的切向分力 $T = G\sin\beta$，法向分力 $N = G\cos\beta$。分力 T 使土颗粒 M 向下滑动，是滑动力。而阻止土颗粒下滑的则是法向分力 N 在颗粒间产生的摩擦力：

$$T' = N\tan\varphi = G\cos\beta\tan\varphi$$

抗滑力和滑动力的比值称为稳定安全系数，用 K 表示，即

$$K = \frac{T'}{T} = \frac{G\cos\beta\tan\varphi}{G\sin\beta} = \frac{\tan\varphi}{\tan\beta} \tag{6.25}$$

为了保证土坡有足够的安全储备，可取 K=1.1～1.5。

(2) 黏性土坡的稳定性分析

黏性土坡发生滑坡时，其滑动面形状多为一曲面。在理论分析中，一般将此曲面简化为圆弧面，并按平面问题处理，即取 1m 坡长为计算单元。

黏性土坡稳定性分析常采用瑞典工程师费兰纽斯提出的条分法，该法是一种试算法，即将圆弧滑动体分成若干土条，计算各土条上的力系对弧心的滑动力矩和抗滑力矩，抗滑力矩与滑动力矩的比值为安全系数 K 。选择多个滑动面进行分析，其中最小安全系数 K_{min} 所对应的滑弧就是最危险的滑弧。当 $K_{min}>1$ 时，土坡就是稳定的，工程上一般取 K_{min} = 1.1～1.5。

6.2 考核要点

1. 挡土墙上土压力的概念

考核要点：静止土压力、主动土压力、被动土压力的概念；影响挡土墙压力的因素；静止土压力、主动土压力、被动土压力三者的关系。

2. 朗肯土压力理论

考核要点：朗肯土压力理论的假设、适用条件及计算公式的建立；利用朗肯土压力理论计算挡土墙土压力。

3. 库仑土压力理论

考核要点：库仑土压力理论的假设、适用条件及计算公式的建立；利用库仑土压力理论计算挡土墙土压力。

4. 朗肯土压力理论和库仑土压力理论的比较与土压力计算

考核要点：两种土压力理论在分析方法和计算误差方面的不同点；针对不同情况，如填土面上有连续均布荷载、成层填土、墙后填土中有水等，挡土墙土压力的计算方法。

5. 挡土墙

考核要点：重力式挡土墙墙背的倾斜形式选择；排水措施；墙后填土的要求；提高挡土墙的抗倾覆和抗滑移的措施；重力式挡土墙抗倾覆和抗滑移的验算。

6. 滑坡的概念与影响边坡稳定的因素

考核要点：滑坡的含义；影响土坡稳定的因素；结合工程实例分析边坡失稳的原因。

7. 无黏性土坡稳定性分析

考核要点：稳定安全系数的含义；影响其大小的因素。

8. 瑞典条分法

考核要点：瑞典条分法的基本原理；瑞典条分法土坡稳定安全系数推导过程。

6.3 典型题解

【例 6-3-1】 影响土压力的因素有哪些？其中最主要的影响因素是什么？

【答】 影响土压力的因素很多，如挡土墙的高度、墙背的形状、倾斜度、粗糙度以及填料的物理力学性质，填土面的坡度及荷载情况，挡土墙的位移大小和方向，支撑的位置，填土的施工方法等。

其中，挡土墙的位移大小和方向决定土压力的性质，是土压力的主要影响因素。

【例 6-3-2】 试述主动土压力、被动土压力、静止土压力产生的条件，并比较它们的大小。

【答】 主动土压力产生的条件：挡土墙在墙后填土压力作用下背离填土方向发生位移，当移动一定位移量时，作用在挡土墙上的土压力达最小值，滑动土体处于主动极限平衡状态，此时作用在墙背上的土压力就称为主动土压力。

被动土压力产生的条件：挡土墙在外荷载作用下向填土方向发生位移，当移动一定位移量时，作用在挡土墙上的土压力达最大值，滑动土体处于被动极限平衡状态，此时作用在墙背上的土压力称为被动土压力。

静止土压力产生的条件：挡土墙在墙后填土压力作用下不产生任何方向移动或转动而保持原有位置不变，墙后土体处于弹性平衡状态。

主动土压力 E_a、被动土压力 E_p、静止土压力 E_0 三者之间的关系是：$E_a < E_0 < E_p$，而且产生被动土压力所需的位移量比产生主动土压力所需的位移量要大得多。

【例 6-3-3】 墙后积水对挡土墙有何危害？

【答】 根据调查，没有采取排水措施，或者排水措施失效，是挡土墙倒塌的重要原因之一。因为挡土墙无排水措施，或排水措施失效，必然会导致雨天地表水流入填土中而排不出去，从而使填土的抗剪强度降低，并产生水压力的作用，使作用在挡土墙上的侧压力增大，使挡土墙失稳。

【例 6-3-4】 挡土墙为何经常在下暴雨期间破坏？

【答】 暴雨期间，墙后地表积水会短时间大量渗透到土体内，如果土体不能及时排水，会造成墙背土压力增大，使得挡土墙受到破坏。

【例 6-3-5】 是非题　（　）朗肯土压力理论的基本假定是：墙背直立、粗糙且墙后填土面水平。

【答】 ×

【释】 墙背应是光滑。

【例 6-3-6】 是非题　（　）挡土墙后填土的内摩擦角大小，对被动土压力没有什么影响。

【答】 ×

【释】 内摩擦角的大小对被动土压力有影响。

【例 6-3-7】 选择题　挡土墙后面的填土为中砂，其内摩擦角为 28°，墙背铅垂，土面水平，则按朗肯土压力理论，主动土压力时，土中破坏面与墙背面的夹角为（　）。

【答】 B

A. 0°　　B. 31°　　C. 45°　　D. 59°

【释】 墙体竖直面为小主应力面，其与破坏面夹角为 $\left(45°-\frac{\varphi}{2}\right)$。

【例 6-3-8】 选择题　挡土墙后的填土为：上层砂土，其 $\gamma_1=18\text{kN/m}^3$，$\varphi_1=30°$；下层为黏性土，其 $\gamma_2=19\text{kN/m}^3$，$\varphi_2=20°$，$c=10\text{kPa}$。则砂土的高度至少达到（　）m 时，才能保证下层黏土中不产生拉应力而出现张拉裂缝。

A. 1.20　　B. 1.33　　C. 1.59　　D. 1.92

【答】 C

【释】 $h=\dfrac{2c}{\gamma\sqrt{K_a}}=\dfrac{2\times10}{18\tan[45°-(20°/2)]}=1.59\text{m}$

【例 6-3-9】 试计算图 6-17 所示地下室外墙上的土压力大小及其作用点位置，并绘出土压力分布图。

【解】 ①静止土压力系数

$$K_0=1-\sin\varphi'=1-\sin 25°=0.577$$

② 静止土压力分布强度

由静止土压力强度公式　　$\sigma_0=K_0\gamma z$

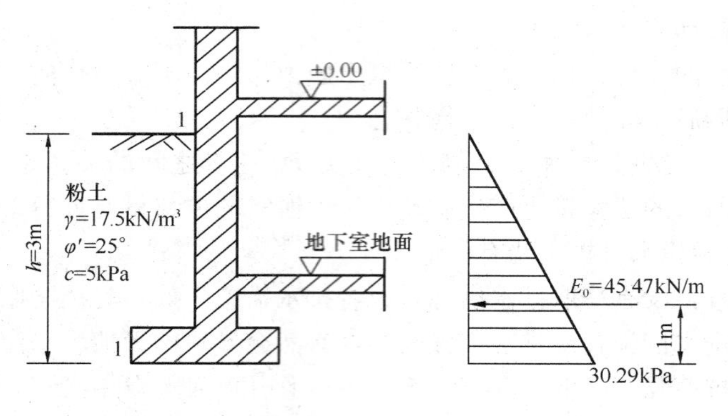

图 6-17 【例 6-3-9】图

得：地下室外墙填土表面处

$$\sigma_{01} = K_0 \gamma z = 0$$

地下室外墙的墙底处

$$\sigma_{02} = K_0 \gamma h = 0.577 \times 17.5 \times 3 = 30.29\text{kPa}$$

静止土压力分布如图 6-17 所示。静止土压力合力 E_0 的大小可通过三角形面积求得：

$$E_0 = \frac{1}{2} \times 30.29 \times 3 = 45.47\text{kN/m}$$

静止土压力 E_0 的作用点离墙底的距离为：$h/3 = 3/3 = 1.0\text{m}$。

【例 6-3-10】 如图 6-18 所示，挡土墙高 6m，墙背倾斜，$\alpha = 10°$，填土面倾斜，$\beta = 10°$，填土与挡土墙墙背之间的摩擦角 $\delta = 20°$，墙后填土为中砂，$\varphi = 30°$，$\gamma = 18.5\text{kN/m}^3$，砌体的重度为 $\gamma_0 = 24.0\text{kN/m}^3$，基底摩擦系数 $\mu = 0.4$。试求该挡土墙的尺寸。

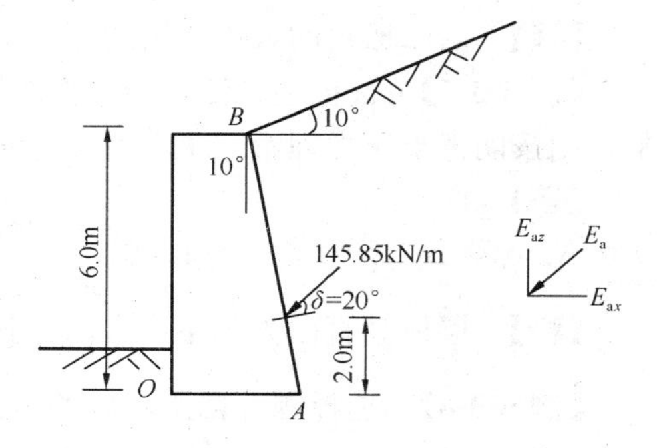

图 6-18 【例 6-3-10】图

【解】 ①利用库仑土压力理论计算作用于墙背上的土压力

由 $\alpha = 10°$，$\beta = 10°$，$\varphi = 30°$，$\delta = 20°$，查表得主动土压力系数为 $K_a = 0.438$，则

$$E_a = \frac{1}{2} K_a \gamma h^2 = \frac{1}{2} \times 0.438 \times 18.5 \times 6.0^2 = 145.85\text{kN/m}$$

土压力作用点在距墙底 $h/3 = 6.0/3 = 2.0\text{m}$ 处；方向：与墙背垂线的夹角为 $\delta = 20°$，如图 6-18 所示。

$$E_{az} = E_a \sin(\alpha + \delta) = 145.85 \sin 30° = 72.93\text{kN/m}$$

$$E_{ax} = E_a \cos(\alpha + \delta) = 145.85 \cos 30° = 126.31\text{kN/m}$$

② 确定挡土墙的断面尺寸

设挡土墙顶宽为 1m，底宽为 5m，则挡土墙自重为

$$G = \frac{1}{2} \times (1 + 5) \times 6 \times 24 = 432\text{kN/m}$$

③ 抗滑移验算

$$K_s = \frac{(G + E_{az})\mu}{E_{ax}} = \frac{(432 + 72.93) \times 0.4}{126.31} = 1.6 > 1.3$$ 符合要求。

为节省材料，将挡土墙底面宽度改为4m，此时挡土墙自重为

$$G = \frac{1}{2} \times (1 + 4) \times 6 \times 24 = 360\text{kN/m}$$

此时 $K_s = \frac{(G + E_{az})\mu}{E_{ax}} = \frac{(360 + 72.93) \times 0.4}{126.31} = 1.37 > 1.3$ 　　符合要求。

④ 抗倾覆验算

将墙身断面分解为一个三角形和一个矩形，分别计算它们的自重和重心至墙趾 O 点的水平距离：

$$G_1 = 1 \times 6 \times 24 = 144\text{kN/m} \qquad a_1 = 0.5\text{m}$$

$$G_2 = \frac{1}{2} \times 3 \times 6 \times 24 = 216\text{kN/m} \qquad a_2 = 1 + \frac{1}{3} \times 3 = 2\text{m}$$

$$K_t = \frac{Gx_0 + E_{az}x_f}{E_{ax}z_f} = \frac{G_1a_1 + G_2a_2 + E_{az}x_f}{E_{ax}z_f}$$

$$= \frac{144 \times 0.5 + 216 \times 2 + 72.93 \times (4 - 2\tan 10^\circ)}{126.31 \times 2}$$

$$= 3.04 > 1.6$$ 　　符合要求。

所以设计的挡土墙是稳定的。

6.4　习　　题

6.4.1　填空题

1-1　根据挡土墙位移情况和墙后土体应力状态，作用在墙背上的土压力有三种：____、____、____，在相同的墙高和填土条件下，三种土压力的关系为____。

1-2　根据挡土墙位移大小和方向分为三种土压力，其中土压力值最小的是____，位移量值最大的是____。

1-3　土压力计算理论主要有古典的____理论和____理论。

1-4　朗肯土压力理论是根据____和____建立的。

1-5　朗肯土压力理论的基本假定是____、____，____。

1-6　在确定挡土墙上的土压力时，朗肯土压力理论可考虑____平衡条件；库仑土压力理论则可考虑____平衡条件。

1-7　库仑土压力理论是根据____条件建立的，算出的被动土压力往往比实测值大，这主要是因为____。

1-8　库仑土压力理论的基本假定是____、____、____。

1-9　已知某挡土墙，墙背竖直光滑，墙后填土面水平，墙后填土为黏性土，且内摩擦角 $\varphi = 36^\circ$，则主动土压力系数为____。

1-10 已知某地下室外墙，墙高 3.0m，墙后填土为坚硬的粉质黏土，侧压力系数为 0.33，该粉质黏土的重度 $\gamma=16.8\text{kN/m}^3$，则在墙底处由填土所产生的侧压力大小为____，在 1m 墙长范围内由填土所产生的土压力大小为____ kN，该土压力作用在距墙底____ m 处。

1-11 黏性土的主动土压力强度包括两部分：一部分是____，另一部分是____。

1-12 某挡土墙高 5m，墙背竖直光滑，墙后填土面水平，填土分两层：第一层厚 2m，重度 $\gamma=16.5\text{kN/m}^3$，内摩擦角 $\varphi=30°$，黏聚力 $c=0$；第二层厚 3m，重度 $\gamma=18.6\text{kN/m}^3$，内摩擦角 $\varphi=25°$，黏聚力 $c=10\text{kPa}$。则在第一层与第二层交界面处上表面的主动土压力强度为____ kPa，该处下表面的主动土压力强度为____ kPa，作用在整个挡土墙上的主动土压力 E_a 为____ kN/m，主动土压力 E_a 的作用点距墙体的距离为____ m。

1-13 某挡土墙高 5m，墙背竖直光滑，墙后填土面水平，其上作用有均布荷载 $q=10\text{kPa}$，填土的物理力学性质指标为 $\varphi=24°$，$c=6\text{kPa}$，$\gamma=18\text{kN/m}^3$，则填土表面的主动土压力的强度为____ kPa，墙底处的土压力强度为____ kPa，临界深度 z_0 为____ m，作用在挡土墙上的总土压力为____ kN/m，土压力的作用点离墙底的距离为____ m。

1-14 有一挡土墙，高 6m，墙背竖直光滑，墙后填土面水平，填土为黏性土，其重度 $\gamma=17\text{kN/m}^3$，内摩擦角 $\varphi=20°$，黏聚力 $c=9\text{kPa}$，则作用于该挡土墙上的主动土压力的大小为____kN/m，主动土压力的作用点离墙底的距离为____ m。

1-15 某挡土墙高 5m，墙背光滑竖直，墙后填土面水平，地下水位在填土面下 3m 处，若墙后填土为砂土，地下水位以上水的重度为 $\gamma=18\text{kN/m}^3$，地下水位以下水的重度为 $\gamma_{sat}=20\text{kN/m}^3$，内摩擦角 $\varphi=30°$，则地下水位面处的土压力强度为____ kPa，墙底的土压力强度为____ kPa，作用在挡土墙上的总土压力为____ kN/m，墙底处的水压力强度为____kPa，作用在挡土墙上的总静水压力为____ kN/m，总侧压力为____ kN/m。

1-16 对于无黏性土坡，当坡角 β____（>、<、=、≥、≤、≠）内摩擦角 φ 时，土坡处于安全状态；土坡在自然稳定状态下的极限坡角，称为____。

1-17 无黏性土坡的稳定性大小，除与____有关外，还与____有关。

1-18 设计挡土墙时首先要确定土压力的____、____、____和____。

1-19 挡土墙按结构形式分有很多种，常见的四种形式是____、____、____、____。

1-20 重力式挡土墙依靠____维持稳定，根据墙背的倾角不同，重力式挡土墙可分为____、____和____三种。作用在墙背的主动土压力，以____最小，____居中，____最大。其中____的墙后填土较困难，常用于开挖边坡时设置的挡土墙。

1-21 挡土墙的设计包括____、____、____、____及____。

1-22 为了施工的方便，仰斜式墙背的坡度不宜缓于____，墙面与墙背平行，直立式的墙面坡度不宜缓于____，以减少墙身材料，墙体在地面以下部分可做成____，以增加墙体抗倾覆的稳定性。为了增大墙体的抗滑能力，基底可做成____。

1-23 引起土坡丧失稳定的内部因素之一，是土体内____增加，土的____降低。

1-24 为利于排水和防止填土中细粒土流失，挡土墙墙身应设置____，墙后常做____。

1-25 挡土墙后填土中有地下水时，作用在墙背上的总应力比无水时____，一般可以采取____措施。

1-26 挡土墙应每隔____设置伸缩缝一道，缝宽可取____左右。

1-27 为了防止挡土墙滑动失稳，可采取的措施有____、____等。

1-28　挡土墙的抗滑动稳定安全系数 K_s，是____与____之比。

1-29　挡土墙的稳定验算包括____和____，前者要满足____要求，后者要满足____要求。

1-30　某挡土墙高 4.5m，墙背倾角 $\alpha=10°$（俯斜），填土坡角 $\beta=15°$，填土为砂土，$\gamma=17.5\text{kN/m}^3$，$\varphi=30°$，填土与墙背的外摩擦角 $\delta=20°$，则作用在墙背上的主动土压力为____kN/m，土压力作用点距墙底的距离为____m。

6.4.2　单项选择题

2-1　挡土墙的墙后回填土料，宜选用(　)。

A. 黏土　　B. 淤泥　　C. 淤泥质黏土　　D. 砂土

2-2　地下室外墙面上的土压力应按(　)进行计算。

A. 主动土压力　　B. 被动土压力　　C. 静止土压力　　D. 都有可能

2-3　朗肯土压力理论中，当墙后填土达到主动朗肯状态时，填土破裂面与水平面成(　)

A. 45°　　B. $45°+\varphi/2$　　C. $45°-\varphi/2$　　D. $\varphi/2$

2-4　在挡土墙设计中，(　)墙体有位移。

A. 允许　　B. 不允许　　C. 允许有较大位移　　D. 视情况定

2-5　挡土墙后填土处于主动极限平衡状态时，则挡土墙（　）

A. 被土压力推动而偏离墙背土体　　B. 在外荷载作用下推挤墙背后土体

C. 在外荷载作用下偏离墙背后土体　　D. 被土体限制而处于原来位置

2-6　静止土压力的特点是（　）

A. 墙后填土属于极限平衡状态

B. 挡土墙无任何方向的移动或转动

C. 土压力分布图只表示大小，不表示方向

D. 土压力的方向与墙背法线的夹角为 δ

2-7　朗肯土压力理论的适用条件是（　）。

A. 墙后填土为无黏性土　　B. 墙后无地下水

C. 墙后填土为黏性土　　D. 墙背直立、光滑，填土面水平

2-8　若产生主动土压力为 E_a，被动土压力为 E_p，所需的挡土墙位移量分别为 Δa、Δp，则下述（　）正确。

A. $E_a>E_p$，$\Delta a<\Delta p$　　B. $E_a<E_p$，$\Delta a>\Delta p$

C. $E_a<E_p$，$\Delta a<\Delta p$　　D. $E_a>E_p$，$\Delta a>\Delta p$

2-9　在相同的条件下，土压力最大的是（　）

A. 主动土压力　　B. 被动土压力　　C. 静止土压力　　D. 不确定

2-10　设计仅起挡土作用的重力式挡土墙时，土压力应按（　）计算。

A. 主动土压力　　B. 被动土压力　　C. 静止土压力　　D. 静止水压力

2-11　用库仑土压力理论计算挡土墙的土压力时，(　）的主动土压力最小。

A. 土的内摩擦角 φ 较大，墙背外摩擦角 δ 较小

B. 土的内摩擦角 φ 较小，墙背外摩擦角 δ 较大

C. 土的内摩擦角 φ 和墙背外摩擦角 δ 较小

D. 土的内摩擦角 φ 和墙背外摩擦角 δ 较大

2-12 产生被动土压力所需的位移量 Δp 与产生主动土压力所需的位移量 Δa 之间的关系为（ ）

A. $\Delta p<\Delta a$　　B. $\Delta p>\Delta a$　　C. $\Delta p=\Delta a$　　D. 不确定

2-13 当挡土墙后填土中有地下水时，墙背所受的总压力将（ ）。

A. 增大　　B. 减小　　C. 不变　　D. 无法确定

2-14 挡土墙后均质填土中有地下水时，作用于墙背上的土压力将（ ）。

A. 不变　　B. 增大　　C. 减小（γ/γ_w）K_a　　D. 减小 $\gamma_w K_a$

2-15 提高挡土墙后的填土质量，使土的抗剪强度增大，将使作用于墙背的（ ）。

A. 主动土压力增加　　B. 主动土压力减小

C. 静止土压力增加　　C. 被动土压力减小

2-16 由于朗肯土压力理论忽略了墙背与填土之间摩擦的影响，因此计算结果与实际有出入，一般情况下计算出的（ ）。

A. 主动土压力偏小，被动土压力偏大 B. 主动土压力和被动土压力都偏小

C. 主动土压力和被动土压力都偏大　　D. 主动土压力偏大，被动土压力偏小

2-17 挡土墙的墙背与填土的摩擦角 δ，对按库仑主动土压力计算结果的影响（ ）。

A. δ 增大，土压力越小

B. δ 增大，土压力增大

C. 与土压力大小无关，仅影响土压力作用方向

D. 无影响

2-18 挡土墙墙后填土的内摩擦角 φ，对被动土压力大小的影响（ ）。

A. φ 越大，被动土压力越大　　B. φ 越大，被动土压力越小

C. φ 的大小对被动土压力无影响　　D. 随着 φ 增大，被动土压力先增大后减小

2-19 静止土压力的应力圆，与抗剪强度曲线之间的关系是（ ）。

A. 相割　　B. 相切　　C. 相离　　D. 无关

2-20 无黏性土坡的稳定与否，取决于（ ）。

A. 坡高　　B. 坡角　　C. A 和 B　　D. 坡面长度

2-21 一均质无黏性土坡，其内摩擦角 $\varphi=32°$，设计要求稳定安全系数 $K>1.25$，则坡角设计取（ ）较为合理。

A. 20°　　B. 25°　　C. 30°　　D. 35°

2-22 当土坡处于稳定状态时，其稳定性系数值应（ ）。

A. 大于 1　　B. 小于 1　　C. 等于 1　　D. 等于 0

2-23 在其他条件相同的情况下，墙后填土的内摩擦角 φ 越大，作用于墙背上的主动土压力（ ）。

A. 不变　　B. 变大　　C. 变小　　D. 无法确定

2-24 土坡中最危险的滑动面，就是指（ ）。

A. 滑动力最大的面　　B. 稳定性系数最小的面

C. 抗滑力最小的面　　D. 滑动路径最短的面

2-25　无黏性土坡的稳定性与（　）无关。

A. 坡角 β　　B. 坡高 H

C. 内摩擦角 φ　　D. 坡角 β 和内摩擦角 φ

2-26　与均质无黏性土坡稳定性相关的因素是（　）。

A. 土的黏聚力　　B. 圆弧滑动面位置

C. 土的重度　　D. 土的内摩擦角

2-27　下列因素中，与无黏性土的土坡稳定性相关的因素是（　）。

A. 滑动圆弧的圆心位置　　B. 滑动圆弧的半径

C. 土坡的坡角　　D. 土坡的坡高

2-28　重力式挡土墙按墙背的倾斜方向可分为仰斜、直立和俯斜三种形式。如用相同的计算方法和计算指标，其主动土压力以（　）为最大。

A. 不确定　　B. 仰斜　　C. 直立　　D. 俯斜

2-29　无黏性土坡在稳定状态下（不含临界稳定），坡角 β 与土的内摩擦角 φ 之间的关系是（　）。

A. $\beta<\varphi$　　B. $\beta=\varphi$　　C. $\beta>\varphi$　　D. $\beta\leqslant\varphi$

2-30　按朗肯土压力理论计算挡土墙背面的主动土压力时，墙背应力平面是（　）。

A. 大主应力平面　　B. 小主应力平面　　C. 滑动面　　D. 剪切面

2-31　按库仑理论计算土压力时，可把墙背平面当作（　）。

A. 大主应力平面　　B. 小主应力平面　　C. 滑动面　　D. 剪切面

2-32　无黏性土坡的稳定性（　）

A. 与坡高无关，与坡角无关　　B. 与坡高无关，与坡角有关

C. 与坡高有关，与坡角有关　　D. 与坡高有关，与坡角无关

2-33　挡土墙的抗倾覆安全系数 K_t 应满足（　）

A. $K_t\geqslant1.6$　　B. $K_t\geqslant1.3$　　C. $K_t\geqslant1.1$　　D. $K_t\geqslant1.0$

2-34　挡土墙后有地下水时，对墙的稳定性安全系数的影响是（　）

A. 减小　　B. 增大　　C. 无变化　　D. 不确定

2-35　挡土墙的稳定性验算应该满足（　）

A. $K_t\geqslant1.3$，$K_s\geqslant1.6$　　B. $K_t\geqslant1.6$，$K_s\geqslant1.3$

C. $K_t\geqslant1.6$，$K_s\geqslant1.1$　　D. $K_t\geqslant1.1$，$K_s\geqslant1.3$

2-36　挡土墙的抗倾覆安全系数是指（　）

A. 抗倾覆力/倾覆力　　B. 倾覆力矩/抗倾覆力矩

C. 抗倾覆力矩/倾覆力矩　　D. 倾覆力/抗倾覆力

2-37　挡土墙的抗滑移安全系数是指（　）

A. 滑移力/抗滑移力　　B. 抗滑移力/滑移力

C. 抗滑移力矩/滑移力矩　　D. 倾覆力/抗倾覆力

6.4.3　多项选择题

3-1　设计重力式挡土墙时，对荷载的取用和基底反力的偏心距控制，下列说法中正确的是（　）。

A. 验算抗滑移、抗倾覆稳定性时，土压力和自重压力均乘以荷载分项系数 1.2

B. 验算抗滑移、抗倾覆稳定性时，土压力和自重压力均乘以荷载分项系数 1.0

C. 基底的反力偏心距 e 应小于或等于 $b/6$（b 为基底宽度）

D. 基底的反力偏心距 e 允许大于 $b/6$

3-2 下列可以作为挡土墙后填土的是（ ）。

A. 黏土　　B. 掺入适量块石的黏性土

C. 碎石、砾石、粗砂　　D. 无黏性土

3-3 挡土墙的稳定性验算，要满足（ ）。

A. $K_t \geqslant 1.6$　　B. $K_s \geqslant 1.3$　　C. $K \geqslant 1.0$　　D. $K \geqslant 1.1$

3-4 主动土压力的特点是（ ）。

A. 墙后土体处于主动极限平衡状态

B. 墙后土体处于弹性平衡状态

C. 挡土墙在土压力的作用下背离墙背后方向移动或转动

D. 挡土墙在外力的作用下背离墙背后方向移动或转动

3-5 墙背与填土的外摩擦角 δ 与（ ）有关。

A. 墙背的粗糙程度　　B. 墙后填土类别

C. 墙背排水条件　　D. 墙高

3-6 某重力式挡土墙高 5m，墙背竖直光滑，填土面水平，砌体重度 $\gamma_G = 22\text{kN/m}^3$，基底摩擦系数 $\mu = 0.5$，作用在墙背上的主动土压力 $E_a = 51.60\text{kN/m}$，该力距墙底的距离为 5/3m，则该挡土墙的抗倾覆安全系数和抗滑动安全系数分别为（ ）。

A. 1.53　　B. 1.82　　C. 3.31　　D. 1.71

3-7 在验算挡土墙的稳定性时，若 K_s 不满足，则可以采取的措施是（ ）。

A. 修改挡土墙断面尺寸，以加大 G 值

B. 挡土墙底面做成砂、石垫层，以提高 μ 值

C. 将挡土墙底做成逆坡，以利用滑动面上部分反力来抗滑

D. 在软土地基上，可在墙踵后加托板，利用托板上的土重来抗滑，托板与挡土墙之间用钢筋连接

3-8 验算挡土墙的稳定性时，若 K_t 不满足，可采取（ ）措施。

A. 增大挡土墙断面尺寸，使挡土墙自重增大

B. 伸长墙趾

C. 墙背做成俯斜，以减小土压力

D. 在挡土墙垂直墙背上做卸荷台，以减小土压力

3-9 某挡土墙高 4.2m，墙背竖直光滑，填土表面水平，填土的物理指标为：$\gamma = 18.5\text{kN/m}^3$，$c = 8\text{kPa}$，$\varphi = 24°$，则主动土压力的大小及作用位置分别为（ ）。

A. 32.1kN/m　　B. 0.96m　　C. 33.3kN/m　　D. 1.4m

3-10 下列各项中，对土坡的稳定有影响的是（ ）。

A. 土坡作用力发生变化

B. 土体中含水量或孔隙水压力的增加

C. 雨水或地面水流入土坡中的竖向裂缝

D. 地下水在土坝或基坑等边坡中渗流

3-11　挡土墙高 4m，填土倾角 $\beta=10°$，填土的重度 $\gamma=20kN/m^3$，$c=0$，$\varphi=30°$，填土与墙背的外摩擦角 $\delta=10°$，则用库仑理论计算墙背倾斜角 $\alpha=10°$和 $\alpha=-10°$时的主动土压力分别为（　）。

A. 56.4kN/m　　B. 61.3kN/m　　C. 71.1kN/m　　D. 44.8kN/m

3-12　挡土墙后积水，会产生的影响是（　）。

A. 土的抗剪强度降低　　B. 土的抗剪强度指标降低

C. 土的抗剪强度增大　　D. 挡土墙的侧压力增大

3-13　某挡土墙高 4.2m，墙背竖直光滑，填土表面水平，填土的物理指标为：$\gamma=18.5kN/m^3$，$c=8kPa$，$\varphi=24°$，若填土表面作用有 20kPa 的均布荷载时，则作用在挡土墙上的总土压力大小及位置为（　）。

A. 32.1kN/m　　B. 1.4m　　C. 60.9kN/m　　D. 1.32m

3-14　下列各项中，对土压力有影响的是（　）。

A. 挡土墙的位移方向和位移量　　B. 挡土墙墙背的形状和粗糙程度

C. 挡土墙后填土面的情况　　D. 挡土墙后的填土类别

3-15　重力式挡土墙按墙背的倾斜方向可分为（　）。

A. 俯斜式　　B. 直立式　　C. 仰斜式　　D. 衡重式

3-16　某挡土墙高 5m，墙背竖直光滑，填土面水平，$\gamma=18.0kN/m^3$，$\varphi=22°$，$c=15kPa$，该挡土墙在外力作用下朝填土方向产生较大的位移时，作用在墙背上的土压力大小及作用点位置分别为（　）。

A. 26.20kN/m　　B. 716.95kN/m　　C. 0.84m　　D. 1.93m

3-17　某地基土的天然重度 $\gamma=18.6kN/m^3$，内摩擦角 $\varphi=15°$，黏聚力 $c=8kPa$，当采用坡度 1∶1 开挖基坑时，其最大开挖深度为（　），若内摩擦角 $\varphi=17.5°$，则开挖同样坡度的基坑，最大开挖深度为（　）。

A. 5.38m　　B. 6.14m　　C. 4.73m　　D. 7.18m

3-18　设计重力式挡土墙时，需进行（　）。

A. 挡土墙墙体的弯曲抗拉强度计算

B. 挡土墙基础底面的地基承载力验算

C. 挡土墙的抗倾覆、抗滑移稳定性计算

D. 挡土墙基底下有软弱下卧层时，要进行软弱下卧层的承载力验算和地基稳定性计算

3-19　防治滑坡的处理措施中，下列叙述正确的是（　）

A. 在滑体主动区卸载或在滑体阻滑区段增加竖向荷载

B. 设置排水沟以防止地面水进入滑体地段

C. 采用重力式抗滑挡墙，墙的基础底面埋置于滑动面以下的稳定土层和岩层中

D. 对滑体采用深层搅拌法处理

6.4.4　判断题

4-1　（　）墙背光滑是朗肯土压力理论的基本假设。

4-2　（　）墙背与填土之间存在的摩擦力，将使主动土压力增加和被动土压力减小。

4-3 （ ）挡土墙墙后填土面坡角 β 越小，主动土压力越小。

4-4 （ ）加大挡土墙的自重，既可以提高抗倾覆能力，又可以提高抗滑移能力。

4-5 （ ）朗肯土压力理论的基本假定是：墙背直立、粗糙且墙后填土面水平。

4-6 （ ）无黏性土压密后，内摩擦角增大，稳定坡角也增大。

4-7 （ ）在相同条件下，产生被动土压力所需的位移量大大超过产生主动土压力所需的位移量。

4-8 （ ）自然休止角，其值等于砂在松散状态时的内摩擦角。

4-9 （ ）无黏性土坡只要坡角大于休止角，则土坡是稳定的。

4-10 （ ）库仑土压力理论中其基本假设之一，是滑动破坏面为圆弧面。

4-11 （ ）库仑理论一般只适用于填土为无黏性土的情况，不能用库仑理论的原公式直接计算黏性土的土压力。

4-12 （ ）挡土墙后填土的内摩擦角大小，对被动土压力没有什么影响。

4-13 （ ）库仑土压力理论假定土体的滑动面是平面，计算结果对主动土压力偏差较大而被动土压力偏差较小。

4-14 （ ）边坡的安全系数在施工刚结束时最小，并随着时间的增长而增大。

4-15 （ ）挡土墙后的回填土常会部分或全部处于地下水位以下，由于地下水的存在将使土中的含水量增加，抗剪强度降低，而使土压力减小。

6.4.5 简答题

5-1 试述土压力的类型及影响各类土压力产生的主要因素。

5-2 试比较库仑土压力理论与朗肯土压力理论的相同点与不同点。

5-3 在实际中应怎样考虑桥台等挡土墙所受的实际土压力？

5-4 地下水位升降对土压力的影响如何？

5-5 在哪些实际工程中会出现主动、静止或被动土压力的计算？试举例说明。

5-6 试比较朗肯土压力理论与库仑土压力理论。

5-7 墙背的粗糙程度、填土排水条件的好坏对主动土压力有何影响？

5-8 若挡土墙直立，墙后、墙前填土水平，当作用在墙后的土压力为主动土压力时，作用在墙前的土压力是否正好是被动土压力？为什么？

5-9 什么是土的自然休止角？影响土坡稳定的因素有哪些？

5-10 如何防止土坡产生滑坡？

5-11 某深基坑边坡支护结构，变形和内力实测结果比按朗肯主动土压力理论计算的设计值小。试分析引起实测结果与设计计算值之间不一致的原因可能有哪些。

5-12 挡土墙设计中包含哪些基本计算？

5-13 挡土墙上设置的排水孔起什么作用？如何防止排水孔失效？

6.4.6 计算题

6-1 已知某挡土墙高 5m，墙背垂直光滑，墙后填土面水平。墙后填土的物理力学性能指标为：$\gamma=19.0\text{kN/m}^3$，$c=12.0\text{kPa}$，$\varphi=10°$。试计算主动土压力 E_a 的大小及作用点位置，并绘出主动土压力强度沿墙高的分布图。

6-2　已知某挡土墙高 6m，墙背垂直光滑，墙后填土面水平。墙后填土的物理力学性能指标为：$\gamma=18.0\text{kN/m}^3$，$c=10.0\text{kPa}$，$\varphi=22°$。试分别计算主动土压力 E_a、被动土压力 E_p 的大小及作用点位置，并绘出土压力强度沿墙高的分布图。

6-3　已知某挡土墙高 5m，墙背垂直光滑，墙后填土面水平。填土面上有均布荷载 $q=15\text{kPa}$，墙后填土的物理力学性能指标如图 6-19 所示。试计算主动土压力 E_a 的大小及作用点位置，并绘出主动土压力强度沿墙高的分布图。

6-4　用朗肯土压力理论计算如图 6-20 所示挡土墙的主动土压力 E_a 及分布图。

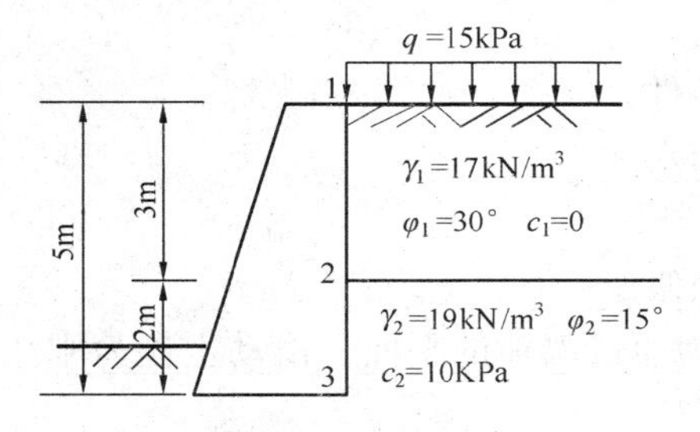

图 6-19　计算题 6-3 图

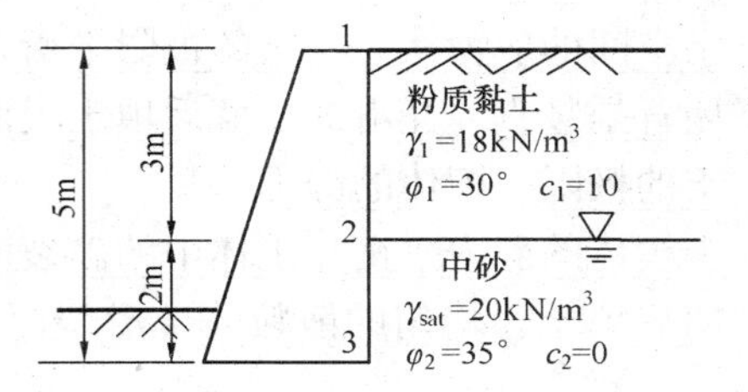

图 6-20　计算题 6-4 图

6-5　某挡土墙如图 6-21 所示，已知墙高 5m，墙后填土的重度 $\gamma=18.5\text{kN/m}^3$，$\varphi=30°$，$c=0$，填土与墙背的外摩擦角 $\delta=15°$。试计算主动土压力 E_a 的大小及作用点位置，并绘出主动土压力强度沿墙高的分布图。

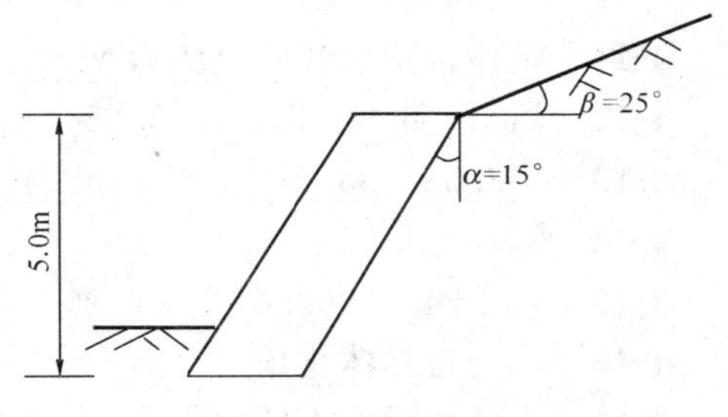

图 6-21　计算题 6-5 图

6-6　已知某挡土墙高 4.5m，基底逆坡，墙截面尺寸如图 6-22 所示。已知 $\alpha=\beta=\delta=0°$，$\varphi=30°$，$c=0$，$\gamma=19.0\text{kN/m}^3$，砌体的重度 $\gamma_0=22.0\text{kN/m}^3$，基底摩擦系数 $\mu=0.4$。试验算挡土墙的稳定性。

6-7　某毛石挡土墙如图 6-23 所示，已知墙高 5m，墙背垂直光滑，墙后填土面水平。砌体的重度 $\gamma_0=22.0\text{kN/m}^3$，墙后填土的重度 $\gamma=18.5\text{kN/m}^3$，$\varphi=25°$，$c=0$，修正后地基承载力特征值 $f_a=250\text{kPa}$，基底摩擦系数 $\mu=0.5$。试验算此挡土墙的稳定性和地基的承载力。

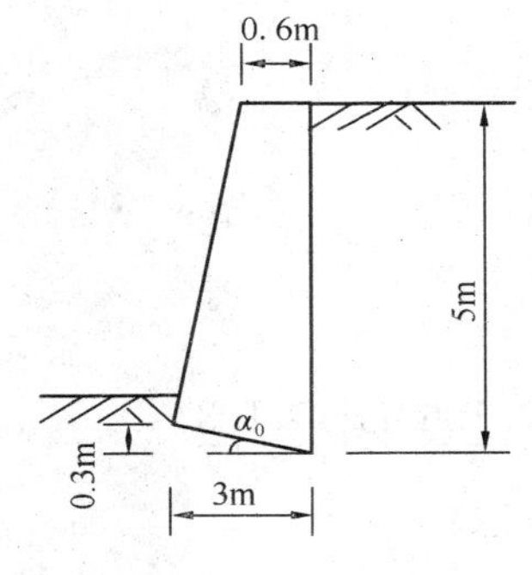

图 6-22　计算题 6-6 图

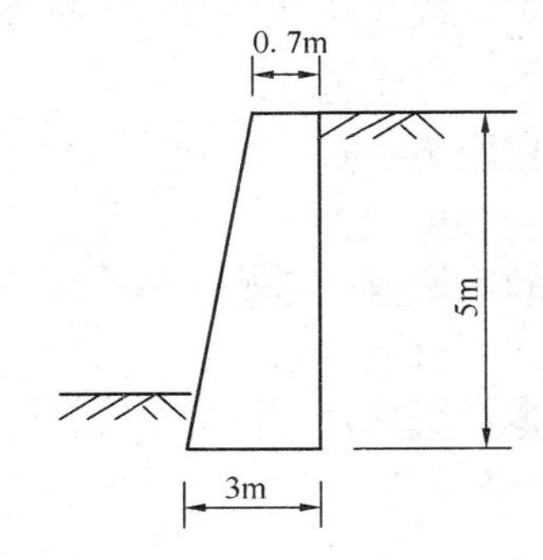

图 6-23　计算题 6-7 图

6.5 习题解答

6.5.1 填空题解答

1-1 静止土压力 E_0 主动土压力 E_a 被动土压力 E_p $E_a<E_0<E_p$

1-2 主动土压力 被动土压力

1-3 朗肯 库仑

1-4 半空间的应力状态 土的极限平衡条件

1-5 墙背是竖直 光滑的 墙后填土表面水平

1-6 土的极限 楔体的静力

1-7 土楔体的静力平衡 土体中的破裂面假定为平面

1-8 墙后填土为均匀的散粒体 滑裂面为通过墙踵的平面 滑动土楔为刚体，即本身无变形

1-9 0.26

1-10 16.63kPa 24.95 1

1-11 土体自重引起的土压力 $\gamma z K_a$ 由黏聚力 c 引起的负侧压力 $2c\sqrt{K_a}$

1-12 11 0.653 46.93 1.65

1-13 −3.58 38.6 0.424 88.4 1.53

1-14 90.4 1.55

1-15 18 24.7 69.67 20 20 89.67

1-16 ≤ 自然休止角

1-17 土的性质 土坡坡度

1-18 性质 大小 方向 作用点

1-19 重力式挡土墙 悬臂式挡土墙 扶壁式挡土墙 锚杆式和锚定板式挡土墙

1-20 墙体自重 俯斜式 仰斜式 直立式 仰斜式 直立式 俯斜式 仰斜式

1-21 挡土墙结构类型选择 稳定性验算 地基承载力验算 墙身材料强度验算 构造措施

1-22 1∶0.25 1∶0.4 台阶形 逆坡

1-23 含水量（或孔隙水压力） 抗剪强度

1-24 排水孔 过滤层

1-25 大 设排水孔

1-26 10～20mm 20mm

1-27 墙底做成逆坡 墙踵后加托板

1-28 抗滑力 滑动力

1-29 抗倾覆稳定验算 抗滑移稳定验算 $K_t\geqslant 1.6$ $K_s\geqslant 1.3$

1-30 85.1 1.5

6.5.2　单项选择题解答

2-1	(D)	**2-2**	(C)	**2-3**	(B)	**2-4**	(B)	**2-5**	(C)
2-6	(B)	**2-7**	(D)	**2-8**	(C)	**2-9**	(B)	**2-10**	(A)
2-11	(D)	**2-12**	(B)	**2-13**	(A)	**2-14**	(D)	**2-15**	(B)
2-16	(D)	**2-17**	(A)	**2-18**	(A)	**2-19**	(C)	**2-20**	(B)
2-21	(B)	**2-22**	(A)	**2-23**	(C)	**2-24**	(B)	**2-25**	(B)
2-26	(D)	**2-27**	(C)	**2-28**	(D)	**2-29**	(A)	**2-30**	(B)
2-31	(C)	**2-32**	(B)	**2-33**	(A)	**2-34**	(A)	**2-35**	(A)
2-36	(C)	**2-37**	(B)						

6.5.3　多项选择题解答

3-1	(BD)	**3-2**	(BCD)	**3-3**	(AB)	**3-4**	(AC)
3-5	(ABC)	**3-6**	(CD)	**3-7**	(ABCD)	**3-8**	(ABD)
3-9	(AB)	**3-10**	(ABCD)	**3-11**	(CD)	**3-12**	(ABD)
3-13	(CD)	**3-14**	(ABCD)	**3-15**	(ABC)	**3-16**	(BD)
3-17	(AB)	**3-18**	(BCD)	**3-19**	(ABC)		

5.5.4　判断题解答

4-1	(√)	**4-2**	(×)	**4-3**	(×)	**4-4**	(√)	**4-5**	(×)
4-6	(√)	**4-7**	(√)	**4-8**	(√)	**4-9**	(×)	**4-10**	(×)
4-11	(√)	**4-12**	(×)	**4-13**	(×)	**4-14**	(√)	**4-15**	(×)

6.5.5　简答题解答

5-1　【答】土压力的类型主要有：静止土压力、主动土压力、被动土压力等。影响各类土压力产生的主要因素是挡土墙的位移大小和方向。

5-2　【答】相同点：两种理论均适用于填土面水平、墙后填土为无黏性土，墙背竖直光滑等情况，其计算结果一致。

不同点：库仑理论基于滑动楔体法，适用于填土面为任意形状且只限于无黏性土；而朗肯理论基于极限应力法，适用于填土面为水平面或倾斜的平面，对黏性土与无黏性土均适用。

5-3　【答】产生被动土压力的条件是挡土墙向墙后填土方向产生位移，当位移量达到相当量（密实砂土为5%H，密实黏土为10%H）时才能产生。在工程中一般不允许如此大的位移量，所以在实际计算中被动土压力值要采取适当的折减。

5-4　【答】地下水升高将使自重应力减小从而使土压力减小，但另一方面却使水压力增加，对挡土墙而言总压力却是增大的。另外，地下水位的上升还可能引起土体强度的降低。

5-5　【答】地下室外墙，在墙外土压力作用下墙体是静止不动的，因此墙背上为静止土压力；山坡开挖后的支挡墙，在墙背后土坡滑动力作用下，墙将向前移动，形成主动土压力；拱桥桥台，在拱对支座形成的水平推力作用下，桥台向背后填土挤压，形成被动土压力。

5-6 【答】从朗肯土压力理论与库仑土压力理论的基本假定、分析原理、适用条件等方面进行分析比较，如下表所示：

比较		朗肯土压力理论	库仑土压力理论
基本假定		墙背竖直、光滑，墙后填土面水平	墙后填土为均匀的散粒体，滑动破裂面为通过墙踵的平面
分析原理		根据墙后土体处于极限平衡状态的应力条件，直接求得墙背上各处的土压力分布强度	根据墙背与滑动面之间的土楔体处于极限平衡状态的静力平衡条件，求得作用在墙背上的总土压力
墙背条件		墙背铅直、光滑（$\alpha_1=0$，$\delta=0$），以保证上述极限平衡状态的产生	墙背可以是倾斜和粗糙的，以保证楔体沿墙背滑动
填土条件		填土可为黏性土、无黏性土，填土表面水平	填土为无黏性土，为黏性土时加适量块石，填土表面可以是水平的，也可以是倾斜的
计算偏差		计算所得主动土压力偏大，被动土压力偏小	计算所得主动土压力较合理，但被动土压力误差过大
应力（或受力）情况		求主动土压力时 $\begin{cases}\sigma_1=\sigma_z=\gamma z\\ \sigma_3=\sigma_a\end{cases}$ 求被动土压力时 $\begin{cases}\sigma_1=\sigma_p\\ \sigma_3=\sigma_z=\gamma z\end{cases}$	R、E、G 三力组成的力三角形封闭
土压力强度公式	主动	黏性土：$\sigma_a=\gamma z K_a-2c\sqrt{K_a}$ 无黏性土：$\sigma_a=\gamma z K_a$	$\sigma_a=\gamma z K_a$
	被动	黏性土：$\sigma_p=\gamma z K_p+2c\sqrt{K_p}$ 无黏性土：$\sigma_p=\gamma z K_p$	$\sigma_p=\gamma z K_p$
土压力大小计算公式	主动	黏性土：$E_a=\frac{1}{2}\gamma h^2 K_a-2ch\sqrt{K_a}+\frac{2c^2}{\gamma}$ 无黏性土：$E_a=\frac{1}{2}\gamma h^2 K_a$	$E_a=\frac{1}{2}\gamma h^2 K_a$
	被动	黏性土：$E_p=\frac{1}{2}\gamma h^2 K_p+2ch\sqrt{K_p}$ 无黏性土：$E_p=\frac{1}{2}\gamma h^2 K_p$	$E_p=\frac{1}{2}\gamma h^2 K_p$
土压力方向		垂直作用于墙背	与墙背的法线成 δ 角，主动土压力在该法线的上方，被动土压力在该法线的下方
土压力作用点		无黏性填土时土压力作用在距墙底 $h/3$ 处，h 为墙高；黏性填土时土压力作用在土压力分布图形（梯形或小三角形）的形心处	距离墙底 $h/3$ 处，h 为墙高

5-7 【答】墙背粗糙，其与土体的摩擦阻力增大，使得计算出的主动土压力增大；排水条件好，墙背不受静水压力作用，将使墙背总土压力降低。

5-8 【答】不是。根据条件，这个问题适用朗肯土压力理论。当墙后形成主动土压力时，墙体位移量实际上不大，尚不能使得墙前土体达到被动极限平衡，所以墙前土压力不是被动土压力。

5-9 【答】当土坡达到极限平衡时，滑动力等于抗滑力，土坡坡角等于土体内摩擦角，此角称为自然休止角。

影响土坡稳定的因素有：

①土坡的坡角和高度。坡角和高度越小，越安全。

②土体抗剪强度指标。内摩擦角、黏聚力越大，越安全。

③地下水渗流。若渗透力方向与边坡滑动方向相反，偏于安全。

④坡顶堆载、坡角开挖。坡顶堆载、坡角开挖越少，越安全。

5-10 【答】根据工程地质、水文地质条件以及施工影响等因素，分析滑坡可能发生或发展的主要原因，采取必要的防治滑坡的处理措施：

①排水。应设置排水沟以防止地面水浸入滑坡地段，必要时尚应采取防渗措施。在地下水影响较大的情况下，应根据地质条件，设置地下排水系统。

②支挡。根据滑坡推力的大小、方向及作用点，可选用重力式抗滑挡墙、阻滑桩及其他抗滑结构。抗滑挡墙的基底及阻滑桩的桩端应埋置于滑动面以下的稳定土（岩）层中，必要时，应验算墙顶以上的土（岩）体从墙顶滑出的可能性。

③卸载。在保证卸载区上方及两侧岩土稳定的情况下，可在滑体主动区卸载，但不得在滑体被动区卸载。

④反压。在滑体的阻滑区段增加竖向荷载以提高滑体的阻滑安全系数。

⑤开挖土石方时，宜从上至下依次进行，并防止超挖；挖填土宜求平衡，尽量分散处理弃土，如必须在坡顶或山腰大量弃土时，应进行坡体稳定验算。

5-11 【答】理论计算中假设墙背与其后土体之间没有摩擦力，而实际支护结构与土有摩擦力；土的黏性比计算时估计的要大；无黏性土。上述原因都将使朗肯理论的土压力计算值偏大。

5-12 【答】挡土墙设计中包含的基本计算有稳定性验算（包括抗倾覆稳定、抗滑移稳定、圆弧滑动稳定）、地基承载力验算、墙身材料强度验算等。

5-13 【答】在挡土墙上设置必要的排水孔，防止挡土墙因排水不良而导致雨天地表水流入填土中造成墙后填土大量积水，使土的抗剪强度下降，并产生水压力的作用，使作用在挡土墙上的侧压力增大，导致挡土墙破坏。为防止排水孔失效，孔眼间距宜为2～3m，并外斜5%，处于最下一排的泄水孔应高出地面0.3m。

6.5.6　计算题解答

6-1 【解】因挡土墙墙背垂直光滑，墙后填土面水平，故按朗肯土压力理论计算。

主动土压力系数为

$$K_a = \tan^2\left(45° - \frac{10°}{2}\right) = 0.704$$

挡土墙顶面1点处的主动土压力强度为

$$\sigma_{a1} = -2c\sqrt{K_a} = -2 \times 12.0 \times \sqrt{0.704} = -20.16\text{kPa}$$

挡土墙底面2点处的主动土压力强度为

$$\sigma_{a2} = \gamma h K_a - 2c\sqrt{K_a}$$
$$= 19.0 \times 5.0 \times 0.704 - 2 \times 12.0 \times \sqrt{0.704}$$

$$= 46.47\text{kPa}$$

由于 σ_{a1} 为拉应力，故应求临界深度 z_0。

令 $\sigma_a = \gamma z_0 K_a - 2c\sqrt{K_a} = 0$，得

$$z_0 = \frac{2c}{\gamma\sqrt{K_a}} = \frac{2\times 12.0}{19.0\times\sqrt{0.704}} = 1.5\text{m}$$

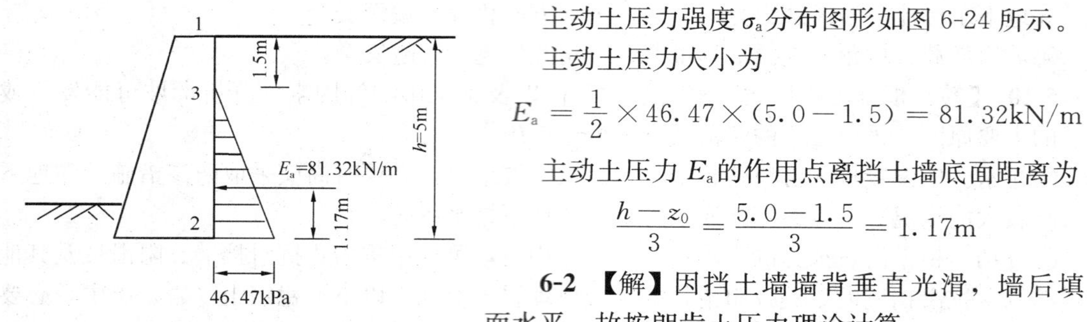

图 6-24　计算题 6-1 解答图

主动土压力强度 σ_a 分布图形如图 6-24 所示。

主动土压力大小为

$$E_a = \frac{1}{2}\times 46.47\times(5.0-1.5) = 81.32\text{kN/m}$$

主动土压力 E_a 的作用点离挡土墙底面距离为

$$\frac{h-z_0}{3} = \frac{5.0-1.5}{3} = 1.17\text{m}$$

6-2 【解】因挡土墙墙背垂直光滑，墙后填土面水平，故按朗肯土压力理论计算。

①求主动土压力

主动土压力系数为

$$K_a = \tan^2\left(45^\circ - \frac{22^\circ}{2}\right) = 0.455$$

挡土墙顶面 1 点处的主动土压力强度为

$$\sigma_{a1} = -2c\sqrt{K_a} = -2\times 10\times\sqrt{0.455} = -13.49\text{kPa}$$

挡土墙底面 2 点处的主动土压力强度为

$$\begin{aligned}\sigma_{a2} &= \gamma h K_a - 2c\sqrt{K_a}\\ &= 18.0\times 6.0\times 0.455 - 2\times 10\times\sqrt{0.455}\\ &= 35.65\text{kPa}\end{aligned}$$

由于 σ_{a1} 为拉应力，故应求临界深度 z_0。

令 $\sigma_a = \gamma z_0 K_a - 2c\sqrt{K_a} = 0$，得

$$z_0 = \frac{2c}{\gamma\sqrt{K_a}} = \frac{2\times 10}{18.0\times\sqrt{0.455}} = 1.65\text{m}$$

主动土压力强度 σ_a 分布图形如图 6-25（a）所示，主动土压力大小为

$$E_a = \frac{1}{2}\times 35.65\times(6.0-1.65) = 77.54\text{kN/m}$$

主动土压力 E_a 的作用点离挡土墙底面距离为

$$\frac{h-z_0}{3} = \frac{6.0-1.65}{3} = 1.45\text{m}$$

②求被动土压力

被动土压力系数为

$$K_p = \tan^2\left(45^\circ + \frac{22^\circ}{2}\right) = 2.2$$

挡土墙顶面 1 点处的被动土压力强度为

$$\sigma_{p1} = 2c\sqrt{K_p} = 2\times 10\times\sqrt{2.2} = 29.66\text{kPa}$$

挡土墙底面 2 点处的被动土压力强度为

$$\sigma_{p2} = \gamma h K_p + 2c\sqrt{K_p} = 18.0 \times 6.0 \times 2.2 + 2 \times 10 \times \sqrt{2.2} = 267.3\text{kPa}$$

被动土压力强度 σ_p 分布图形如图 6-25（b）所示，被动土压力大小为

$$E_p = \frac{1}{2} \times (29.66 + 267.3) \times 6 = 890.9\text{kN/m}$$

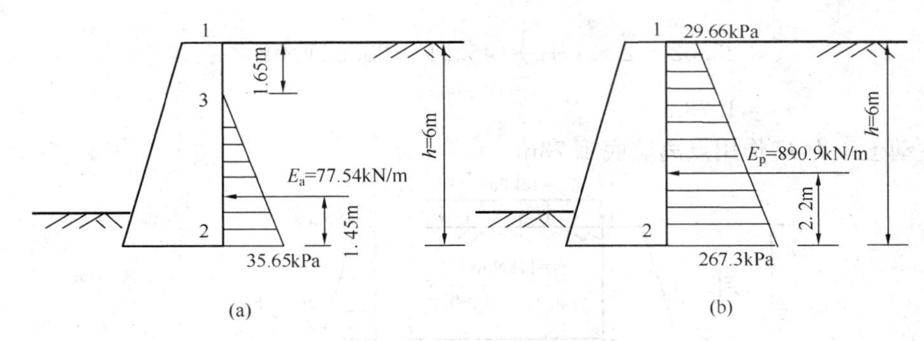

图 6-25　计算题 6-2 解答图

被动土压力 E_p 的作用点离挡土墙底面距离 x

由
$$890.9x = 29.66 \times 6 \times 3 + \frac{1}{2} \times (267.3 - 29.66) \times 6 \times 2$$

解得
$$x = 2.2\text{m}$$

6-3 【解】因挡土墙墙背垂直光滑，墙后填土面水平，故按朗肯土压力理论计算。

各层土的主动土压力系数为

$$K_{a1} = \tan^2\left(45° - \frac{30°}{2}\right) = 0.33$$

$$K_{a2} = \tan^2\left(45° - \frac{15°}{2}\right) = 0.589$$

填土面上

$$\sigma_{a1} = qK_{a1} - 2c_1\sqrt{K_{a1}} = 15 \times 0.33 - 0 = 4.95\text{kPa}$$

计算第一层填土底部的土压力强度

$$\sigma_{a2上} = (q + \gamma_1 h_1)K_{a1} - 2c_1\sqrt{K_{a1}} = (15 + 17 \times 3) \times 0.33 - 0 = 21.78\text{kPa}$$

计算第二层填土面上的土压力强度

$$\sigma_{a2下} = (q + \gamma_1 h_1)K_{a2} - 2c_2\sqrt{K_{a2}} = (15 + 17 \times 3) \times 0.589 - 2 \times 10 \times \sqrt{0.589} = 23.52\text{kPa}$$

计算第二层填土底部的土压力强度

$$\sigma_{a3} = (q + \gamma_1 h_1 + \gamma_2 h_2)K_{a2} - 2c_2\sqrt{K_{a2}} = (15 + 17 \times 3 + 19 \times 2) \times 0.589 - 2 \times 10 \times \sqrt{0.589}$$

$= 45.91\text{kPa}$

主动土压力强度 σ_a 分布图形如图 6-26 所示。

则主动土压力 E_a 为

$$E_a = \frac{1}{2} \times (4.95 + 21.78) \times 3 + \frac{1}{2} \times (23.52 + 45.91) \times 2 = 109.53\text{kN/m}$$

主动土压力 E_a 作用点：

$$109.53x = 4.95 \times 3 \times 3.5 + \frac{1}{2}(21.78 - 4.95) \times 3 \times \left(2 + \frac{1}{3} \times 3\right) +$$

$$23.52 \times 2 \times 1 + \frac{1}{2}(45.91 - 23.52) \times 2 \times \frac{1}{3} \times 2$$

$$x = 1.73\text{m}$$

即主动土压力 E_a 作用点离墙底 1.73m。

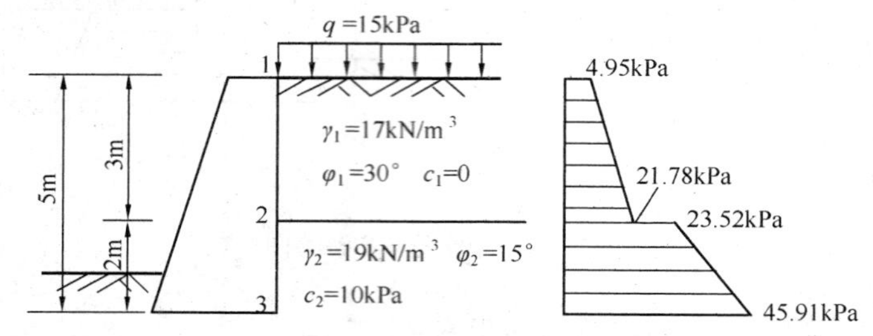

图 6-26 计算题 6-3 解答图

6-4 【解】 ①各层土的主动土压力系数为

$$K_{a1} = \tan^2\left(45° - \frac{30°}{2}\right) = 0.33 \qquad \sqrt{K_{a1}} = 0.577$$

$$K_{a2} = \tan^2\left(45° - \frac{35°}{2}\right) = 0.271 \qquad \sqrt{K_{a2}} = 0.52$$

②各界面上土压力强度（强度分布如图 6-27 所示）：

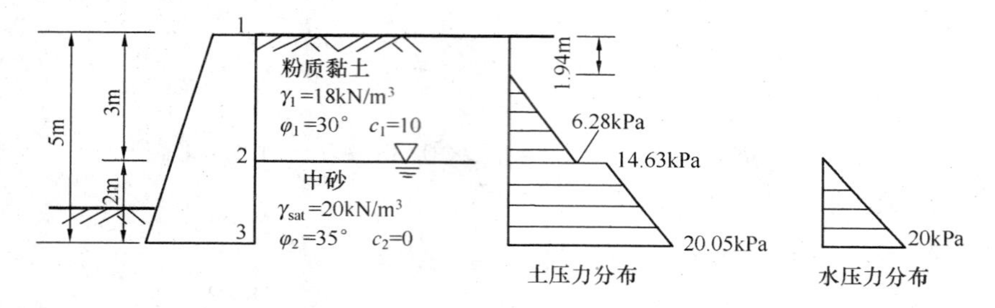

图 6-27 计算题 6-4 解答图

填土面上 $\sigma_{a1} = -2c_1\sqrt{K_{a1}} = -2 \times 10 \times 0.577 = -11.54\text{kPa}$

分层界面上 $\sigma_{a2}^{上} = \gamma_1 h_1 K_{a1} - 2c_1\sqrt{K_{a1}}$

$= (18 \times 3) \times 0.33 - 2 \times 10 \times 0.577$

$= 6.28\text{kPa}$

$\sigma_{a2}^{下} = \gamma_1 h_1 K_{a2} - 2c_2\sqrt{K_{a2}}$

$= (18 \times 3) \times 0.271 - 2 \times 0 \times 0.52$

$$= 14.63\text{kPa}$$

挡土墙底面 $\sigma_{a3} = (\gamma_1 h_1 + \gamma_2' h_2)K_{a2} - 2c_2\sqrt{K_{a2}}$

$$= (18\times 3 + 10\times 2)\times 0.271 - 2\times 0\times 0.52$$

$$= 20.05\text{kPa}$$

水压力 $\sigma_w = 2\times 10 = 20\text{kPa}$

临界深度 $z_0 = \dfrac{2c_1\sqrt{K_{a1}}}{\gamma_1 K_{a1}} = \dfrac{2\times 10\times 0.577}{18\times 0.33} = 1.94\text{m}$

则 $E_a = \dfrac{1}{2}\times(3-1.94)\times 6.28 + \dfrac{(14.63+20.05)\times 2}{2} = 38.01\text{kN/m}$

水压力 $E_w = \dfrac{1}{2}\times 2\times 20 = 20\text{kN/m}$

总侧压力 $E = E_a + E_w = 38.01 + 20 = 58.01\text{kN/m}$

合力作用点离墙脚的距离：

$$58.01x = \frac{1}{2}\times 6.28\times(3-1.94)\times\left(2+\frac{3-1.94}{3}\right) + 14.63\times 2\times 1 + \frac{1}{2}\times(20.05-14.63)\times 2\times 1 + \frac{1}{2}\times 20\times 2\times\frac{1}{3}\times 2$$

$$x = 0.96\text{m}$$

6-5 【解】 由 $\alpha = -15°$，$\beta = 25°$，$\delta = 15°$，$\varphi = 30°$，查库仑主动土压力系数表得 $K_a = 0.410$，则

$$E_a = \frac{1}{2}K_a\gamma h^2 = \frac{1}{2}\times 0.41\times 18.5\times 5.0^2 = 94.81\text{kN/m}$$

土压力作用点在距墙底 $h/3 = 5.0/3 = 1.67\text{m}$ 处；方向：与墙背垂线的夹角为 $\delta = 15°$，如图 6-28 所示。

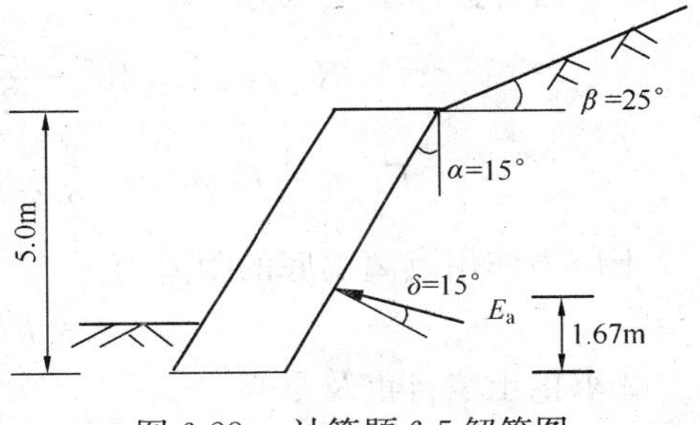

图 6-28　计算题 6-5 解答图

6-6 【解】 ①求主动土压力

因为 $\alpha = \beta = \delta = 0°$，所以该挡土墙墙背竖直光滑，填土面水平。

主动土压力系数 $K_a = \tan^2\left(45° - \dfrac{30°}{2}\right) = 0.33$

$$E_a = \frac{1}{2}K_a\gamma h^2 = \frac{1}{2}\times 0.33\times 19\times 5^2 = 78.38\text{kPa}$$

墙底逆坡度角 $\alpha_0 = 5.71°$。

土压力作用点至墙底的距离为 $z_f = z - b\tan\alpha_0 = 5/3 - 3\tan 5.71° = 1.37\text{m}$。

②求挡土墙自重及重心

将墙身断面分解为两个三角形和一个矩形，分别计算它们的自重和重心至墙趾 O 点的水平距离：

$G_1 = \dfrac{1}{2}\times(3-0.6)\times 4.7\times 22 = 124.08\text{kN/m}$　　$a_1 = \dfrac{2}{3}\times 2.4 = 1.6\text{m}$

$G_2 = 0.6 \times 4.7 \times 22 = 62.04\text{kN/m}$ $\qquad a_2 = 2.4 + \dfrac{0.6}{2} = 2.7\text{m}$

$G_3 = \dfrac{1}{2} \times 0.3 \times 3 \times 22 = 9.9\text{kN/m}$ $\qquad a_3 = \dfrac{2}{3} \times 3 = 2.0\text{m}$

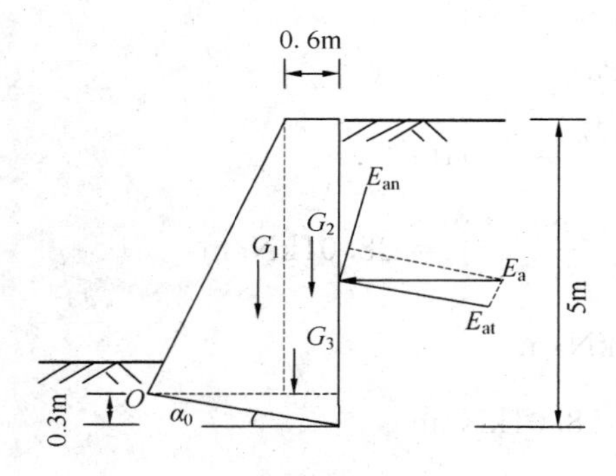

图 6-29 计算题 6-6 解答图

③抗倾覆验算

$$K_t = \frac{Gx_0 + E_{az}x_f}{E_{ax}z_f} = \frac{G_1a_1 + G_2a_2 + G_3a_3}{E_az_f}$$

$$= \frac{124.08 \times 1.6 + 62.04 \times 2.7 + 9.9 \times 2.0}{78.38 \times 1.37}$$

$$= 3.593 > 1.6$$

④抗滑移验算

挡土墙总自重 $G = G_1 + G_2 + G_3 = 124.08 + 62.04 + 9.9 = 196.02\text{kN}$

$$G_n = G\cos\alpha_0 = 196.02 \times \cos 5.71° = 195\text{kN/m}$$

$$G_t = G\sin\alpha_0 = 196.02 \times \sin 5.71° = 19.5\text{kN/m}$$

$$E_{at} = E_a\cos\alpha_0 = 78.38 \times \cos 5.71° = 78\text{kN/m}$$

$$E_{an} = E_a\sin\alpha_0 = 78.38 \times \sin 5.71° = 7.8\text{kN/m}$$

由 $K_s = \dfrac{(G_n + E_{an})\mu}{E_{at} - G_t}$，得

$$K_s = \frac{(195 + 7.8) \times 0.4}{78 - 19.5} = 1.39 > 1.3$$

6-7 【解】①求土压力

$$K_a = \tan^2\left(45° - \frac{\varphi}{2}\right) = \tan^2\left(45° - \frac{25°}{2}\right) = 0.406$$

$$E_a = \frac{1}{2}K_a\gamma h^2 = \frac{1}{2} \times 0.406 \times 18.5 \times 5^2 = 93.89\text{kN/m}$$

土压力作用点离墙底的距离为

$$z = h/3 = 5/3 = 1.67\text{m}$$

②求挡土墙自重及重心

将墙身断面分解为一个三角形和一个矩形，如图 6-30 所示，分别计算它们的自重和重心至墙趾 O 点的水平距离：

$$G_1 = \frac{1}{2} \times (3 - 0.7) \times 5 \times 22 = 126.5\text{kN/m}$$

$$a_1 = \frac{2}{3} \times 2.3 = 1.53\text{m}$$

$G_2 = 0.7 \times 5 \times 22 = 77\text{kN/m}$ $\qquad a_2 = 2.3 + \dfrac{0.7}{2} = 2.65\text{m}$

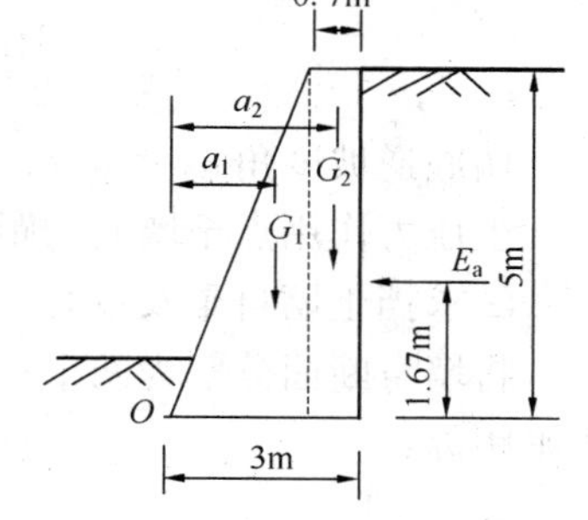

图 6-30 计算题 6-7 解答图

③抗倾覆验算

$$K_t = \frac{Gx_0 + E_{az}x_f}{E_{ax}z_f} = \frac{G_1a_1 + G_2a_2}{E_az_f}$$

$$=\frac{126.5\times 1.53+77\times 2.65}{93.89\times 1.67}$$

$$=2.54>1.6$$

满足要求。

④抗滑移验算

$$K_s=\frac{(G_1+G_2)\mu}{E_a}=\frac{(126.5+77)\times 0.5}{93.89}=1.08<1.3$$

不满足要求。

⑤地基承载力验算

作用于基底的总竖向荷载

$$N_k=G_1+G_2=126.5+77=203.5\text{kN}$$

合力作用点离 O 点的距离

$$c=\frac{G_1a_1+G_2a_2-E_az}{N_k}$$

$$=\frac{126.5\times 1.53+77\times 2.65-93.89\times 1.67}{203.5}=1.18\text{m}$$

偏心矩

$$e=\frac{b}{2}-c=\frac{3}{2}-1.18=0.32<b/6\ (=0.5\text{m})$$

基底压力

$$P_k=\frac{N_k}{b}=\frac{203.5}{3}=67.83\ \text{kN/m}^2\leqslant f_a(=250\text{kPa})$$

$$P_{kmax}=\frac{N_k}{b}\left(1+\frac{6e}{b}\right)$$

$$=\frac{203.5}{3}\times\left(1+\frac{6\times 0.32}{3}\right)$$

$$=111.25\text{kPa}\leqslant 1.2f_a$$

满足要求。

第7章　工程地质勘察

本章学习要求

通过本章的学习，了解工程地质勘察的目的；熟悉工程地质勘察的方法；掌握工程地质勘察的任务及工作内容；能够阅读和使用工程地质勘察报告；能够进行基槽的检验及基槽局部问题的处理。

7.1　学习指导

任何建筑物都是建造在地基之上的，地基岩土的工程地质条件将直接影响建筑物的安全。因此，各项工程建设在设计和施工之前，必须运用各种勘察手段和测试方法进行地基勘察，调查研究和分析评价建筑场地的工程地质条件，从地基的强度、变形和场地的稳定性等方面为设计和施工提供必要的、翔实的工程地质资料。工程地质勘察属于岩土工程勘察的范畴，必须遵守国家标准《岩土工程勘察规范》（GB 50021）的有关规定，精心勘察、精心分析，提供资料完整、评价正确的勘察报告。

7.1.1　工程地质勘察的内容

一般地，场地的复杂程度不同、工程重要性不同、地基复杂程度不同，勘察的任务、内容和要求也不同。根据场地的复杂程度、工程的重要性及地基复杂程度，将岩土工程勘察划分为三个等级：

甲级：指在工程重要性、场地复杂程度和地基复杂程度等级中，有一项或多项为一级；

乙级：除甲级和丙级以外的勘察项目；

丙级：指工程重要性、场地复杂程度和地基复杂程度等级均为三级。

工程地质勘察等级不同，工作的内容、方法和详细程度也不同，有利于对其各个工作环节按等级区别对待，以确保工程质量和安全。建筑工程的设计分为场址选择、初步设计和施工图设计三个阶段，与其相对应，岩土工程勘察也分为选址勘察（又称可行性研究勘察）、初步勘察和详细勘察三个阶段。

选址勘察应符合选择场址方案的要求；初步勘察应符合初步设计的要求；详细勘察应符合施工图设计的要求；而且对场地条件复杂或有特殊施工要求的重大建筑物地基，如特殊地质条件、特殊土地基及动力机器基础工程等，还应进行施工勘察。

1. 选址勘察

选址勘察的目的是为了取得几个场址方案的主要工程地质资料，对拟选场地的稳定性和适宜性进行工程地质评价和方案比较。场址一般应避开有不良地质作用和地质灾害，如岩溶、滑坡、泥石流、地面沉降等场地。

2. 初步勘察

在选址勘察对场地稳定性给予全局性评价之后，还存在有建筑地段的包括地震效应在内的场地局部稳定性的评价问题。初步勘察的目的在于查明建筑场地不良地质现象的成因、分布范围、危害程度以及发展趋势，使主要建筑避开不良地质现象比较发育的地段；查明地层及其构造、土的物理力学性质、地下水埋藏条件以及土的冻结深度等，为建筑基础方案的选择、不良地质现象的防治提供必要依据。

3. 详细勘察

在对场地局部的稳定性做出评价即初步勘察结束后，应对单体建筑物或建筑群的设计和施工提供详细的岩土工程资料和必需的岩土参数，对地基做出岩土工程评价，并对地基类型、地基处理、基础型式、基坑支护、工程降水和不良地质作用的防治等提出建议。

4. 施工勘察

施工勘察是施工阶段遇到异常情况进行的补充勘察，主要是配合施工开挖进行地质编录、校对、补充勘察资料，进行施工安全预报等。

7.1.2　工程地质勘察的方法

1. 测绘与调查

测绘与调查就是通过现场踏勘，工程地质测绘和搜集、调查有关资料，为评价场地工程地质条件及建筑场地稳定性提供依据，其中，建筑场地稳定性研究是测绘与调查的重点内容。

测绘与调查宜在初步勘察阶段或可行性研究（选址）阶段进行，查明地形地貌、地层岩性、地质构造、地下水与地表水、不良地质现象等；搜集有关的气象、水文、植被、土的标准冻结深度等资料；调查人类活动对场地稳定性的影响；调查已有建筑物的变形和工程经验。

常用的测绘方法是在地形图上布置观察线，并按点或沿线观察地质现象。观察点一般在不同地貌单元、地层的交接处及对工程有意义的地质构造和可能出现不良地质现象的地段。观察线垂直于岩层走向、构造线方向及地貌单元轴线。为了追索地层界线或断层等构造线，观察点也可以顺向布置。

测绘的比例尺，选址阶段可选用1：5000～1：50000，初步勘察阶段可选用1：2000～1：10000，详细勘察阶段可选用1：500～1：2000，对工程有重要影响的地质单元体，可采用扩大比例尺表示。测绘的精度在图上不应低于3mm。

2. 勘探

测绘和调查工作结束后，要进一步查明地质情况，对场地的工程地质条件做定量的评价。勘探是一种必要手段，常用的勘探方法包括：坑探、钻探、触探和地球物理勘探等，各种方法简述如下。

（1）坑探

坑探是直接在建筑场地人工开挖探井、探槽或平洞，或者直接观察以获取原状土样和直观资料的一种勘探方法，不需专门的机具。

（2）钻探

钻探是用钻具由机械方法或人工方法成孔进行勘察的方法，也是工程地基勘察最基本的方法。

（3）触探

触探是通过探杆用静力或动力将金属探头贯入土层，并量测各层土对触探头的贯入阻力大小的指标，从而间接地判断土层及其性质的一类勘探方法和原位测试技术。主要有静力触探（CPT）试验、动力触探等。

（4）地球物理勘探

地球物理勘探是利用仪器在地面、空中、水上或钻孔内测量物理场的分布情况，通过对测得的数据的分析判断，并结合有关的地质资料推断地质体性状的勘探方法，简称“物探”。它是一种间接勘探方法。

3. 原位测试和室内土工试验

原位测试和室内土工试验是两种获取土的物理力学性质及地下水水质等定量指标的重要手段，可为设计计算提供参数。

原位测试主要包括：载荷试验、静力触探试验、圆锥动力触探试验、标准贯入试验、十字板剪切试验、旁压试验等，具体采用何种方法应根据岩土条件、设计时对参数的要求、地区经验和测试方法的适用性等因素选用。同时，分析原位测试成果资料应注意仪器设备、试验条件、试验方法等对试验结果的影响，应结合地层条件，剔除异常数据。

室内土工试验包括：土的物理力学性质试验、土的压缩固结试验、土的抗剪强度试验等，具体的试验项目、试验方法，应根据工程要求和岩土性质的特点确定。

对黏性土、粉土，一般应进行天然重度、天然含水量、液限、塑限、压缩系数及抗剪强度试验。

对砂土，要求进行颗粒分析，测定天然含水量、土粒相对密度及自然休止角。

对碎石土，必要时可做颗粒分析，对含黏土较多的碎石土，宜测定黏性土的天然含水量、液限和塑限，必要时，可做现场大体积密度试验。

对岩石，一般可做饱和单轴极限抗压强度试验，必要时，还需测定岩石的其他物理力学性质指标。

在需判定场地地下水对建筑材料的腐蚀性时，一般应测定 pH 值，Cl^-、SO_4^{2-}、HCO_3^-、Ca^{2+}、Mg^{2+}等离子及游离的CO_2和腐蚀性CO_2的含量。

7.1.3 工程地质勘察报告书的编制

工程地质勘察的最终成果是以报告的形式提出的，在野外勘察工作和室内土样试验完成之后，将工程地质勘察纲要、勘探孔平面布置图、钻孔记录表、原位测试记录表、土的物理力学性质试验成果，连同勘察任务委托书、建筑平面布置图及地形图等有关资料汇总，并进行整理、检查、分析、评定，经确认无误后，编制正式的工程地质勘察报告，提供给建设单位、设计单位和施工单位应用，并作为长期存档保存的技术文件。

工程地质勘察报告书的编制必须配合相应的勘察阶段，针对场地的地质条件和建筑物的性质、规模以及设计和施工的要求，提出选择地基基础方案的依据和设计计算数据，指出存在的问题以及解决问题的途径和方法。工程地质勘察报告主要包括下列内容：

①拟建工程名称、规模、用途；工程地质勘察的目的、要求和任务；勘察方法、勘察工作布置与完成的工作量；

②建筑场地位置、地形地貌、地质构造、不良地质现象及地震基本烈度；

③场地的地层分布、结构、岩土的颜色、密度、湿度、稠度、均匀性、厚度，地下水的

埋藏深度、水质侵蚀性及当地冻结深度；

④建筑场地稳定性与适宜性的评价，各土层的物理力学性质及地基承载力等指标的确定；

⑤结论和建议：根据拟建工程的特点，结合场地的岩土性质，提出地基与基础方案设计的建议。

随报告所附图表根据工程的具体情况酌定，常见的图表包括下列内容：①勘察场地总平面示意图与勘察点平面布置图；②工程地质柱状图、工程地质剖面图；③原位测试成果图表；④室内土的物理力学性质试验成果表等。

对于重大工程，根据需要应绘制综合工程地质图或工程地质分区图、钻孔柱状图或综合地质柱状图、原位测试成果图表等。

7.2　考核要点

1. 工程地质勘察的内容

考核要点：工程地质勘察等级的划分；勘察工作三个阶段的工作内容。

2. 工程地质勘察的方法及勘察报告

考核要点：工程地质勘察的方法；地质勘察报告的阅读和使用。

7.3　典型题解

【7-3-1】　工程地质勘察报告书包括哪些内容？

【答】　工程地质勘察报告书的内容应根据勘察阶段、任务要求和工程地质条件编制，并应包括以下内容：

①任务要求及勘察工作概况；

②建筑场地位置、地形地貌、地质构造、不良地质现象及地震基本烈度；

③场地的地层分布、岩石和土的均匀性、各土层的物理力学性质、地基承载力和其他设计计算指标；

④地下水的埋藏深度、水质侵蚀性及当地土层的冻结深度；

⑤对建筑场地及地基进行综合的工程地质评价，对场地的稳定性和适宜性做出结论，指出可能存在的问题，提出地基与基础方案设计的建议。

以上内容并不是每份勘察报告都必须全部具备的，而应视具体要求和实际情况有所侧重。

此外，还应包括的图表有：勘察点平面布置图、工程地质柱状图、工程地质剖面图、室内土的物理力学性质试验成果表等。

【7-3-2】　是非题（　）建筑在岩石地基上的一级工程，当场地复杂程度等级和地基复杂程度等级均为三级时，岩土工程勘察等级可定为乙级。

【答】　×

【释】　因为工程重要性等级为一级，故岩土工程勘察等级可定为甲级。

【7-3-3】　选择题　在进行标准贯入试验时，使用的穿心锤重与穿心锤落距分别是（　）。

A. 锤重为 10kg，落距为 50cm　　B. 锤重为 10kg，落距为 76cm

C. 锤重为 63.5kg，落距为 50cm　D. 锤重为 63.5kg，落距为 76cm

【答】 D

7.4 习 题

7.4.1 填空题

1-1 建筑工程的设计分为____、____和____三个阶段，与其相对应，岩土工程勘察也分为____、____和____三个阶段。对于工程地质条件复杂或有特殊施工要求的高重建筑物地基，尚应进行____。

1-2 工程上常把危害建筑物安全的地质现象，如____、____、____、____等称为不良地质现象。

1-3 选址勘察的目的是为了取得几个场址方案的主要工程地质资料，对拟选场地的____和____做出工程地质评价和方案比较。

1-4 在布置和从事工程地质勘察工作时，应综合考虑场地的____、____和____等场地条件、地质土质条件以及工程条件。

1-5 初勘时勘探线的布置应垂直于____、____和____。

1-6 《岩土工程勘察规范》按照____、____、____将岩土工程划分为三个等级。

1-7 详细勘察勘探点的布置宜按建筑物____和____布置，对高耸建筑物，其勘探点不宜少于____个。

1-8 详勘勘探孔以____为原则，当基础短边不大于 5m，且在地基沉降计算深度内又无软弱下卧层存在时，勘探孔深度对条形基础一般为____ b（b 为基础宽度），对单独基础为____ b，但不应小于____ m。对须进行变形验算的地基，控制性勘探孔应超过____。

1-9 详勘的手段主要以____、____和____为主，必要时可以补充一些物探和工程地质测绘和调查工作。详勘勘察点的布置应按____确定。

1-10 坑探是直接在建筑场地人工开挖____、____或____，或者直接观察以获取原状土样和直观资料的一种勘探方法。其探坑深度一般为____m，但不宜超过地下水位。

7.4.2 单项选择题

2-1 工程地质勘察工作一般的勘察阶段有（　）。

A. 1 个　　B. 2 个　　C. 3 个　　D. 4 个

2-2 在工程地质勘察中，勘察深度较浅的是（　）。

A. 坑探　　B. 钻探　　C. 动力触探　　D. 静力触探

2-3 下列（　）项不属于原位测试。

A. 地基静载荷试验　B. 固结试验　　C. 旁压试验　　D. 触探试验

2-4 在工程地质勘察中，采用（　）能直接观察地层的结构和变化。

A. 钻探　　B. 坑探　　C. 触探　　D. 地球物理勘探

2-5 选用岩土参数，应按下列内容评价其可靠性和适用性（　）。

A. 不同测试方法所得结构的分析比较
B. 取样方法及其他因素对试验结果的影响
C. 采用的试验方法和取值标准
D. 类似工程的实践经验

7.4.3　多项选择题

3-1　岩土工程的等级是依据（　）划分的。
A. 场地条件　　B. 地基土质条件
C. 工程条件　　D. 破坏后果的严重性

3-2　一个单项工程的勘察报告书一般包括（　）。
A. 任务要求及勘察工作概况
B. 地震设计烈度
C. 场地位置、地形地貌、地质构造、不良地质现象
D. 场地的地层分布、土的物理力学性质、地基承载力

3-3　良好的地基应该是（　）均满足要求。
A. 应力　　B. 沉降
C. 稳定性　　D. 地基承载力

3-4　下列说法，正确的是（　）。
A. 合理地确定地基土的承载力是选择地基持力层的关键
B. 勘察报告书的内容不能删减
C. 土的物理力学性质指标是工程地质勘察报告的一项重要内容
D. 地基勘察要遵守《岩土工程勘察规范》的有关规定

3-5　下列图表中，（　）属于岩土工程勘察成果报告中应附的必要图表。
A. 地下水等水位线图　　B. 工程地质剖面图
C. 工程地质柱状图　　D. 室内试验成果图表

7.4.4　判断题

4-1　（　）触探是不必使用专门机具的勘探方法。

4-2　（　）对多层或高层建筑，均需进行施工验槽，在正常情况下均需进行施工勘察。

4-3　（　）标准贯入试验是将质量为 63.5kg 的穿心锤提升至 50cm 高度，然后自由下落，将贯入器贯入土中 30cm 所需的锤击数，即为标准贯入击数 N。

4-4　（　）验槽时主要是观察基槽基底和侧壁的土质情况、土层构成及其走向、是否有异常现象等，以判断是否达到设计要求的地基土层。

4-5　（　）验槽时若基槽以上有上下水管道，应采取措施防止漏水浸湿地基；若管道在基槽以下，也应采取保护措施，避免管道被基础压坏。

7.4.5　简答题

5-1　简述勘察工作的基本程序。

5-2 工程建设为什么要进行工程地质勘察？中小工程荷载不大，是否可以省略勘察？

5-3 勘察为什么要分阶段进行？详细勘察阶段应完成哪些工作？

5-4 简述详细勘察勘探点布置的原则。

5-5 详细勘察勘探孔的深度控制原则是什么？

5-6 技术钻孔和鉴别钻孔有什么区别？

5-7 建筑工程中常用哪几种勘探方法？试比较其优缺点和适用条件。

5-8 试述建筑场地工程地质评价的主要内容。

7.5 习题解答

7.5.1 填空题解答

1-1 场址选择　初步设计　施工图设计　选址勘察　初步勘察　详细勘察　施工勘察

1-2 滑坡　岩溶　土洞　发震断裂

1-3 稳定性　适宜性

1-4 地质　地貌　地下水

1-5 地貌单元边界线　地质构造线　地层界线

1-6 场地条件　地质土质条件　工程条件

1-7 周边线　角点　3

1-8 能控制地基主要受力层　3　1.5　5　地基沉降计算深度

1-9 勘探　原位测试　室内土工试验　岩土工程等级

1-10 探井　探槽　平洞　2～3

7.5.2 单项选择题解答

2-1 （C）　**2-2** （A）　**2-3** （B）　**2-4** （B）　**2-5** （D）

7.5.3 多项选择题解答

3-1 （ABC）　**3-2** （ABCD）　**3-3** （BCD）　**3-4** （ACD）

3-5 （BCD）

7.5.4 判断题解答

4-1 （×）　**4-2** （×）　**4-3** （×）　**4-4** （√）　**4-5** （√）

7.5.5 简答题解答

5-1 【答】勘察工作的基本程序是：

①在开始勘察工作以前，由设计单位和兴建单位按工程要求向勘察单位提出“工程地质勘察任务（委托）书”，以便制订勘察工作计划；

②对地质条件复杂和范围较大的建筑场地，在选址或初勘阶段，应先到现场踏勘观察，并以地质学方法进行工程地质测绘（用罗盘仪确定勘察点的位置，以文字描述、素描图和照

片来说明该处的地质构造和地质现象)；

③布置勘探点以及由相邻勘探点组成的勘探线，采用坑探、钻探、触探、地球物理勘探等手段，探明地下的地质情况，取得岩、土及地下水等试样；

④在室内或现场原位进行土的物理土力学性质测试和水质分析试验；

⑤整理分析所得的勘察成果，对场地的工程地质条件做出评价，并以文字和图表等形式编制成“工程地质勘察报告书”。

5-2 【答】工程地质勘察的目的在于了解和探明建筑场地和地基的工程地质条件，为建筑物选址、设计和施工提供所需的基本资料，并提出地基和基础设计方案建议。中小工程荷载不大，可以简化勘察阶段，但不能省略勘察。

5-3 【答】大型工程项目往往要经过可行性论证和方案对比、优化才能动工修建。建筑工程的设计分为场址选择、初步设计和施工图设计三个阶段，工程地质勘察是为相关阶段的工作提供必需的地质资料的，由于各阶段对勘察成果的要求不同，所以工程地质勘察应分阶段进行。为对应各阶段所需的工程地质资料，工程勘察分为选址勘察、初步勘察和详细勘察三个阶段。

详细勘察阶段应完成的主要工作有：查明建筑物场地范围的地层结构、土的物理力学性质、地基稳定性和承载能力的评价、不良地质现象防治所需的指标及资料，以及地下水的有关条件、水位变化规律等。

5-4 【答】详细勘察的手段主要以勘探、原位测试和室内土工试验为主，必要时可以补充一些物探和工程地质测绘和调查工作。详细勘察勘探点的布置应按岩土工程等级确定：对一、二级建筑物，宜按主要柱列线或建筑物的周边线布置；对三级建筑物，可按建筑物或建筑群的范围布置；对重大设备基础，应单独布置勘探点，且数量不宜少于 3 个，勘察点间距视建筑物和岩土工程等级而定。

5-5 【答】详细勘察勘探孔深度以能控制地基主要受力层为原则。当基础短边不大于 5m，且在地基沉降计算深度内又无软弱下卧层存在时，勘探孔深度对条形基础一般为 $3b$（b 为基础宽度)，对单独基础为 $1.5b$，但应不小于 5m。对须进行变形验算的地基，控制性勘探孔应超过地基沉降计算深度，在一般情况下，控制性勘探孔深度应考虑建筑物基础宽度、地基土的性质和相邻基础的影响，按《岩土工程勘察规范》选定。

5-6 【答】钻探是用钻机在地层中钻孔，以鉴别和划分地层，场地内布置的钻孔，一般分技术孔和鉴别孔两类。

钻进时，仅取扰动土样，用以鉴别土层分布、厚度及状态的钻孔，称为鉴别孔。

如在钻进中按不同的土层和深度采取原状土样的钻孔，称为技术孔。

5-7 【答】常用的勘探方法有：坑探、钻探、触探和物探。

坑探可以直接观察土层的天然结构及取得原状土样，但挖掘时费劳动力，深度受到一定的限制，且不能用于水下；钻探使用方便、设备简单，可用来打标准钎探钻孔和一般的探查钻孔，但钻孔深度受到一定限制；触探能够直接判断土层的性质沿深度的变化，确定地基的承载力，经济而迅速地提供设计所需的勘探资料，由于它无需取样做试验，因而对于取原状土样有困难的地层，如水下的砂层、软黏土层等更有其显著的优点；物探可以了解隐蔽的地质界线、界面或异常点，也可以作为钻探的辅助手段，在钻探之间增加物探点，可以为钻探成果的内插、外推提供依据。

5-8 【答】工程地质评价主要包括地基持力层的选择和场地的稳定性评价。在熟悉场地各土层的分布和性质的基础上，初步选择适合上部结构特点和要求的土层作为持力层，并提供基础型式的建议。场地稳定性评价包括地质构造、不良地质条件、地层的成层条件和地震对场地稳定性的影响。

第8章 浅 基 础

本章学习要求

通过本章的学习，了解地基基础的设计等级、内容及设计步骤等；掌握浅基础类型；掌握基础埋置深度的确定；熟练掌握基础底面尺寸的确定及软弱下卧层的验算；熟练掌握刚性基础、墙下钢筋混凝土条形基础、柱下钢筋混凝土独立基础的设计；掌握减轻建筑物不均匀沉降的措施。

8.1 学习指导

地基基础设计是整个建筑物设计的一个重要组成部分，它与建筑物的安全和正常使用有密切的关系。在设计过程中不仅要考虑建筑物的上部结构条件，还需要考虑下部场地条件，同时考虑施工方法及工期、造价等因素，确定一个合理的地基基础方案，使基础工程既安全可靠又经济合理，并便于施工。

8.1.1 地基基础设计的基本规定

1. 地基基础的设计等级

地基基础的设计内容和要求与建筑物的地基基础设计等级有关。《建筑地基基础设计规范》（GB 50007—2011）根据地基复杂程度、建筑物规模和功能特征以及由于地基问题可能造成建筑物破坏或影响正常使用的程度，将地基基础设计分为三个设计等级，即甲级、乙级和丙级，设计时应根据具体情况确定。

2. 地基基础设计的一般要求

为保证建筑物的安全和正常使用，地基基础设计应符合下列规定。

（1）所有建筑物的地基计算均应满足承载力计算的有关规定。

（2）甲级、乙级建筑物，均应按地基变形设计。

（3）《建筑地基基础设计规范》（GB 50007—2011）中部分丙级建筑物可不做变形验算，但如有下列情况之一时，仍应做变形验算：

①地基承载力特征值小于130kPa，且体型复杂的建筑；

②在基础上及其附近有地面堆载或相邻基础荷载差异较大，可能引起地基产生过大的不均匀沉降时；

③软弱地基上的建筑物存在偏心荷载时；

④相邻建筑如距离过近，可能发生倾斜时；

⑤地基内有厚度较大或厚薄不均的填土，其自重固结未完成时；

（4）对经常受水平荷载作用的高层建筑、高耸结构和挡土墙等，以及建造在斜坡上或边坡附近的建筑物和构筑物，尚应验算其稳定性。

（5）基坑工程应进行稳定性验算。

（6）当地下水埋藏较浅，建筑物地下室或地下构筑物存在上浮问题时，尚应进行抗浮验算。

（7）所有建筑的基础设计应满足相应的《钢筋混凝土设计规范》（GB 50010—2010）及《砌体结构设计规范》（GB 50003—2011）等要求，以保证基础具有足够的强度、刚度和耐久性。

3. 荷载取值

在进行地基基础设计时，所采用的作用效应与相应的抗力限值应按下列规定：

（1）按地基承载力确定基础底面积及埋深或按单桩承载力确定桩数时，传至基础或承台底面上的作用效应应按正常使用极限状态下作用的标准组合。相应的抗力应采用地基承载力特征值或单桩承载力特征值。

（2）计算地基变形时，传至基础底面上的作用效应应按正常使用极限状态下作用的准永久组合，不应计入风荷载和地震作用。相应的限值应为地基变形允许值。

（3）计算挡土墙土压力、地基或滑坡稳定及基础抗浮稳定时，作用效应应按承载能力极限状态下作用效应的基本组合，但其荷载分项系数均取 1.0。

（4）在确定基础或桩台高度、支挡结构截面，计算基础或支挡结构内力，确定配筋和验算材料强度时，上部结构传来的作用效应和相应的基底反力、挡土墙土压力以及滑坡推力，应按承载能力极限状态下作用的基本组合，采用相应的分项系数，当需要验算基础裂缝宽度时，应按正常使用极限状态作用的标准组合。

（5）基础设计安全等级、结构设计使用年限、结构重要性系数应按有关规范的规定采用，但结构重要性系数 γ_0 不应小于 1.0。

对由永久作用控制的基本组合，可采用简化规则，基本组合的效应设计值 S_d 按下式确定：

$$S_d = 1.35 S_k \leqslant R \tag{8.1}$$

式中 R——结构构件抗力的设计值，按有关建筑结构设计规范的规定确定；

S_k——标准组合的作用效应设计值。

（6）地基基础的设计使用年限不应小于建筑结构的设计使用年限。

8.1.2 浅基础的类型及材料

按《建筑地基基础设计规范》（GB 50007—2011）将浅基础分为无筋扩展基础、扩展基础、柱下条形基础、高层建筑筏板基础。

1. 无筋扩展基础

无筋扩展基础也称为刚性基础，是采用砖、毛石、混凝土或毛石混凝土、灰土和三合土等材料，且不需要配置钢筋的墙下条形基础或柱下独立基础，适用于多层民用建筑和轻型厂房。此种基础的优点是稳定性好、施工技术简单、可就地取材且造价低廉。主要缺点是自重大，并且当持力层为软弱土时，由于扩大基础面积有一定限制，需要对地基进行处理或加固后才能采用，否则会因所受的荷载压力超过地基强度而影响结构物的正常使用。

（1）砖基础

砖基础多用于低层建筑的墙下基础。采用的砖强度等级不低于 MU10，砂浆不低于 M5。砖基础一般做成台阶式，俗称“大放脚”。其砌筑方式有两种，一是“二皮一收”，另一种是“二一间隔收”，但底层必须保证为二皮砖，即120mm高。

砖基础具有施工简便、价格低廉、适应面较广等优点，但其强度、耐久性、抗冻性和整体性均较差，且因土地、环境等因素，这种基础型式目前已较少采用。

（2）毛石基础

毛石基础是由强度较高而未风化的毛石砌筑而成。采用的毛石强度等级不低于MU30，砂浆不低于M5。为了保证锁结作用，毛石基础每一台阶宜砌成3排或3排以上的毛石，且每个台阶外伸的宽度不宜大于200mm。毛石常与砖基础共用，作砖基础的底层。

毛石基础具有取材便利、强度较高、抗冻、耐水、经济等优点，但整体性较差，故有震动的房屋很少采用。

（3）混凝土基础和毛石混凝土基础

混凝土基础的强度、耐久性和抗冻性都较好，是一种较好的基础材料。当荷载较大或位于地下水位以下时，常采用混凝土基础。混凝土基础采用的混凝土强度等级一般为C15，在严寒地区，采用的混凝土强度等级应不低于C20。

为节约混凝土用量，对于体积较大的混凝土基础，可以在浇筑混凝土时掺入冲洗干净、少于基础体积30%的毛石，做成毛石混凝土基础。在混凝土中加入适量毛石，除可节省混凝土用量外，还可缓解大体积混凝土在凝结硬化过程中由于热量不易散发而引起的开裂。

（4）灰土基础和三合土基础

灰土基础由石灰和黏性土按一定比例加适量的水混合而成，其体积配合比为3∶7或2∶8。灰土基础施工时应注意保持基坑干燥，防止灰土早期浸水。

灰土基础的缺点是早期强度较低、抗水性和抗冻性差，且在水中硬化慢，故灰土基础适用于6层及6层以下、地下水位较低的民用建筑和墙承重的轻型厂房。地下水位较高时不宜采用。

三合土基础是由石灰、砂和骨料（矿渣、碎石和石子），按一定体积比1∶2∶4或1∶3∶6配制而成。

三合土基础在我国南方地区应用很广。其造价低廉、施工简单，但强度较低，所以一般用于地下水位较低的4层及4层以下民用建筑。

2. 扩展基础

扩展基础是指柱下钢筋混凝土独立基础和墙下钢筋混凝土条形基础。

钢筋混凝土扩展基础配置了足够的钢筋承受拉应力或弯矩，其抗弯和抗剪性能好，可在上部结构荷载较大而地基承载力不高以及承受水平荷载和力矩荷载的情况下采用。由于基础不受刚性角的限制，基础高度较小，故适宜于“宽基浅埋”。

（1）柱下钢筋混凝土独立基础

现浇柱下钢筋混凝土独立基础的截面可做成阶梯形或锥形；预制柱下的基础一般采用杯形基础。基础底面一般为方形（中心受压基础）和矩形（偏心受压基础）。

（2）墙下钢筋混凝土条形基础

墙下钢筋混凝土条形基础的高度一般只需300mm左右，而基础宽度可达2m以上。其剖面一般做成无肋式。如果基础延伸方向的墙上荷载及地基土的压缩性不均匀时，为增强基础的整体性和抗弯刚度，减少地基的不均匀沉降，也可做成有肋式的墙下钢筋混凝土条形基础。

3. 柱下钢筋混凝土条形基础

柱下钢筋混凝土条形基础一般沿房屋的纵向设置。若仅是将相邻柱下基础相连，又称为联合基础或双柱联合基础。

当荷载较大，采用柱下钢筋混凝土条形基础不能满足地基基础设计要求时，可采用十字交叉条形基础，这种基础在纵横两个方向均具有一定的刚度，具有良好的调整不均匀沉降的能力。

4. 筏板基础

筏板基础像一倒置的钢筋混凝土楼盖，整体刚度大，能很好地适应上部结构荷载的变化及调整地基的不均匀沉降。按构造不同，可分为平板式和梁板式两类。其中梁板式还可按梁板位置的不同分为上梁式和下梁式，下梁式底板表面平整，可兼作建筑物底层地面。梁板式基础板的厚度比平板式小得多，但刚度较大，故能承受更大的弯矩。

5. 箱形基础

箱形基础是由钢筋混凝土底板、顶板和纵横交叉的隔墙构成，整体刚度大，基础中空部分可作地下室，而且由于埋深较大和基础空腹，可卸除基底处原有的地基土的自重应力，与实体基础相比可大大减少基础底面的附加压力，所以又称为补偿基础。箱形基础较适合于地基软弱、平面形状简单的高层建筑物基础。

8.1.3 基础埋置深度的选择

基础的埋置深度是指从室外地面标高到基础底面的距离，简称基础的埋深。

基础埋深的大小对建筑物的安全和正常使用、工程造价、施工技术及施工工期等影响较大，在保证建筑物安全可靠的前提条件下，尽量浅埋。但考虑到基础的稳定性和建筑构造的影响等因素，除岩石地基外，基础的最小埋深不应小于 0.5m，基础顶面应低于设计地面 0.1m 以上，以便于建筑物四周排水沟的布置。

基础埋深的影响因素较多，一般应从建筑物自身的情况和建筑物周围的条件来综合考虑。

（1）工程地质条件和水文地质条件。

（2）建筑物用途和基础构造。

（3）作用于基础上荷载的大小和性质。

（4）相邻建筑物的基础埋深。

（5）地基土冻胀和融陷的影响。

8.1.4 基础底面尺寸的确定

在初步选择基础类型和基础埋深后，就可以根据上部结构荷载大小和地基承载力特征值确定基础的底面尺寸。

1. 根据持力层承载力初步确定基础底面尺寸

（1）中心荷载作用下的基础

$$A \geqslant \frac{F_k}{f_a - \gamma_G \bar{d}} \tag{8.2}$$

式中　F_k——沿长度方向单位长度范围内上部结构传至基础顶面的作用标准组合值，kN/m；

f_a——修正后的地基承载力特征值，kPa；

γ_G——基础及其上回填土的平均重度，一般取 $\gamma_G=20\text{kN/m}^3$。

（2）偏心荷载作用下的基础

偏心荷载作用下基础底面尺寸的确定需用试算法，计算步骤如下：

先不考虑偏心的影响，按中心荷载作用下的式（8.2）初步估算基础底面积 A_0；再考虑偏心不利影响，将 A_0 提高 10%～40%，即 $A=(1.1\sim1.4)A_0$；然后计算基底边缘最大与最小压力。在满足 $e<\dfrac{l}{6}$ 的条件下，$P_{kmin}>0$，基底压力呈梯形分布，基底边缘最大与最小压力为：

$$\left.\begin{matrix}P_{kmax}\\P_{kmin}\end{matrix}\right\}=\frac{F_k+G_k}{bl}\left(1\pm\frac{6e}{l}\right)\tag{8.3}$$

式中 M_k——相应于作用的标准组合时，作用于基础底面的力矩值，kN·m；

e——偏心距，$e=\dfrac{M_k}{F_k+G_k}$。

当 $e>l/6$ 时，基底边缘最大压力 P_{kmax} 按式（3.7）计算。

最后验算基底压力

$$\frac{1}{2}(P_{kmax}+P_{kmin})\leqslant f_a\tag{8.4}$$

$$P_{kmax}\leqslant1.2f_a\tag{8.5}$$

如果不满足要求，需重新调整基底尺寸，直至满足要求为止。

2. 验算软弱下卧层承载力

若在持力层下地基的主要受力层范围内存在软弱下卧层时，要求作用在软弱下卧层顶面处的总应力不应超过经修正后的软弱下卧层承载力特征值。即

$$P_z+P_{cz}\leqslant f_{az}\tag{8.6}$$

式中 P_z——相应于作用的标准组合时，作用于软弱下卧层顶面处的附加应力，kPa；

P_{cz}——软弱下卧层顶面处土的自重应力，kPa；

f_{az}——软弱下卧层顶面处经深度修正后的地基承载力特征值，kPa。

对于条形基础和矩形基础，当持力层与下卧层压缩模量的比值 $E_{s1}/E_{s2}\geqslant3$ 时，根据扩散前后压力相等的原则，可得附加应力计算的表达式：

矩形基础

$$P_z=\frac{P_0bl}{(b+2z\tan\theta)(l+2z\tan\theta)}\tag{8.7}$$

对条形基础，仅考虑宽度方向的扩散，并沿基础纵向取 1m 为计算单元：

$$P_z=\frac{P_0b}{b+2z\tan\theta}\tag{8.8}$$

式中 z——基础底面至软弱下卧层顶面的距离，m；

θ——地基压力扩散角，可按表 8-1 采用；

P_0——基底平均附加应力，kPa。

对于地基承载力特征值 f_{az}，仅进行深度 $(d+z)$ 修正。

软弱下卧层承载力验算如果满足要求，说明软弱下卧层对建筑物的安全不会产生不利影响；如果不满足要求，说明下卧层承载力不够，需要重新调整基础尺寸，增大基底面积以减

小基底压力；如果还是不能满足要求，则需要考虑改变地基基础方案，或采用深基础或是进行地基处理提高软弱下卧层的承载力。

表 8-1　地基压力扩散角 θ

E_{s1}/E_{s2}	$z=0.25b$	$z=0.50b$
3	6°	23°
5	10°	25°
10	20°	30°

注：E_{s1}为上层土的压缩模量，E_{s2}为下层土的压缩模量。

3. 地基变形验算

对于甲级、乙级建筑物及部分丙级建筑物，除了要进行地基承载力验算外还需进行地基变形验算，验算方法见第 4 章有关内容。

8.1.5　无筋扩展基础设计

无筋扩展基础设计主要包括基础底面尺寸、基础剖面尺寸及其构造措施。由于无筋扩展基础所用材料具有抗压性能较好而抗拉强度偏低的特点，不能承受较大的弯曲应力和剪应力，所以一般设计成轴心受压基础。

如图 8-1 (a) 所示，为保证无筋扩展基础不因受拉或受剪切而破坏，基础底面除应满足地基承载力要求外，基础底面宽度还应符合下式要求：

$$b \leqslant b_0 + 2H_0\tan\alpha \tag{8.9}$$

式中　b——基础底面宽度，m；

b_0——基础顶面的墙体宽度或柱脚宽度，m；

H_0——基础高度，m；

$\tan\alpha$——基础台阶宽高比 b_2 ∶ H_2，其允许值可按表 8-2 采用；

b_2——基础台阶宽度，m。

采用无筋扩展基础的钢筋混凝土柱，其柱脚高度 h_1 不得小于 b_1，并不应小于 300mm 且不小于 $20d$（d 为柱中的纵向受力钢筋的最大直径），如图 8-1（b）所示。当柱纵向钢筋在柱脚内的竖向锚固长度不满足锚固要求时，可沿水平方向弯折，弯折后的水平锚固长度不应小于 $10d$ 也不应大于 $20d$。

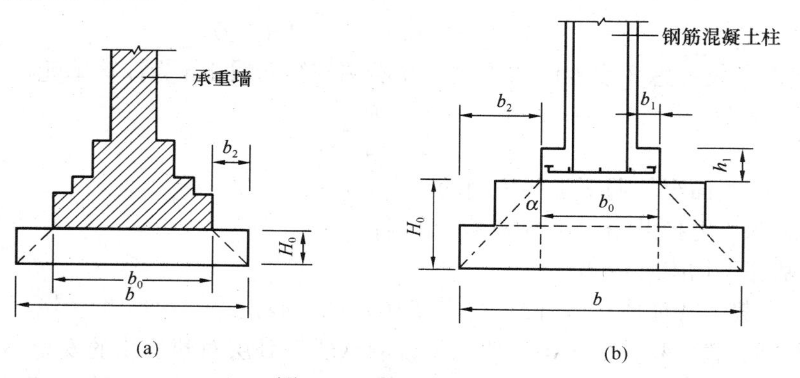

图 8-1　刚性基础示意

为节省材料，减轻基础自重，无筋扩展基础常做成台阶形。基础底部常做一垫层，垫层材料一般为灰土、三合土或素混凝土，厚度大于或等于100mm。

表8-2　无筋扩展基础台阶宽高比的允许值

基础材料	质量要求	台阶高宽比的允许值		
		$P_k \leqslant 100$	$100 < P_k \leqslant 200$	$200 < P_k \leqslant 100$
混凝土基础	C15混凝土	1：1.00	1：1.00	1：1.25
毛石混凝土基础	C15混凝土	1：1.00	1：1.25	1：1.50
砖基础	砖不低于MU10、砂浆不低于M5	1：1.50	1：1.50	1：1.50
毛石基础	砂浆不低于M5	1：1.25	1：1.50	—
灰土基础	体积比为3：7或2：8的灰土，其最小干密度： 粉土1.55t/m^2 粉质黏土1.50t/m^2 黏土1.45t/m^2	1：1.25	1：1.50	—
三合土基础	体积比1：2：4～1：3：6（石灰：砂：骨料）每层约虚铺220mm，夯至150mm	1：1.50	1：2.00	—

8.1.6　钢筋混凝土扩展基础

钢筋混凝土扩展基础是最常用的一种基础型式，包括柱下钢筋混凝土独立基础和墙下钢筋混凝土条形基础。柱下钢筋混凝土独立基础按制作方式分为现浇钢筋混凝土独立基础和预制钢筋混凝土独立基础——即杯形基础。而现浇钢筋混凝土独立基础按构造又可分为锥形基础和阶梯形基础。

1. 扩展基础的构造要求

（1）一般构造要求

①基础边缘高度：锥形基础的边缘高度一般不宜小于200mm，且两个方向的坡度不宜大于1：3，其顶部四周应水平放宽至少50mm，以方便柱模板的安装。阶梯形基础的每阶高度宜为300～500mm，如图8-2所示。

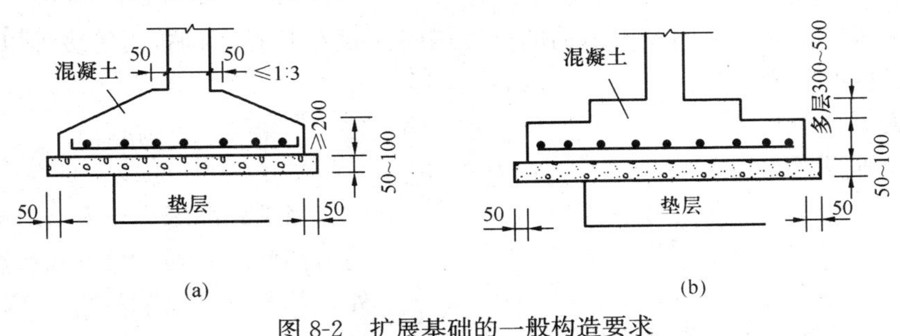

图8-2　扩展基础的一般构造要求

（a）锥形基础；（b）阶梯形基础

②基底垫层：垫层的厚度不宜小于70mm，垫层的素混凝土强度等级不宜低于C10，垫层四周各宽出基础边缘50mm。

③钢筋：钢筋混凝土扩展基础底板受力钢筋直径不宜小于10mm，间距不宜大于

200mm，也不宜小于 100mm；墙下钢筋混凝土条形基础纵向分布钢筋的直径不宜小于 8mm，间距不宜大于 300mm；每延米分布钢筋的面积应不小于受力钢筋面积的 15%。当有垫层时，钢筋的保护层的厚度不小于 40mm；无垫层时不小于 70mm。

④混凝土：基础混凝土强度等级不宜低于 C20。

⑤当基础宽度大于或等于 2.5m 时，底板受力钢筋的长度可取宽度的 0.9 倍，并宜交错布置。如图 8-3（a）所示。

⑥墙下钢筋混凝土条形基础底板在 T 形及十字形交接处，底板横向受力筋仅沿一个主要受力方向通长布置，另一方向的横向受力钢筋可布置到主要受力方向底板宽度的 1/4 处，如图 8-3（b）所示。在拐角处底板横向受力钢筋应沿两个方向布置，如图 8-3（c）所示。

⑦在墙下条形基础相交处，不应重复计入基础面积。

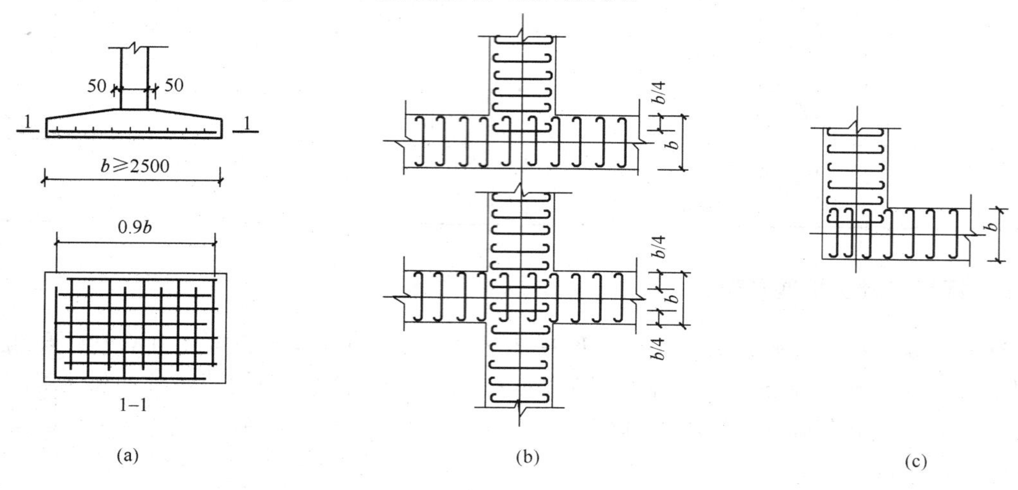

图 8-3 底板受力钢筋布置示意图

（a）柱下独立基础底板受力钢筋布置；（b）、（c）墙下条形基础纵横交叉处底板受力钢筋布置

（2）现浇柱下独立基础的构造要求

①钢筋混凝土柱和剪力墙纵向受力钢筋在基础内的锚固长度 l_a 应根据现行《混凝土结构设计规范》（GB 50010—2010）的有关规定确定。

有抗震设防要求时，纵向受力钢筋的抗震锚固长度 l_{aE} 应按不同抗震等级加以区别：

一、二级抗震等级 $$l_{aE}=1.15l_a \tag{8.10}$$

三级抗震等级 $$l_{aE}=1.05l_a \tag{8.11}$$

四级抗震等级 $$l_{aE}=l_a \tag{8.12}$$

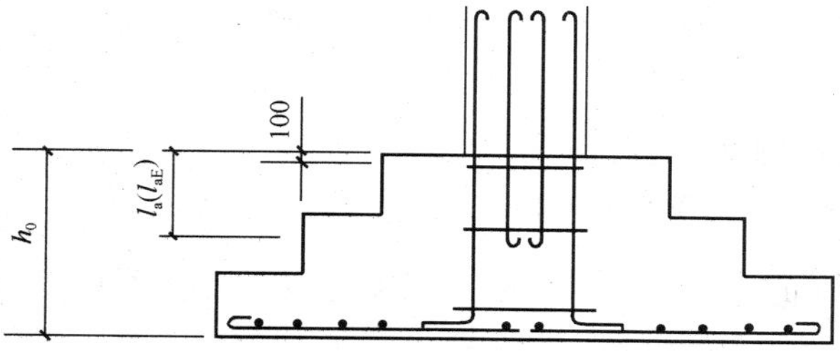

当基础高度小于 l_a（l_{aE}）时，纵向受力钢筋的锚固纵长度除符合上述要求外，其最小直锚段的长度不应小于 $20d$，弯折段的长度不应小于 150mm。

②柱纵筋在基础中的锚固通过在基础中预埋锚筋来实现。现浇柱的基础，其插筋的数量、直径以及钢筋的种类应与柱内纵向受力钢筋相同，如图 8-4 所

图 8-4 现浇柱基础中的插筋构造示意图

示。插筋的锚固长度应满足式（8.10）～式（8.12）的要求，插筋与柱的纵向受力钢筋的连接方法应符合现行标准《混凝土结构设计规范》（GB 50010—2010）的有关规定。插筋的下端宜做成直钩放在基础底板钢筋网上。

③基础中插筋至少需分别在基础顶面下 100mm 处和插筋下端设置箍筋，且间距不大于 800mm，基础中箍筋直径与柱中相同。

（3）杯形基础的构造

预制钢筋混凝土柱与杯口基础的连接如图 8-5 所示。

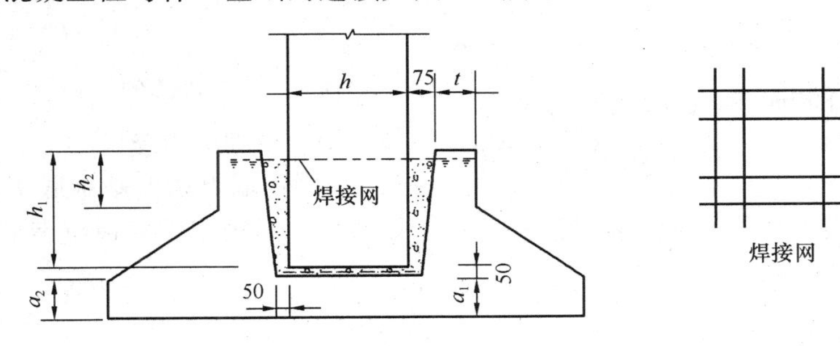

图 8-5　预制钢筋混凝土柱独立基础构造示意图

2. 墙下钢筋混凝土条形基础

墙下钢筋混凝土条形基础是在上部结构的荷载比较大而地基土质较软弱，用一般的无筋扩展式基础未能满足构造要求或施工不够经济时采用。其按外形不同可分为无肋式条形基础和有肋式条形基础两种。

墙下钢筋混凝土条形基础设计计算时取 1m 为计算单元，其计算的主要内容包括确定基础底板宽度、基础底板高度和基础底板配筋。

（1）基础底板宽度

详见 8.1.4。

（2）基础底板高度

墙下钢筋混凝土条形基础受力情况如图 8-6 所示，基础底板犹如一倒置的悬臂梁，由基础自重 G 产生的均布压力与由其产生的那部分地基反力相抵消，则基础底板仅受到由上部结构传来的荷载设计值所产生的地基净反力的作用，使基础底板发生向上的弯曲变形。此外，在地基净反力作用下，如果基础厚度不够，将发生剪切破坏，所以墙下无肋式条形基础的高度 h 应按剪切计算确定。一般要求 $h \geqslant 300$mm（$\geqslant b/8$，b 为基础宽度），当 $b<1500$mm 时，基础高度可做成等厚度；当 $b \geqslant 1500$mm 时，可做成变厚度，且板的边缘厚度不应小于 200mm，坡度 $i \leqslant 1:3$。如图 8-7 所示。

综上述，为防止基础底板发生破坏，基础底板应有足够的厚度并配置足够的受力钢筋。

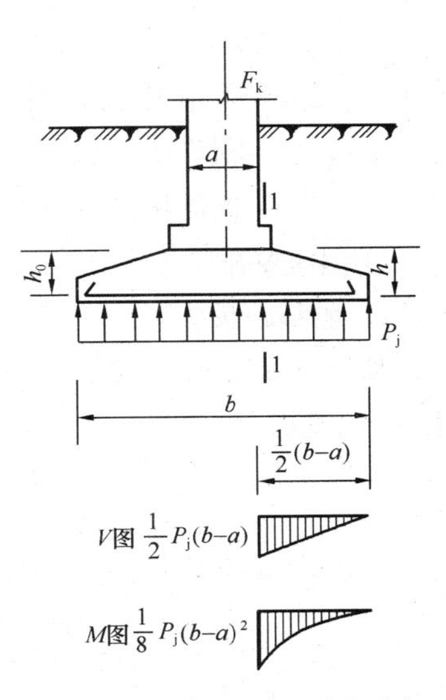

图 8-6　墙下条形基础受力分析

①轴压基础

a. 地基净反力计算

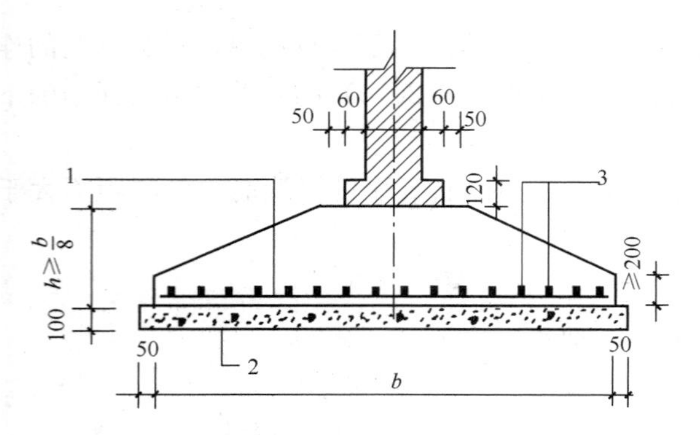

图 8-7　墙下钢筋混凝土条形基础的构造

1—受力钢筋；2—C15 混凝土垫层；3—构造钢筋

$$P_j = \frac{F}{b} \tag{8.13}$$

b. 最大内力设计值

在 P_j 作用下，Ⅰ—Ⅰ截面处（取墙边截面）弯矩 M 和剪力 V 最大，其值为

$$V = \frac{1}{2}P_j(b-a) \tag{8.14}$$

$$M = \frac{1}{8}P_j(b-a)^2 \tag{8.15}$$

式中　a——砖墙厚，m。

c. 基础底板厚度

因为墙下条形基础底板内不配置箍筋和弯筋，为防止因剪力作用而使基础底板发生剪切破坏，要求基础底板应满足式（8.16）的要求：

$$V \leqslant 0.7\beta_h f_t h_0 \tag{8.16}$$

或

$$h_0 \geqslant \frac{V}{0.7\beta_h f_t} \tag{8.17}$$

式中　f_t——混凝土轴心抗拉强度设计值，N/mm^2；

β_h——受剪承载力的截面高度影响系数，$\beta_h = \left(\frac{800}{h_0}\right)^{\frac{1}{4}}$，当 $h_0<800$mm 时，取 $h_0=800$mm，当 $h_0>2000$mm 时，取 $h_0=2000$mm；

h_0——基础底板有效高度，mm。

d. 基础底板配筋

近似计算公式为

$$A_s = \frac{M}{0.9h_0 f_y} \tag{8.18}$$

式中　A_s——条形基础底板每米长度受力钢筋截面面积，mm^2/m；

f_y——钢筋抗拉强度设计值，N/mm^2。

②偏压基础

a. 地基净反力

如图 8-8 所示，当基底净反力的偏心距 e_{j0} 满足式（8.19）要求时

$$e_{j0} = \frac{M}{F} \leqslant \frac{b}{6} \tag{8.19}$$

基础边缘处最大和最小净反力为

$$P_{\substack{jmax\\jmin}} = \frac{F}{b}\left(1 \pm \frac{6e_{j0}}{b}\right) \tag{8.20}$$

则悬臂支座处即Ⅰ—Ⅰ截面处的地基净反力为

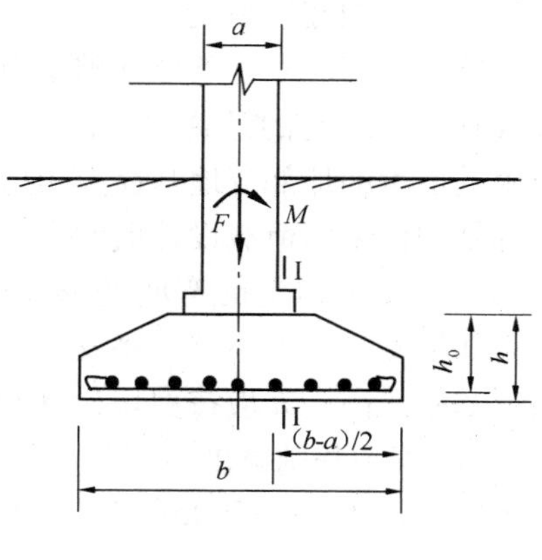

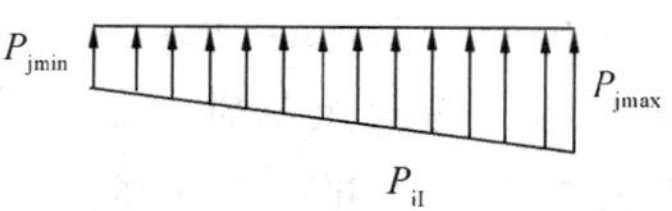

图 8-8　墙下条形基础偏心荷载作用下受力分析

$$P_{jI}=P_{jmin}+\frac{b+a}{2b}(P_{jmax}-P_{jmin}) \tag{8.21}$$

b. 最大内力设计值

$$V=\frac{1}{2}\left(\frac{P_{jmax}+P_{jI}}{2}\right)(b-a) \tag{8.22}$$

$$M=\frac{1}{8}\left(\frac{P_{jmax}+P_{jI}}{2}\right)(b-a)^2 \tag{8.23}$$

c. 基础底板厚度及基础配筋计算仍采用式（8.17）和式（8.18）。

3. 柱下钢筋混凝土独立基础

钢筋混凝土独立基础的计算主要包括确定基础底面积、基础高度和基础底板配筋。

（1）中心荷载作用下

①基础高度的确定

基础高度及变阶处高度，应通过截面抗剪强度及抗冲切验算。对独立基础而言，其抗剪强度一般能满足要求，故主要根据冲切验算确定基础高度，即在基础冲切破坏面以外由地基净反力产生的冲切力 F_l 应小于基础冲切面处混凝土的抗冲切强度。

设计时先假设一个基础高度 h，然后按下列公式验算冲切承载力：

$$F_l \leqslant 0.7f_t\beta_{hp}a_m h_0 \tag{8.23}$$

$$F_l=P_jA_l \tag{8.24}$$

式中 β_{hp}——受冲切承载力截面高度影响系数；

f_t——混凝土轴心抗拉强度设计值，N/mm²；

h_0——基础冲切破坏锥的有效高度；

a_m——冲切破坏锥体最不利一侧计算长度，$a_m=\frac{a_t+a_b}{2}$；

a_t——冲切破坏锥体最不利一侧斜截面的上边长；

a_b——冲切破坏锥体最不利一侧斜截面在基础底面积范围内的下边长；

P_j——基底净反力，对偏心受压基础可取最大净反力；

A_l——冲切力作用面积；

F_l——相应于作用的基本组合时作用在 A_l 上的地基土净反力设计值。

对于矩形基础，柱短边一侧冲切破坏的可能性较柱长边一侧大，故只需根据短边一侧冲切破坏条件来确定底板厚度。

如果冲切破坏锥体的底面全部落在基础底面以外，则不会产生冲切破坏，故不必进行冲切验算。

若基础为阶梯形，除应对柱与基础交接处进行抗冲切验算外，还应对变阶处进行抗冲切验算。

②基础底板配筋计算

基础底板在地基净反力 P_j 作用下，在两个方向均发生弯曲。若基础抗弯强度不够，则基础底板发生弯曲破坏。计算基础内力时，将独立基础的底板视为固定在柱子周边的四面挑出的梯形悬臂板，计算截面取柱边或变阶处。

Ⅰ—Ⅰ截面：

$$M_{\mathrm{I}}=\frac{P_{\mathrm{j}}}{24}(l-a_{\mathrm{c}})^{2}(2b+b_{\mathrm{c}}) \tag{8.25}$$

$$A_{\mathrm{sI}}=\frac{M_{\mathrm{I}}}{0.9f_{\mathrm{y}}h_{0}}$$

Ⅱ—Ⅱ截面：

$$M_{\mathrm{II}}=\frac{P_{\mathrm{j}}}{24}(b-b_{\mathrm{c}})^{2}(2l+a_{\mathrm{c}}) \tag{8.26}$$

$$A_{\mathrm{sII}}=\frac{M_{\mathrm{II}}}{0.9f_{\mathrm{y}}h_{0}}$$

对阶梯形基础，还需计算变阶处：

Ⅲ—Ⅲ截面：

$$M_{\mathrm{III}}=\frac{P_{\mathrm{j}}}{24}(l-a_{1})^{2}(2b+b_{1}) \tag{8.27}$$

$$A_{\mathrm{sIII}}=\frac{M_{\mathrm{III}}}{0.9f_{\mathrm{y}}h_{01}}$$

Ⅳ—Ⅳ截面：

$$M_{\mathrm{IV}}=\frac{P_{\mathrm{j}}}{24}(b-b_{1})^{2}(2l+a_{1}) \tag{8.28}$$

$$A_{\mathrm{s_{IV}}}=\frac{M_{\mathrm{IV}}}{0.9f_{\mathrm{y}}h_{01}}$$

此时，按两个方向计算出的较大钢筋面积配筋。

（2）偏心荷载作用下

①基础高度的确定

偏心受压基础高度的确定方法与中心受压相同，仅需将式（8.24）中 P_{j} 以基底最大净反力 P_{jmax} 代替即可，此时 $P_{\mathrm{jmax}}=\frac{F}{lb}\left(1\pm\frac{6e_{\mathrm{j0}}}{l}\right)$。

②基础底板配筋计算

偏心荷载作用下基础底板配筋计算与中心荷载作用时类似，只是地基净反力的取值不同。

Ⅰ—Ⅰ截面：

$$M_{\mathrm{I}}=\frac{1}{48}(P_{\mathrm{jmax}}+P_{\mathrm{jI}})(l-a_{\mathrm{c}})^{2}(2b+b_{\mathrm{c}}) \tag{8.29}$$

Ⅱ—Ⅱ截面：

$$M_{\mathrm{II}}=\frac{1}{48}(P_{\mathrm{jmax}}+P_{\mathrm{jmin}})(b-b_{\mathrm{c}})^{2}(2l+a_{\mathrm{c}}) \tag{8.30}$$

对阶梯形基础：

Ⅲ—Ⅲ截面：

$$M_{\mathrm{III}}=\frac{1}{48}(P_{\mathrm{jmax}}+P_{\mathrm{jIII}})(l-a_{1})^{2}(2b+b_{1}) \tag{8.31}$$

Ⅳ—Ⅳ截面：

$$M_{\mathrm{IV}}=\frac{1}{48}(P_{\mathrm{jmax}}+P_{\mathrm{jmin}})(b-b_{1})^{2}(2l+a_{1}) \tag{8.32}$$

仍需按各方向较大弯矩计算出的钢筋面积进行配筋。

8.1.7　钢筋混凝土柱下条形基础与十字交叉基础

柱下钢筋混凝土条形基础是指沿房屋纵向布置单向的钢筋混凝土条状基础，其横断面一般呈倒 T 形，由肋梁及横向向外伸出的翼板组成；横向布置起连系作用的矩形断面的基础梁，以增强基础的整体性及整体刚度。由于肋梁的截面相对较大，且配置一定数量的纵筋和腹筋，因而具有较强的抗剪及抗弯能力。

若基础布置成双向的钢筋混凝土条状基础，两个方向基础梁的断面均呈倒 T 形且截面尺寸相差不大时，基础即为双向的条形基础，工程上称为十字交叉条形基础或十字交梁基础。

1. 柱下条形基础的构造要求

柱下条形基础截面下部向两侧伸出部分为翼板，中间梁腹部分为肋梁。

柱下条形基础的构造，除应满足一般扩展基础的构造要求外，尚应满足下列要求。

（1）外形尺寸

①条形基础梁的两端宜向外伸出，其长度宜为第一跨的 1/3～1/4；基础底板的宽度由地基承载力计算确定。

②条形基础肋梁的高度 h 由计算确定，宜为柱距的 1/4～1/8，翼板厚度也由计算确定，且不应小于 200mm；当翼板厚度为 200～250mm 时，宜用等厚度翼板；当翼板厚度大于 250mm 时，宜采用变厚度翼板，其坡度宜小于或等于 1∶3。

③一般情况下基础梁宽度宜每边宽于柱边 50mm，沿纵向不变；但当与基础梁轴线垂直的柱边长大于或等于 600mm 时，可仅在柱子处将基础梁局部加宽。现浇柱与条形基础梁的交接处，其平面尺寸不应小于图 8-9 的规定。

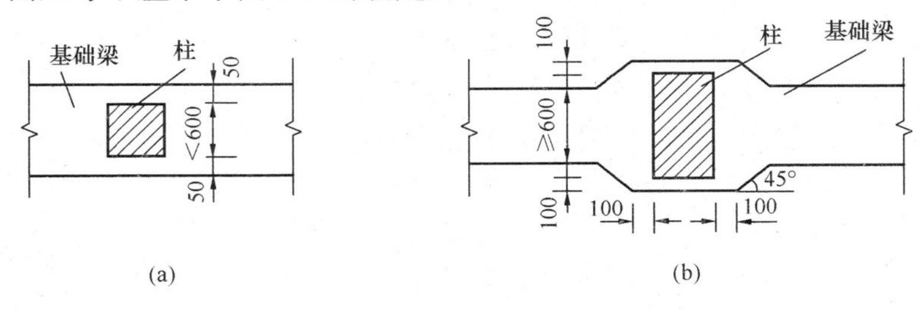

图 8-9　现浇柱与条形基础梁交接处平面尺寸

（a）与基础梁轴线垂直的柱边长小于 600mm 时；（b）与基础梁轴线垂直的柱边长大于或等于 600mm 时

（2）钢筋和混凝土

①条形基础梁内纵向受力钢筋宜优先选用 HRB400 钢筋，基础梁上部和下部的纵向受力钢筋的配筋率各不小于 0.2%，肋梁顶部钢筋按计算宜全部贯通，底部纵向受力应有 2～4 根通长配筋，且其面积不应小于底部纵向受力钢筋面积的 1/3。

②肋梁内的箍筋应为封闭式，直径不小于 8mm；当梁宽 $b \leqslant 350$mm 时用双肢箍，当 300mm$<b\leqslant$800mm 时用四肢箍，当 $b>$800mm 时用六肢箍。

③基础底板受力钢筋直径不宜小于 10mm，间距 100～200mm。

④柱下条形基础的混凝土强度等级不应低于 C20。

2. 柱下条形基础的内力计算方法

(1) 计算原则

《建筑地基基础设计规范》(GB 50007—2011) 规定，若地基土质较均匀、上部结构刚度较好、荷载分布较均匀且条形基础梁的高度大于1/6柱距时，地基反力可按直线分布，条形基础梁的内力可按连续梁计算，即“倒梁法”计算，此时考虑上部结构与地基基础共同工作，边跨中及第一内支座弯矩乘1.2系数。如不满足以上条件，宜按弹性地基梁法求内力。

(2) 基底尺寸及地基承载力验算

假设基底反力是直线分布，柱下条形基础底面积可按下式估算：

$$A \geqslant \frac{\sum F_{ik}+G_{k}+G_{wk}}{f_{a}-\gamma_{G}d} \tag{8.33}$$

若为偏心荷载作用，将 A 扩大10%～40%。底面积选定后，进一步确定 l 和 b 值，基础长度 l 可按主要荷载合力作用点与基底形心尽量靠近的原则，并结合端部伸长尺寸选定，一般可采用试算法。

基础底面尺寸确定后，可按下式计算基底反力并验算地基承载力：

轴心荷载作用时：

$$P_{k}=\frac{\sum F_{ik}+G_{k}+G_{wk}}{lb} \leqslant f_{a} \tag{8.34}$$

偏心荷载作用时，除应满足式(8.34)外，还应满足：

$$P_{kmax}=\frac{\sum F_{ik}+G_{k}+G_{wk}}{l\,b}+\frac{6\sum M_{ik}}{bl^{2}} \leqslant 1.2f_{a} \tag{8.35}$$

$$P_{kmin}=\frac{\sum F_{ik}+G_{k}+G_{wk}}{l\,b}-\frac{6\sum M_{ik}}{bl^{2}} \geqslant 0 \tag{8.36}$$

式中 $\sum F_{ik}$——各柱传至基础梁顶面的作用效应标准组合值，kN；

G_{k}——基础及上覆土重标准值，kN；

G_{wk}——作用在基础梁上墙重标准值，kN；

$\sum M_{ik}$——各作用效应标准值对基础中点的力矩代数和，kN·m；

l——基础梁长度，m；

b——基础梁宽度，m；

f_{a}——修正后的地基承载力特征值，kPa。

(3) 基底翼板的计算

由于假定基底反力是直线分布，所以基础自重和上覆土重产生的基底压力与相应的地基反力相抵消，但需考虑作用在基础梁上的墙重力，此时

$$P_{\substack{jmax\\jmin}}=\frac{\sum F_{i}+G_{w}}{l\,b} \pm \frac{6\sum M_{i}}{bl^{2}} \tag{8.37}$$

式中 $\sum F_{i}$——各柱传至基础梁顶面的作用效应设计值，kN；

G_{w}——作用在基础梁上墙重设计值，kN；

$\sum M_{i}$——各作用效应设计值对基础中点的力矩代数和，kN·m。

翼板的计算方法与墙下钢筋混凝土条形基础相同。

(4) 基础梁内力计算

由于沿梁全长作用的均布墙重、基础及上覆土重均由其产生的地基反力所抵消，故作用

在基础梁上的净反力只有由柱传来的荷载所产生，此时

$$P_{\substack{\text{jmax}\\\text{jmin}}} = \frac{\sum F_i}{lb} \pm \frac{6\sum M_i}{bl^2} \tag{8.38}$$

求得基底净反力后，可将柱视为基础梁的不动铰支座，以基底净反力作为荷载，按倒梁法计算条形基础梁的内力。

3. 柱下十字交叉基础的简化计算

当上部结构荷载较大，以致沿柱列一个方向上设置条形基础已不能满足地基承载力要求和地基变形要求时，可沿柱列的两个方向均设置成条状基础，形成十字交叉基础，以增大基础底面积及基础刚度。十字交叉基础是具有较大抗弯刚度的超静定体系，对地基的不均匀沉降有较大的调节能力。

柱下十字交叉基础，在每个交叉点（即节点）上作用有柱子传来的轴力及两个方向的弯矩。同柱下条形基础一样，当两个方向的梁高均大于1/6柱距、地基土比较均匀、上部结构刚度较大时，地基反力也可近似按直线分布考虑。根据节点处两方向竖向位移和转角相等的条件，可求得各节点在两方向梁上的分配荷载，然后按柱下条形基础的方法进行设计即可。

为简化计算，一般假设两方向上梁的抗扭刚度等于零，这样纵向弯矩由纵向条形基础承受，横向弯矩由横向条形基础承受。轴力则根据地基梁弹性特征系数λ和节点类型进行分配，方法如下。

（1）地基梁弹性特征系数λ计算

$$\lambda = \sqrt[4]{\frac{K_s b}{4E_c I}} \tag{8.39}$$

式中　K_s——地基基床系数，kN/m^3，按表8-3选用；

b——基础宽度，m；

I——基础横截面的惯性矩，m^4；

E_c——混凝土弹性模量，MPa。

表8-3　基床系数K_s值

淤泥质土、有机质土、新填土		1000～5000
软质黏性土		5000～10000
黏性土	软　塑	10000～20000
	可　塑	20000～40000
	硬　塑	40000～100000
松　砂		10000～15000
中密砂或松散砾石		15000～25000
紧密砂或中密砾石		25000～40000

（2）节点轴力分配计算

根据节点的不同类型，节点轴力可按下列公式计算。

①T字节点（边柱），如图8-10（a）所示。

$$F_{ix} = \frac{4b_x S_x}{4b_x S_x + b_y S_y} F_i \tag{8.40}$$

$$F_{iy}=\frac{b_yS_y}{4b_xS_x+b_yS_y}F_i \tag{8.41}$$

②十字节点（中柱），如图 8-10（b）所示。

$$F_{ix}=\frac{b_xS_x}{b_xS_x+b_yS_y}F_i \tag{8.42}$$

$$F_{iy}=\frac{b_yS_y}{b_xS_x+b_yS_y}F_i \tag{8.43}$$

③Γ字节点（角柱），如图 8-10（c）所示。

$$F_{ix}=\frac{b_xS_x}{b_xS_x+b_yS_y}F_i \tag{8.44}$$

$$F_{iy}=\frac{b_yS_y}{b_xS_x+b_yS_y}F_i \tag{8.45}$$

式中　b_x、b_y——分别为 x 和 y 方向的地基梁宽度，m；

S_x、S_y——分别为 x 和 y 方向的地基梁弹性特征系数的倒数，$S=\frac{1}{\lambda}=\sqrt[4]{\frac{4E_cI}{K_sb}}$；

F_i——上部结构传至交叉梁基础节点 i 的竖向荷载效应设计值，kN。

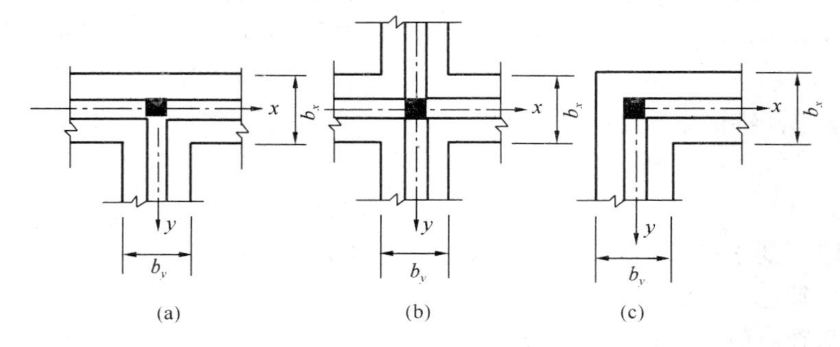

图 8-10　柱下十字交叉基础节点

（a）边柱节点；（b）中柱节点；（c）角柱节点

8.1.8　钢筋混凝土筏板基础和箱形基础简介

1. 筏板基础

当上部结构荷载较大，地基承载力较低，采用柱下十字交叉基础或墙下条形基础时底面积占建筑物总平面面积的比例较大时，可考虑选用整片的筏板基础。筏板基础分平板式和梁板式两类。

筏板基础的结构与钢筋混凝土楼盖结构相类似，由柱或墙传来的荷载，经主次梁及筏板传给地基，若将地基反力视为作用于筏板基础底板上的荷载，则筏板基础相当于一倒置的钢筋混凝土楼盖。

（1）筏板基础的构造要求

①筏板基础的平面尺寸

筏板基础的平面尺寸应满足地基承载力的要求。具体设计时，筏板边缘一般应伸出边柱和角柱外侧包线或侧墙以外，伸出长度宜不大于伸出方向边跨柱距的 1/4；无外伸肋梁的筏板，伸出长度一般不宜大于 1.5m。

②筏板厚度

筏板厚度一般可根据楼层层数按每层 50～80mm 初定，但不得小于 250mm。对平板式筏基，其板厚应满足受冲切承载力的要求，当柱荷载较大时，可将柱位下筏板局部加厚；对梁板式筏基，其板厚应满足受冲切、受剪切承载力的要求，12 层以上建筑的梁板式筏基，板厚不宜小于 400mm，且板厚与最大双向板格的短边之比不小于 1/20。

③墙体

采用筏板基础的地下室，应沿地下室四周布置钢筋混凝土外墙，外墙厚度不应小于 250mm，内墙厚度不应小于 200mm。墙体内应设置双面钢筋，钢筋不宜采用光面圆钢筋，水平钢筋的直径不应小于 12mm，竖向钢筋的直径不应小于 10mm，间距不应大于 200mm。

④混凝土强度等级

筏板基础的混凝土强度等级不应低于 C30，对于地下水位以下的地下室筏板，尚需考虑混凝土抗渗等级。

⑤配筋

当筏板基础的厚度大于 2000mm 时，宜在板厚中间部位设置直径不小于 12mm、间距不大于 300mm 的双向钢筋网；梁板式筏板基础的底板和基础梁的配筋除了满足计算要求外，纵横方向的底部钢筋尚应有不少于 1/3 贯通全跨，顶部钢筋按计算配筋全部贯通，底板上下贯通钢筋的配筋率不应小于 0.15%；平板式筏板基础柱下板带和跨中板带的底部支座钢筋应有不少于 1/3 贯通全跨，顶部钢筋按计算配筋全部贯通，上下贯通钢筋的配筋率不应小于 0.15%。

⑥柱（墙）与基础梁的连接

地下室底层柱、剪力墙至梁板式筏基的基础梁边缘的距离不应小于 50mm，其构造如图 8-11 所示。

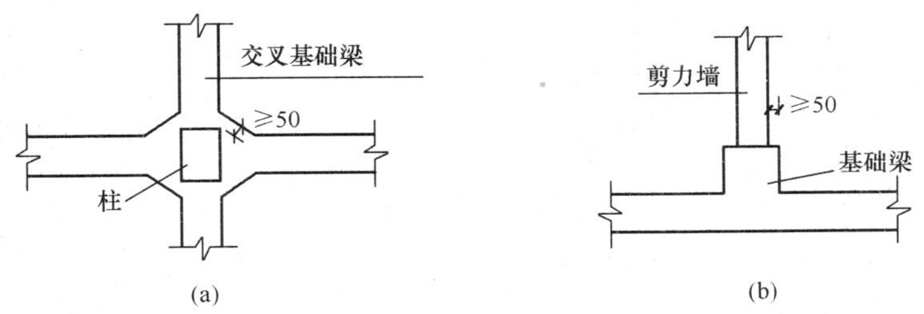

图 8-11 地下室底层柱或剪力墙与梁板筏基的基础梁连接的构造要求

（a）柱与基础梁连接；（b）剪力墙与基础梁连接

（2）筏板基础的计算

①筏板基底面积的确定

对于矩形筏板基础，基底反力可按下式计算：

$$P_{\substack{kmax\\kmin}}=\frac{\sum F_{ik}+G_k}{l\,b}\pm\frac{6\sum M_{ik}}{b\,l^2}$$

式中 $\sum F_{ik}$——筏板上总竖向荷载标准值，kN；

$\sum M_{ik}$——筏板上各竖向荷载标准值对筏板中点的力矩代数和，kN·m；

G_w——基础及其上土的重力标准值，kN；

l——筏板底面的长度，m；

b——筏板底面的宽度，m。

确定底板面积时需满足：

$$P_k = \frac{\sum F_{ik} + G_k}{lb} \leqslant f_a$$

$$P_{kmax} \leqslant 1.2 f_a$$

②筏板基础内力分析

当地基土比较均匀，地基压缩层范围内无软弱土层或可液化土层、上部结构刚度较好、柱网和荷载较均匀、梁板式筏基梁的高跨比或平板式筏基板的厚跨比不小于1/6，且相邻柱荷载及柱间距的变化不超过20%时，筏板基础可仅考虑局部弯曲作用，筏板基础内力可按基底反力直线分布进行计算，计算时基底反力应减去底板自重及其上覆土的自重。当不满足上述要求时，筏基内力应按弹性地基梁板方法进行分析计算。

根据求出的基底净反力，按“倒楼盖”法计算筏基，即将筏基视为放置在地基上的楼盖，柱、墙视为楼盖的支座，地基净反力视为作用在该楼盖上的外荷载，按建筑结构中的单向或双向梁板的肋梁楼盖、无梁楼盖方法进行计算。

③筏板基础厚度计算

应根据抗剪、抗冲切强度要求确定。

④基础梁及底板配筋计算

应根据抗弯、抗剪强度要求确定。

2. 箱形基础

箱形基础为现浇的钢筋混凝土结构，由基础底板、顶板、内外墙组成，具有以下特点：

①较大的刚度和整体性。

②承载力高、稳定性好，有较好抗震效果。

③具有较好的补偿性。

但箱形基础的设计比较复杂，施工技术要求高，且用钢量大，相对造价较高。

(1) 箱形基础的构造要求

①箱形基础的平面尺寸

箱形基础的平面尺寸应根据地基强度、上部结构的布局和荷载分布等条件确定。其平面形状应力求简单对称，对单幢建筑物，在均匀地基的条件下，基底平面形心应尽可能与上部结构竖向荷载重心相重合。

②箱形基础的高度

箱形基础的高度应满足结构承载力、结构刚度和使用的要求，其值不宜小于箱形基础长度的1/20，并不宜小于3.0m。

③箱形基础的埋深

箱形基础的埋深必须满足地基承载力和稳定性的要求，在抗震设防区，箱形基础的埋深不宜小于建筑物高度（从天然地面算起的建筑物高度）的1/15。

④箱形基础的墙体

箱形基础的墙体是保证箱形基础整体刚度和纵横方向抗剪强度的重要构件。构造上的具体要求如下：

a. 箱形基础的内、外墙应沿上部结构柱网和剪力墙纵横向均匀布置，墙体水平截面总面积不宜小于箱形基础外墙外包尺寸水平投影面积的1/10；对基础平面长宽比大于4的箱形基础，其纵墙水平截面面积不得小于箱基外墙外包尺寸投影面积的1/18。

b. 箱形基础外墙厚度不应小于250mm，内墙厚度不应小于200mm；墙体内应设置双面双向钢筋，竖向和水平钢筋的直径不应小于12mm，间距不应大于300mm；除上部为剪力墙外，内外墙的墙顶处宜配置两根直径不小于20mm的通长构造钢筋。

c. 箱形基础的墙体应尽量不开洞或少开洞，并避免开偏洞和边洞、高度大于2m的高洞、宽度大于1.2m的宽洞；如必须开洞，门洞宜设在柱间居中部位，洞边至上层柱中心的水平距离不宜小于1.2m，洞口上过梁的高度不宜小于层高的1/5，洞口面积不宜大于柱距和箱形基础全高乘积的1/6；墙体洞口周围应设置加强钢筋，洞口四周附加钢筋面积不应小于洞口内被切断钢筋面积的一半，且不小于两根直径为16mm的钢筋，此钢筋应从洞口边缘处延长40倍钢筋直径。

⑤箱形基础的顶板和底板

箱形基础的顶板厚度应按跨度、荷载、反力大小确定，并应进行斜截面抗剪强度的验算和冲切验算，一般要求顶板厚度不宜小于200mm，常为200～400mm；箱形基础的底板厚度根据受力情况、整体刚度及防水要求确定，一般不小于400mm；箱形基础的顶板和底板均应采取双层双向配筋，其钢筋的配置除符合计算要求外，纵横方向支座钢筋尚应有1/3～1/2的钢筋连通，且连通钢筋的配筋率分别不小于0.15%（纵向）和0.1%（横向），跨中钢筋按实际需要的配筋全部连通。

⑥混凝土

箱形基础的混凝土强度等级不应低于C30，并采用密实混凝土，刚性防水；当有地下室时，应采用防火混凝土。

（2）箱形基础的计算

①基底反力

基底反力以弹性理论为依据，假定地基的应力与应变为线性关系。《高层建筑筏形与箱形基础技术规范》（JGJ 6—2011）提供了地基反力确定方法，即将基础底面（包括底板悬挑部分）划分为若干区格，每区格基底反力为：

$$P_i = \frac{\sum F + G}{bl} a_i$$

式中　P_i——第i区格基底反力，kPa；

$\sum F$——上部结构作用在箱形基础上的荷载，kN；

G——箱形基础自重和挑出部分台阶上的土重，kN；

a_i——地基反力系数，查《高层建筑筏形与箱形基础技术规范》附表。

每区格基底净反力为：

$$P_{ij} = \frac{\sum F}{bl} a_i$$

该方法既考虑了基础的整体弯曲，又考虑了每个区格的局部弯曲，适合于上部结构刚度不大、荷载比较均匀的框架结构，地基土比较均匀，底板悬挑部分不宜超过0.8m，不考虑相邻建筑物的影响以及满足规范构造要求的单幢建筑物的箱形基础。当上部结构为结构刚度较大的剪力墙或框架剪力墙等，可不考虑箱形基础的整体弯曲，基底压力按直线分布计算。

②地基承载力验算

对于天然地基上的箱形基础，应验算持力层的地基承载力，其验算方法与天然地基上的浅基础大体相同。

在强震、强台风地区，当建筑物比较软弱、建筑物高耸、偏心较大、埋深较浅时，有必要做水平抗滑稳定性和整体倾覆稳定性验算。

③箱基内力计算

当地基压缩层深度范围内的土层在竖向和水平方向较均匀，且上部结构为平立面布置较规则的剪力墙、框架剪力墙体系时，箱形基础的顶、底板可仅按局部弯曲计算，计算时，底板反力应扣除板的自重。

对不符合上述要求的箱形基础，应同时考虑局部弯曲及整体弯曲的作用，底板局部弯曲产生的弯矩应乘以 0.8 折减系数；计算整体弯曲时，应考虑上部结构与箱形基础的共同作用；对框架结构，箱形基础的自重应按均布荷载处理。

8.1.9 减少建筑物不均匀沉降的措施

在软弱地基上建造建筑物，除考虑采用合适的地基方案和地基处理措施外，也不能忽视在建筑设计、结构设计和施工中采取相应的措施，以减轻不均匀沉降对建筑物的危害。在地基条件较差时，如果在建筑设计、结构设计及施工中处理得当，还可节省基础造价或减少地基处理费用。

1. 建筑措施

采取建筑措施的目的是提高建筑物的整体刚度，以增强抵抗不均匀沉降的危害性的能力。

（1）建筑物体型应力求简单

建筑物的体型设计应力求避免平面形状复杂和立面高差悬殊。建筑平面简单、高度一致的建筑物，基底应力比较均匀，圈梁容易拉通，整体刚度好，即使沉降较大，建筑物也不易产生裂缝和损坏。

建筑物体型（平面及剖面）复杂，不但削弱建筑物的整体刚度，而且使房屋构件受力复杂，建筑物容易因不均匀沉降而产生裂损。因此，在满足建筑功能和使用要求的前提下，应尽量采用平面简单、高度一致的体型。

（2）加强建筑物的整体刚度

建筑物的整体刚度越大，适应和调整不均匀沉降的能力越强。在建筑设计中常采用下列措施加强建筑物的整体刚度：

①控制建筑物的长高比。建筑物在平面上的长度 L 和从基础底面算起的高度 H_f 之比称为建筑物的长高比。长高比较小，房屋整体刚度越大，抵抗弯曲和调整地基不均匀沉降的能力就越强。当房屋的预估最大沉降量大于 120mm 时，对于 3 层及 3 层以上房屋，其长高比不宜大于 2.5。对于平面简单、内外墙贯通的建筑物，长高比可适当放宽，一般不宜大于 3.0。

②合理布置纵横墙。增强建筑物整体刚度的另一重要措施是合理布置纵横墙。应尽可能使内、外纵墙贯通；适当缩小横墙的间距，可有效改善建筑物的整体刚度。

（3）设置沉降缝

为减少地基的不均匀沉降，当建筑物平面形状复杂、立面高差较大或地基土不均匀时，可在建筑物的某些特定部位设置沉降缝，以有效地减小不均匀沉降的危害。

根据工程经验，沉降缝通常设置于如下几个部位：

①平面形状复杂的建筑物转折处；

②建筑物高度或荷载差别很大处；

③长高比过大的砌体结构或钢筋混凝土框架结构的适当部位；

④建筑物结构或基础类型不同处；

⑤地基土压缩性显著变化处；

⑥分期建造房屋的交接处。

沉降缝应留有足够的宽度，缝内一般不填充材料，以防止沉降缝两侧的结构相向倾斜而互相挤压。沉降缝可结合伸缩缝设置，在抗震地区，还应符合抗震缝要求。沉降缝的宽度见表8-4。

表8-4　建筑物沉降缝的宽度

建筑物层数	2～3	4～5	5层以上
沉降缝宽度（mm）	50～80	50～80	≥120

注：当沉降缝两侧单元层数不同时，缝宽按高层者取用。

（4）控制相邻建筑物的净距

若相邻建筑物太近，由于地基应力扩散作用会产生相互影响，引起相邻建筑物产生附加沉降，其值不均匀将引起建筑物的开裂或倾斜。所以，建造在软弱地基上的建筑物，应将高低悬殊部分（或新老建筑物）离开一定距离。相邻建筑物基础间的净距见表8-5。

表8-5　相邻建筑物基础间的净距　　m

影响建筑的预估平均沉降量 s（mm）		70～150	160～250	260～400	>400
受影响建筑的长高比	$2.0\leqslant L/H_f<3.0$	2～3	3～6	6～9	6～9
	$3.0\leqslant L/H_f<5.0$	3～6	6～9	6～9	≥12

注：1. 表中 L 为建筑物长度或沉降缝分隔的单元长度（m）；H_f 为自基础底面算起的建筑物高度（m）。

2. 当受影响建筑的长高比为 $1.5\leqslant L/H_f<2.0$ 时，其净距可适当减小。

（5）调整建筑物标高

由于基础的沉降会引起建筑物各组成部分的标高发生变化而影响建筑物的正常使用，为减少或防止沉降对建筑使用功能的不利影响，设计时就应根据基础的预估沉降量，适当调整建筑物或各部分的标高。

2. 结构措施

在软弱地基上，减小建筑物的基底压力及调整基底的附加应力分布是减小基础不均匀沉降的根本措施；加强上部结构的刚度和强度是调整不均匀沉降的重要措施；将上部结构做成静定体系是减轻地基不均匀沉降危害的有效措施。

（1）减小建筑物的基底压力

减轻结构重力的主要方法有如下几种：

①减轻墙体重力。选用轻质的墙体材料，如轻质混凝土墙板、空心砌块、空心砖或其他轻质墙等。

②采用轻型结构。如采用预应力混凝土结构、轻钢结构以及轻型屋面等。

③采用覆土少而自重轻的基础型式。例如采用浅埋钢筋混凝土基础、空心基础、空腹沉井基础等。

（2）调整基底压力或附加应力

①设置地下室或半地下室，以减小基底附加应力。

②改变基底尺寸，调整基础沉降。对于上部结构荷载大的基础，可采用较大的基底面积，以调整基底应力，使基础沉降趋于均匀。

（3）增强建筑物的整体刚度和强度

控制建筑物的长高比，适当加密横墙，做到纵墙不转折或少转折；此外，在结构设计中，可在砌体中适当部位设置圈梁以增强其整体性，提高砌体的抗拉抗剪能力，防止或减少由于地基不均匀沉降产生的裂缝。

（4）采用刚度大的基础型式

对于建筑体型复杂、荷载差异较大的框架结构，可采用箱基、柱基、筏基等加强基础整体刚度，减少不均匀沉降。

（5）采用适应不均匀沉降的上部结构

对不均匀沉降不敏感的结构，如排架、三铰拱（架）等结构，当支座发生相对变位时，不会在结构内引起很大附加应力，有利于减小不均匀沉降的危害。

3. 施工措施

（1）合理安排施工顺序：如当建筑物存在高、低或轻、重不同部分时，应先建造高、重部分，后施工低、轻部分；先施工主体建筑，后施工附属建筑。

（2）在基坑开挖时，尽量不要扰动基底土的原来结构，通常在坑底保留约 200mm 厚的土层，待施工时再挖除。如发现坑底已被扰动，应将已扰动的土挖去，并用砂、碎石回填夯实至要求的标高。

8.2 考核要点

1. 地基基础设计的基本规定

考核要点：地基基础的设计等级及设计原则；荷载取值规定。

2. 浅基础类型和埋深选择

考核要点：浅基础的类型及适用条件；选择基础埋深考虑的主要因素。

3. 浅基础的设计与计算

考核要点：基础底面尺寸的确定；刚性基础刚性角的要求；扩展基础的构造要求及设计计算方法；柱下条形基础的构造要求、基础内力计算方法及设计要点；柱下十字交叉基础、筏板基础、箱形基础的构造要求。

4. 减轻不均匀沉降的措施

考核要点：减轻不均匀沉降危害的建筑措施、结构措施及施工措施。

8.3　典型题解

【例 8-3-1】 简述天然地基上浅基础的设计内容。

【答】 天然地基上浅基础的设计，包括下述各项内容：

①选择基础的材料、类型，进行基础平面布置；

②选择基础的埋置深度；

③确定地基承载力特征值；

④根据地基承载力确定基础的底面尺寸；

⑤必要时进行地基变形与稳定性验算；

⑥进行基础结构设计（按基础布置进行内力分析、截面计算和满足构造要求）；

⑦绘制基础施工图，提出施工说明。

【例 8-3-2】 计算基础底面积的公式 $A \geqslant \frac{F_k}{f_a - \gamma_G d}$ 中，是否考虑了基础及其上回填土自重的作用？

【答】 对式 $A \geqslant \frac{F_k}{f_a - \gamma_G d}$ 进行推导即可知道，该式考虑了基础及其回填土自重的作用。

根据地基持力层承载力要求 $P_k \leqslant R_a$，得

$$P_k = \frac{F_k + G_k}{A} = \frac{F_k + \gamma_G A d}{A} \leqslant f_a$$

整理可得

$$A \geqslant \frac{F_k}{f_a - \gamma_G d}$$

可见，公式 $A \geqslant \frac{F_k}{f_a - \gamma_G d}$ 考虑了基础及其回填土自重的作用。

【例 8-3-3】 在什么情况下，应进行地基软弱下卧层承载力验算？不满足软弱下卧层承载力要求时，可能产生什么后果？应该怎么办？

【答】 如果在持力层以下的地基范围内，存在压缩性高、抗剪强度和承载能力低的土层，则除按地基持力层承载力确定基础底面尺寸外，尚应对软弱下卧层进行承载力验算。

进行软弱下卧层承载力验算时，要求作用在软弱下卧层顶面处的总应力不应超过经修正后的软弱下卧层承载力特征值，即

$$P_z + P_{cz} \leqslant f_{az}$$

如果软弱下卧层的承载力不满足要求，则该基础的沉降可能较大，或者地基可能产生剪切破坏。这时应考虑增大基础底面积，或改变基础类型，减小基础埋深。如这样处理之后仍未能符合要求，则应考虑采用其他地基基础方案。

【例 8-3-4】 某场地由两层土组成，第一层为粉质黏土，厚度为 3.3m，天然重度 $\gamma_1 = 18.5\text{kN/m}^3$，压力扩散角 $\theta = 22°$，$f_{ak} = 150\text{kPa}$；第二层为淤泥质土，厚度为 2m，天然重度 $\gamma_2 = 18\text{kN/m}^3$，地基承载力特征值 $f_{ak} = 80\text{kPa}$，承载力的宽度、深度修正系数 $\eta_b = 0$，$\eta_d = 1.0$。条形基础的宽度取 1.8m，基础埋深为 1.5m，墙传给基础的荷载（作用在±0.00 标高处）$F_k = 200\text{kN/m}$。试验算持力层和软弱下卧层的地基承载力是否满足要求。

【解】 ①持力层承载力验算

由基础宽度 $b<3\text{m}$，地基承载力深度修正系数 $\eta_b=0$，$\eta_d=1.0$，得持力层承载力特征值为：

$$f_a=f_{ak}+\eta_d\cdot\gamma_0(d-0.5)=150+1.0\times18.5\times(1.5-0.5)=168.5\text{kPa}$$

$$P_k=\frac{F_k+G_k}{A}=\frac{200+1.8\times1.5\times20}{1.8}=141\text{kPa}<f_a(=168.5\text{kPa})$$

持力层承载力满足要求。

②软弱下卧层承载力验算

基底处土的自重应力值为：

$$P_{cz}=\gamma d=18.5\times1.5=27.8\text{kPa}$$

因为应力扩散角 $\theta=22°$，所以软弱下卧层顶面处附加应力值为：

$$P_z=\frac{b(P_k-P_{cz})}{b+2z\tan\theta}=\frac{1.8\times(141-27.8)}{1.8+2\times1.5\tan22°}=67.9\text{kPa}$$

软弱下卧层顶面处自重应力：

$$P_{cz}=\gamma d=18.5\times3.3=61.05\text{kPa}$$

软弱下卧层的地基承载力特征值修正为：

$$f_{az}=f_{akz}+\eta_d\cdot\gamma_0(d-0.5)=80+1.0\times18.5\times(3.3-0.5)=131.8\text{kPa}$$

软弱下卧层承载力验算：

$$P_z+P_{cz}=67.9+61.05=129\text{kPa}<f_{az}(=131.8\text{kPa})$$

软弱下卧层承载力满足要求。

【例 8-3-5】 是非题（ ）基础顶面距离地面一般要大于 0.5m。

【答】 ×

【释】 基础顶面距离地面一般要大于 0.1m。

【例 8-3-6】 选择题 某柱基础为均质黏性土层，重度 $\gamma=17.5\text{kN/m}^3$，孔隙比 $e=0.7$，液性指数 $I_L=0.78$，基础底面尺寸为 2.5m×1.5m，埋置深度为 1.0m，地基承载力特征值 $f_{ak}=226\text{kPa}$，则修正后地基承载力的特征值 f_a 为（ ）。

A. 220kPa　　B. 240kPa　　C. 248.6kPa　　D. 245.3kPa

【答】 B

【释】 因为基础宽度小于 3m，所以只需按公式 $f_a=f_{ak}+\eta_d\gamma_0(d-0.5)$ 进行埋深的修正。

8.4 习　　题

8.4.1 填空题

1-1 建筑物地基根据是否经过人工处理分为____和____，基础按埋置深度和施工方法的不同可分为____和____。

1-2 基础应具有承受荷载、抵抗变形和适应环境影响（如地下水侵蚀和低温冻胀等）的能力，即要求基础具有足够的____、____和____。

1-3 砖基础所用的砖，强度等级不低于____，砂浆不低于____。在地下水位以下或当地基土潮湿时，应采用水泥砂浆砌筑。

1-4　灰土是用________和____按体积比____或____拌合配制而成。

1-5　三合土是由____、____和____，按一定体积比____或____加适量水拌合配制而成，铺入基槽内分层夯实，每层虚铺约____，夯实至____。

1-6　为了保护基础不受人类活动的影响，基础应埋在地表以下，其最小埋深为____ m 且基础顶面至少应低于设计地面____ m。

1-7　地基变形可分为四种：____、____、____和____。

1-8　如果持力层以下的地基范围内存在有软弱下卧层，需对软弱下卧层的承载力进行验算，验算时要求____，用公式表示为____。

1-9　基础及其台阶上回填土的平均重度取为____ kN/m^3。

1-10　有肋的钢筋混凝土条形基础可以增强基础的____和____。砖基础的砌筑方式有____和____两种。

1-11　浅基础施工包括____、____、____、____、____和____。

1-12　钢筋混凝土条形基础可以采用锥形基础，基础边缘高度不宜小于____ mm，底板受力钢筋最小直径不宜小于____ mm，间距不宜大于____ mm。

1-13　扩展基础采用锥形，其边缘高度一般不宜小于____ mm，且两个方向的坡度不宜大于____，其顶部四周应水平放宽至少____ mm，以方便柱模板的安装。若采用阶梯形，则基础的每阶高度宜为____ mm。

1-14　柱下条形基础一般采用____截面，由____和____组成，肋梁高度一般宜为柱距的____，两端外伸长度一般为边跨的____。

1-15　柱下条形基础肋梁的高度大于 1/6 柱距时，地基反力可按____，条形基础梁的内力可按____计算，

1-16　柱下柔性条形基础的混凝土强度等级不低于____。

1-17　钢筋混凝土基础构造要求，底板钢筋的保护层，当设置垫层时不宜小于________ mm，无垫层时不宜小于____ mm。

1-18　选择基础底面尺寸首先应满足地基承载力要求，包括____和____验算。

1-19　柱下单独基础的高度须满足____要求。

1-20　箱形基础的混凝土强度等级不应低于____，并采用____混凝土，刚性防水。

1-21　钢筋混凝土扩展式基础指____和____。

1-22　对经常受水平荷载作用的____、____和____等，以及建造在____或边坡附近的建筑物和构筑物，尚应验算其稳定性。

1-23　筏板基础的板厚一般可根据楼层层数按每层 50～80mm 初步确定，但最小不得小于____。对平板式筏基，其板厚应满足____的要求。

1-24　条形基础梁顶部和底部的纵向受力钢筋除满足计算要求外，顶部钢筋按____，底部纵向受力应有____根通长配筋，其面积不应小于底部纵向受力钢筋面积的____。

1-25　对刚性基础设计，要求刚性基础台阶的高度 H_0 应符合____的要求。

1-26　箱形基础的内、外墙应沿____和____纵横向均匀布置，墙体水平截面总面积不宜小于箱形基础外墙外包尺寸水平投影面积的____。

1-27　在软弱地基上，减小建筑物的____及调整基底的____是减小基础不均匀沉降的根本措施。

1-28 筏板基础边缘一般应伸出边柱和角柱____，伸出长度宜不大于伸出方向边跨柱距的____。

1-29 墙下条形基础的高度可先按经验取 $h=$____，再进行____验算。

1-30 毛石基础每台阶高度和基础墙厚不宜____，每阶两边各伸出宽度不宜____，当基础底宽小于 700mm 时，应做成矩形基础。

8.4.2 单项选择题

2-1 下列确定地基承载力特征值的方法，不适用于岩基的是（ ）。

A. 野外鉴别　　B. 标准贯入试验

C. 现场载荷试验　　D. 室内岩石单轴抗压强度试验

2-2 在软土上的高层建筑为减小地基的变形和不均匀沉降，下列（ ）项措施达不到预期效果。

A. 减小地基附加压力

B. 调整房屋各部分荷载分布和基础宽度、埋深

C. 增加基础的强度

D. 增加房屋结构的刚度

2-3 某墙下条形基础，顶面的中心荷载 $F_k=180$kN/m，基础埋深 $d=1.0$m，地基承载力特征值 $f_a=180$kPa，则该基础的最小底面宽度为（ ）。

A. 1.125m　B. 1.2m　C. 1.1m　D. 1.0m

2-4 对持力层的承载力特征值进行修正时，下列说法正确的是（ ）。

A. 需对基础的宽度和埋置深度同时进行修正

B. 仅需对基础的埋置深度进行修正

C. 当基础的埋置深度大于 0.5m 时，仅需对基础的埋置深度进行修正

D. 当基础的宽度大于 3m 时，仅需对基础的宽度进行修正

2-5 对软弱下卧层的承载力特征值进行修正时，下列说法正确的是（ ）。

A. 仅当基础宽度大于 3m 时方需做宽度修正

B. 需做宽度和深度修正

C. 仅需做深度修正

D. 仅需做宽度修正

2-6 一轴心受压基础，宽度为 2m，埋深为 1.5m，基底以上土的加权平均重度为 20kN/m^2，基底以下砂土的重度为 18kN/m^3，砂土的内摩擦角标准值为 30°，承载力系数 $M_b=1.90$，$M_d=5.59$，$M_c=7.95$。根据土的抗剪强度指标确定该地基承载力的特征值为（ ）。

A. 226.9kPa　B. 236.1kPa　C. 264.7kPa　D. 270.3kPa

2-7 高层建筑为了减小地基的变形，下列（ ）型式较为有效。

A. 钢筋混凝土十字交叉条形基础　　B. 箱形基础

C. 筏板基础　　D. 扩展基础

2-8 当新建筑物基础深于既有（旧）建筑物基础时，新旧建筑物相邻基础之间应保持的距离一般可为两相邻基础底面标高差的（ ）。

A. 0.5～1倍　　B. 1～2倍　　C. 2～3倍　　D. 3～4倍

2-9　钢筋混凝土柱下条形基础的肋梁高度不可太小，一般宜为柱距的（　）。

A. 1/3～1/2　　B. 1/4～1/3　　C. 1/8～1/4　　D. 1/10～1/8

2-10　某柱下独立基础底面尺寸为2.5m×1.5m，地基为均质黏性土层，土的重度γ=17.5kN/m^3，孔隙比e=0.7，I_L=0.78，基础埋置深度为1.0m，地基承载力特征值f_{ak}=226kPa，则修正后地基承载力特征值f_a为（　）。

A. 240kPa　　B. 245.3kPa　　C. 248.6kPa　　D. 220kPa

2-11　除岩石地基外，浅基础的埋置深度不宜小于（　）。

A. 0.1m　　B. 0.3m　　C. 0.4m　　D. 0.5m

2-12　下列有关基础埋置深度的叙述，正确的是（　）。

A. 如果在基础影响范围内有管道或坑沟等地下设施时，基础应放在它们上面

B. 靠近原有建筑物修建新基础时，新基础的埋深要大于原有建筑物基础的埋深

C. 墙下刚性条形基础不同的埋深时，应沿基础纵向做成台阶形，并由深到浅逐渐过渡

D. 当存在有地下水时，基础应尽量埋在地下水位以下

2-13　三合土基础适用于（　）。

A. 5层和5层以下的民用建筑　　B. 4层和4层以下的民用建筑

C. 6层和6层以下的民用建筑　　D. 7层和7层以下的民用建筑

2-14　轴心荷载作用下，基底压力的计算公式为（　）。

A. $P_k=\dfrac{F_k+G_k}{A}$　　B. $P_k=\dfrac{F_k}{A}$

C. $P_k=\dfrac{F_k+G_k}{A}+\gamma_0\cdot d$　　D. $P_k=\dfrac{F_k}{A}+G_k$

2-15　某柱传给其基础的竖向荷载F_k=200kN，基底埋深为1.5m，地基承载力设计值为f_a=160kPa，则该柱下基础的最小底面积为（　）。

A. 1.58m^2　　B. 1.3m^2　　C. 1.8m^2　　D. 1.54m^2

2-16　计算基础内力时，基底的反力应取（　）

A. 基底反力　　B. 基底净反力　　C. 地基附加压力　　D. 基底附加压力

2-17　在基底附加压力计算公式$P_0=P-\gamma d$中，d为（　）。

A. 基础平均埋深

B. 从室内地面算起的埋深

C. 从室外地面算起的埋深

D. 从天然地面算起的埋深，对于新填土场地则从老天然地面算起

2-18　一墙下条形基础底宽1m，埋深1m，承重墙传来的中心竖向荷载F_k=150kN/m，则基底压力为（　）。

A. 150kPa　　B. 160kPa　　C. 170kPa　　D. 180kPa

2-19　设计等级为（　）的建筑物基础不应按变形设计。

A. 甲级　　B. 乙级　　C. 丙级　　D. 部分丙级

2-20　基础不是按其构造分类的是（　）。

A. 柔性基础　　B. 独立基础　　C. 条形基础　　D. 箱形基础

8.4.3 多项选择题

3-1 在地基基础设计中，作用在基础上的荷载的取值方法，下列说法正确的是（ ）。

A. 按地基承载力确定基础底面积时，传至基础底面上的作用效应按承载力极限状态下作用的基本组合

B. 计算地基稳定性和重力式挡土墙上土压力时，作用效应应按承载力极限状态下作用的基本组合，但其分项系数均为 1.0

C. 计算地基变形时，传至基础底面上的作用效应按正常使用极限状态下作用的准永久组合，不应计入风荷载和地震作用

D. 进行基础截面及配筋计算时，上部结构传来的作用效应按承载力极限状态下作用的基本组合，采用相应的分项系数

3-2 下列基础类型中，为刚性基础的是（ ）。

A. 砖基础　　B. 混凝土基础

C. 毛石混凝土基础　　D. 钢筋混凝土基础

3-3 砖基础所用的砖、砂浆的强度等级分别不应低于（ ）。

A. MU10　　B. M5　　C. MU7.5　　D. M2.5

3-4 灰土的体积配合比为（ ）。

A. 2∶8　　B. 2∶4　　C. 3∶7　　D. 3∶6

3-5 三合土的体积配合比为（ ）。

A. 1∶3∶7　　B. 1∶2∶8　　C. 1∶2∶4　　D. 1∶3∶6

3-6 混凝土基础的（ ）较好。

A. 抗压强度　　B. 耐久性　　C. 抗冻性　　D. 抗拉强度

3-7 下列（ ）可采用柱下条形基础。

A. 柱荷载较大时

B. 柱距较小而地基承载力较低，如采用单独基础，则相邻基础之间的净距很小且相邻荷载影响较大时

C. 由于已有的相邻建筑物或道路等场地的限制，使边柱做成不对称的单独基础过于偏心，而需要与内柱做成联合或连续基础时

D. 柱荷载较大或地基条件较差，如采用单独基础，可能出现过大的沉降时

3-8 基础的埋置深度受（ ）的影响。

A. 土层的性质和分布　　B. 地下水位的高低

C. 荷载的性质与大小　　D. 地基条件

3-9 在地基承载力的修正公式 $f_a = f_{ak} + \eta_b \gamma (b-3) + \eta_d \gamma_0 (d-0.5)$ 中，d 为基础的埋深，它应按（ ）取值。

A. 一般取基础底面至室内设计地面的距离，即从室内地面标高算起

B. 一般取基础底面至室外设计地面的距离，即从室外地面标高算起

C. 在填方整平地区，可自填土地面标高算起，但填土在上部结构施工后完成时，应从天然地面标高算起

D. 对于地下室，如采用箱形或筏板基础时，基础埋置深度自室外地面标高算起，在其

他情况下（如地下室采用独立基础），应从室内地面标高算起

3-10 在偏心荷载作用下，要求（ ）。

A. $\bar{P} \leqslant f_a$　　B. $P_{max} \leqslant 1.2f_a$　　C. $P \leqslant 1.2f_a$　　D. $P_{min} \geqslant 0$

3-11 若软弱下卧层承载力不满足要求，则（ ）。

A. 上部结构发生破坏　　B. 基础发生破坏

C. 基础的沉降可能较大　　D. 地基可能产生剪切破坏

3-12 若软弱下卧层承载力不满足要求，（ ）可以改善。

A. 增大基础底面积　　B. 改变基础类型

C. 减小基础埋深　　D. 改变基础材料

3-13 下列方法中，可以防止和减小不均匀沉降的是（ ）。

A. 在建筑设计时，使建筑物的体型尽量简单

B. 控制建筑物的长高比

C. 设置沉降缝

D. 相邻建筑物之间保持一定的距离

3-14 可以采用倾斜值控制地基变形的是（ ）。

A. 高层建筑　　B. 高耸结构　　C. 多层建筑　　D. 框架结构

3-15 防止和减轻不均匀沉降，可以采取（ ）。

A. 对地基某一深度内或局部进行人工处理

B. 采用桩基础或其他深基础方案

C. 在建筑设计、结构设计时采取某些措施

D. 在建筑物施工时采取恰当的施工顺序和施工方法

3-16 可以采用相邻柱基的沉降差控制地基变形的是（ ）。

A. 框架结构　　B. 单层排架结构　　C. 砌体结构　　D. 高耸结构

3-17 沉降缝可以设在（ ）。

A. 建筑物平面的转折处　　B. 建筑物高度或荷载差异变化处

C. 长高比过大的砌体结构的适当部位　　D. 分别建造房屋的交接处

3-18 倒梁法计算柱下条形基础内力时，适用于（ ）。

A. 条形基础梁的高度大于1/6柱距

B. 地基土比较均匀

C. 上部结构刚度较好，荷载分布和柱距较均匀

D. 上部结构刚度较小，荷载分布和柱距较均匀

3-19 扩展基础受力钢筋的直径和间距分别为（ ）。

A. 直径≥8mm　　B. 直径≥10mm

C. 间距 $100\text{mm} \leqslant a \leqslant 200\text{mm}$　　D. 间距 $150\text{mm} \leqslant a \leqslant 250\text{mm}$

3-20 中心荷载作用下，墙下条形柔性基础和柱下单独柔性基础高度的确定公式分别是（ ）。

A. $V \leqslant 0.7\beta_h f_c \cdot h_0$　　B. $F_l \leqslant 0.7\beta_{hp} f_c \cdot a_m \cdot h_0$

C. $V \leqslant 0.7\beta_h f_t \cdot h_0$　　D. $F_l \leqslant 0.7\beta_{hp} f_t \cdot a_m \cdot h_0$

3-21 下列有关刚性基础台阶的宽高比符合《规范》规定的是（ ）。

A. 地基土的承载力特征值 f_a=180kPa，基底压力等于地基土的承载力特征值，采用强度等级为C10的混凝土基础的台阶的宽高比为1∶1.00

B. 地基土的承载力特征值 f_a=180kPa，基底压力等于地基土的承载力特征值，采用强度等级为C15的混凝土基础的台阶的宽高比为1∶1.00

C. 基底压力为180kPa，采用MU10砖、M5砂浆砌筑的砖基础的台阶的宽高比为1∶1.50

D. 基底压力为180kPa，采用MU10砖、M2.5砂浆砌筑的砖基础的台阶的宽高比为1∶1.25

3-22 下列（ ）可不做地基变形计算。

A. 当地基土的承载力特征值为120kPa时，5层以下（包括5层）的砌体承重结构房屋

B. 当地基土的承载力特征值为150kPa时，5层以下（包括5层）的框架结构房屋

C. 当地基土的承载力特征值为100kPa时，6层以下（包括6层）的砌体承重结构房屋

D. 当地基土的承载力特征值为100kPa时，6层以下（包括6层）的框架结构房屋

3-23 下列说法中，错误的是（ ）

A. 增大基础埋深可以提高地基承载力特征值，因而可以有效减小基底面积

B. 增大基础埋深可以提高地基承载力特征值，因而可以降低工程造价

C. 增大基础埋深可以提高地基承载力特征值，因而对抗震有利

D. 增大基础埋深虽可以提高地基承载力特征值，但一般不能有效减小基底面积

8.4.4 判断题

4-1 （ ）基础顶面距离地面一般要大于0.5m。

4-2 （ ）当基础宽度大于3m时，地基承载力特征值要进行宽度修正。

4-3 （ ）对经常受水平荷载作用的高层建筑、高耸结构和挡土墙等，以及建造在斜坡上或边坡附近的建筑物和构筑物，尚应验算其稳定性。

4-4 （ ）在抗震设防区，除岩石地基外，基础埋深要求不小于建筑高度的1/10。

4-5 （ ）钢筋混凝土现浇柱下独立基础的插筋数量一般应与柱内受力钢筋相同。

4-6 （ ）地下连续墙因墙体刚度大、整体性好，因而结构和地基变形小，既可用于超深围护结构，也可用于主体结构。

4-7 （ ）地基主要受力层是指条形基础底面下深度为 $2b$（b 为基础底面宽度），独立基础下为 $1.5b$，且厚度均不小于3m的范围。

4-8 （ ）设计等级为丙级的建筑物基础不必按变形设计。

4-9 （ ）对地基承载力特征值小于130kPa，且体型复杂的丙级建筑应做变形验算。

4-10 （ ）墙下钢筋混凝土条形基础宽度大于或等于2.5m时，底板受力钢筋的长度可取宽度的0.9倍，并宜交错布置。

4-11 （ ）混凝土基础具有较高的抗压和抗拉强度、良好的耐久性。

4-12 （ ）将上部结构做成超静定体系是减轻地基不均匀沉降危害的有效措施。

4-13 （ ）当地下水埋藏较深，建筑物地下室或地下构筑物存在上浮问题时，尚应进行基础抗浮验算。

4-14（　）箱形基础埋深较大且基础空腹，可卸除基底处原有的地基土的自重应力，所以又称为补偿基础。

4-15（　）十字交叉基础是具有较大抗弯刚度的静定体系，对地基的不均匀沉降有较大的调节能力。

4-16（　）房屋长高比越大，房屋整体刚度越大，抵抗弯曲和调整地基不均匀沉降的能力就越强。

4-17（　）位于岩石地基上的高层建筑，其基础埋深应满足抗滑稳定性要求。

8.4.5　简答题

5-1　地基基础设计有哪些要求和基本规定？

5-2　试述天然地基上浅基础的设计步骤。

5-3　选择基础埋深应考虑哪些因素？

5-4　如何确定浅基础的地基承载力？

5-5　如何按地基承载力确定基础的底面尺寸？

5-6　软弱下卧层承载力如何验算？不满足下卧层验算时，可能产生什么后果？应该怎么办？

5-7　无筋扩展基础主要应满足哪些构造要求？

5-8　怎样确定墙下钢筋混凝土条形基础的剖面尺寸和配筋？

5-9　试说明浅基础与深基础有哪些不同之处。

5-10　在地基基础设计中，荷载取值要遵守哪些规定？

5-11　如何确定柱下钢筋混凝土独立基础的高度？

5-12　减轻建筑物自重可以采取哪些措施？

5-13　简述减少建筑物基础不均匀沉降的有效措施。

8.4.6　计算题

6-1　某建筑物地基为中密的碎石，其承载力特征值为 $f_{ak}=500\text{kPa}$，地下水位以上土的重度 $\gamma=19.8\text{kN/m}^3$，地下水位以下土的饱和重度 $\gamma_{sat}=20.9\text{kN/m}^3$，地下水距地表 1.5m，基础埋深 $d=1.8\text{m}$，基底宽度 $b=3.5\text{m}$。试计算修正后的地基承载力特征值 f_a。

6-2　某框架结构，采用柱下独立基础，已知柱截面尺寸为 300mm×400mm，框架柱传至地表标高处的荷载标准值为 $F_k=800\text{kN}$，$M_k=100\text{kN}\cdot\text{m}$，地基土为均质黏性土，$\gamma=18\text{kN/m}^3$，$f_{ak}=160\text{kPa}$，基础埋深 $d=1.5\text{m}$。试确定该基础的底面尺寸（承载力修正系数 $\eta_b=0$，$\eta_d=1.0$，取 $A=1.1A_0$，$l:b=1.5:1$）。

6-3　某 4 层建筑物独立基础，基础底面尺寸为 2.0m×3.0m，基础埋深 $d=1.5\text{m}$，传至地表标高处的荷载标准值 $F_k=980\text{kN}$，地基土分 4 层：第一层为杂填土，厚 1.0m，$\gamma_1=16.5\text{kN/m}^3$；第二层为黏性土，厚 2.0m，$\gamma_2=18\text{kN/m}^3$，$f_{ak}=190\text{kPa}$，$e=0.85$，$I_L=0.75$，$E_{s1}=15\text{MPa}$；第三层为淤泥质土，厚 3.0m，$\gamma_3=18.5\text{kN/m}^3$，$f_{ak}=80\text{kPa}$，$E_{s2}=3\text{MPa}$；以下为厚度大于 5m 的砂土层。试验算基础底面尺寸是否满足承载力要求。

6-4　某框架柱截面尺寸为 400mm×300mm，上部结构传来的竖向力的标准值 $F_k=950\text{kN}$，基础埋深为 $d=1.5\text{m}$（从室外地面算起），室内外高差为 0.6m。基础底面尺寸为

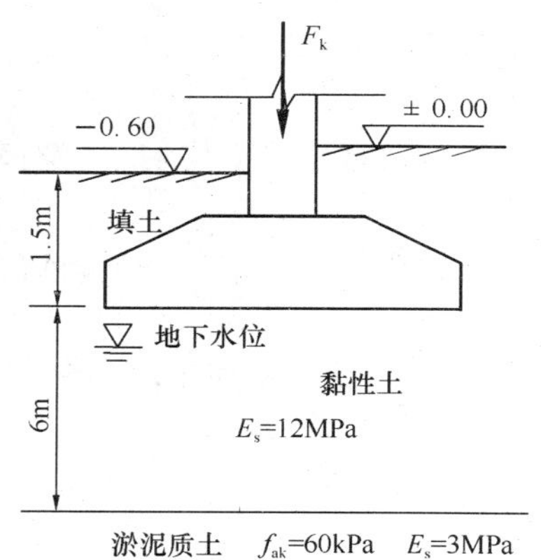

图 8-12 计算题 6-4 图

2m×3m，基底以上为填土，重度 $\gamma=18\text{kN/m}^3$；地下水位离室外地面距离为 2.5m，持力层为黏性土，土的天然重度 $\gamma=19\text{kN/m}^3$，饱和重度 $\gamma_{sat}=20\text{kN/m}^3$，经深度和宽度修正后持力层的地基承载力特征值 $f_a=220\text{kPa}$，持力层下为淤泥质土，$f_{ak}=60\text{kPa}$，如图 8-12 所示。试进行持力层和软弱下卧层承载力的验算。

6-5 某住宅外承重墙厚 240mm，室内外高差为 0.45m，上部结构传至基础顶面荷载标准值 $F_k=110\text{kN/m}$，从室外地面算起的基础埋深 $d=1.3\text{m}$，地基土为均质黏土层，$\gamma=18\text{kN/m}^3$，地基承载力特征值 $f_{ak}=75\text{kPa}$，$\eta_d=1.0$。试设计刚性基础并绘出基础剖面图。

6-6 承计算题 6-5，若在地表下 1.0m 处存在地下水，现为方便施工，将基础埋深改为 0.8m 并采用墙下钢筋混凝土条形基础。试确定该条形基础高度并进行底板配筋计算，绘出基础剖面图。

6-7 已知某办公楼设计框架结构，柱截面尺寸为 600mm×400mm，上部结构传至基础顶面荷载标准值 $F_k=1000\text{kN}$，$M_k=220\text{kN}\cdot\text{m}$，$V_k=50\text{kN}$，基底面尺寸为 2.2m×3.2m，基础埋深 $d=1.8\text{m}$，地基土为均质黏土层，经修正后的地基承载力特征值 $f_a=230\text{kPa}$，基础采用 HRB335 钢筋。试验算基础底面尺寸，确定基础高度并进行基础配筋。

8.5 习题解答

8.5.1 填空题解答

1-1 天然地基　人工地基　浅基础　深基础

1-2 强度　刚度　稳定性

1-3 MU7.5　M2.5

1-4 石灰　黏性土　3∶7、2∶8

1-5 石灰　砂　骨料　1∶2∶4　1∶3∶6　220mm　150mm

1-6 0.5m　0.1m

1-7 沉降量　沉降差　倾斜　局部倾斜

1-8 作用在软弱下卧层顶面处的总应力不应超过经修正后的软弱下卧层承载力特征值 $P_z+P_{cz}\leqslant f_{az}$

1-9 20

1-10 整体性　抗弯能力　两皮一收　二一间隔收

1-11 基础的定位放线　基坑开挖　验槽　基底土处理　修筑基础　基坑回填

1-12 200　10　200

1-13 200　1∶3　50　300～500

1-14 倒T形　肋梁　翼板　1/4～1/8　1/3～1/4

1-15 直线分布　连续梁

1-16　C20
1-17　40　70
1-18　持力层的承载力　软弱下卧层的承载力
1-19　抗冲切
1-20　C30　密实
1-21　柱下钢筋混凝土独立基础　墙下钢筋混凝土条形基础
1-22　高层建筑　高耸结构　挡土墙　斜坡上
1-23　250mm　抗冲切承载力
1-24　计算宜全部贯通　2～4　1/3
1-25　刚性角
1-26　上部结构柱网　剪力墙　1/10
1-27　基底压力　附加应力分布
1-28　外侧包线或侧墙以外　1/4
1-29　1/8b　抗剪
1-30　小于400mm　大于200mm

8.5.2　单项选择题解答

2-1　(B)　**2-2**　(C)　**2-3**　(A)　**2-4**　(A)　**2-5**　(C)
2-6　(C)　**2-7**　(B)　**2-8**　(B)　**2-9**　(B)　**2-10**　(A)
2-11　(D)　**2-12**　(C)　**2-13**　(B)　**2-14**　(A)　**2-15**　(D)
2-16　(B)　**2-17**　(D)　**2-18**　(C)　**2-19**　(D)　**2-20**　(A)

8.5.3　多项选择题解答

3-1　(BCD)　**3-2**　(ABC)　**3-3**　(AB)　**3-4**　(AC)
3-5　(CD)　**3-6**　(ABC)　**3-7**　(BCD)　**3-8**　(ABCD)
3-9　(BCD)　**3-10**　(ABD)　**3-11**　(CD)　**3-12**　(ABC)
3-13　(ABCD)　**3-14**　(ABC)　**3-15**　(ABCD)　**3-16**　(AB)
3-17　(ABCD)　**3-18**　(ABC)　**3-19**　(BC)　**3-20**　(CD)
3-21　(BC)　**3-22**　(AB)　**3-23**　(ABC)

8.5.4　判断题解答

4-1　(×)　**4-2**　(√)　**4-3**　(√)　**4-4**　(×)　**4-5**　(√)
4-6　(√)　**4-7**　(×)　**4-8**　(×)　**4-9**　(√)　**4-10**　(√)
4-11　(×)　**4-12**　(×)　**4-13**　(×)　**4-14**　(√)　**4-15**　(×)
4-16　(√)　**4-17**　(√)

8.5.5　简答题解答

5-1　**【答】**为保证建筑物的安全和正常使用，根据建筑物地基基础设计等级及长期荷载作用下地基变形对上部结构的影响程度，地基基础设计应符合下列规定：

（1）所有建筑物的地基计算均应满足承载力计算的有关规定。

（2）甲级、乙级建筑物，均应按地基变形设计。

（3）教材表 7-2 所列范围内的丙级建筑物可不做变形验算，但如有下列情况之一时，仍应做变形验算：

①地基承载力特征值小于 130kPa，且体型复杂的建筑；

②在基础上及其附近有地面堆载或相邻基础荷载差异较大，可能引起地基产生过大的不均匀沉降时；

③软弱地基上的建筑物存在偏心荷载时；

④相邻建筑如距离过近，可能发生倾斜时；

⑤地基内有厚度较大或厚薄不均的填土，其自重固结未完成时。

（4）对经常受水平荷载作用的高层建筑、高耸结构和挡土墙等，以及建造在斜坡上或边坡附近的建筑物和构筑物，尚应验算其稳定性。

（5）基坑工程应进行稳定性验算。

（6）当地下水埋藏较浅，建筑物地下室或地下构筑物存在上浮问题时，尚应进行抗浮验算。

（7）所有建筑的基础设计应满足相应的规范要求，以保证基础具有足够的强度、刚度和耐久性。

5-2 【答】天然地基上浅基础的设计步骤包括下述内容：

（1）选择基础的材料、类型，进行基础平面布置。

（2）选择基础的埋置深度。

（3）确定地基承载力设计值。

（4）确定基础的底面尺寸。

（5）必要时进行地基变形与稳定性验算。

（6）进行基础结构设计（按基础布置进行内力分析、截面计算和满足构造要求）。

（7）绘制基础施工图，提出施工说明。

5-3 【答】基础埋深的影响因素较多，一般应从建筑物自身的情况和建筑物周围的条件来综合考虑：

（1）工程地质条件和水文地质条件。应根据场地工程地质报告和建筑物的性质选择合适的持力层。

（2）建筑物用途和基础构造。如有些建筑设有地下室或有设备管道和设备基础时，基础的埋深需结合建筑设计标高的要求局部或整个加深；高层建筑的筏板基础和箱形基础，其埋深应满足地基承载力、变形和稳定性的要求。

（3）作用于基础上荷载的大小和性质。荷载大小不同，对持力层的要求也不同。荷载大，就需要选择承载力更高的土层作为持力层，此时基础的埋深会加大。上部结构荷载的性质也对基础埋深的选择有影响。承受轴向压力为主的基础，其埋深只需满足地基的强度和变形的要求；对承受水平荷载的基础而言，还需要有足够的埋深以满足稳定性要求。

（4）相邻建筑物的基础埋深。

（5）地基土冻胀和融陷的影响。

5-4 【答】影响地基承载力的因素很多，它不仅与土的物理、力学性质有关，而且与基础的型式、底面尺寸、埋深、建筑类型、结构特点和施工速度等有关。确定浅基础地基承载力的方法有：

（1）按现场载荷试验或其他原位测试方法确定；

（2）根据地基土的抗剪强度指标以理论公式确定；

（3）经验方法确定。

5-5　**【答】**（1）对轴压基础

先对 f_{ak} 进行深度修正，得地基承载力特征值；然后按 $A \geqslant \dfrac{F_k}{f_a - \gamma_G \bar{d}}$ 计算基础底面尺寸；最后验算基底应力。

（2）对偏压基础

偏心荷载作用下基础底面尺寸的确定需用试算法，计算步骤如下：

①先不考虑偏心的影响，按中心荷载作用下的式 $A \geqslant \dfrac{F_k}{f_a - \gamma_G \bar{d}}$，初步估算基础底面积 A_0；

②考虑偏心不利影响，将 A_0 提高 10％～40％，即 $A =$（1.1～1.4）A_0；

③计算基底边缘最大与最小压力，并验算。

5-6　**【答】**若在持力层下地基的主要受力层范围内存在软弱下卧层时，因该下卧层的承载力比持力层小得多，这时仅验算持力层的承载力是不够的，还应验算软弱下卧层的承载力，要求作用在软弱下卧层顶面处的总应力不应超过经修正后的软弱下卧层承载力特征值。

如果不满足要求，说明下卧层承载力不够，这时，需要重新调整基础尺寸，增大基底面积以减小基底压力，从而使传至下卧层顶面的附加应力降低以满足要求；如果还是不能满足要求，则需要考虑改变地基基础方案，或采用深基础（如桩基础）将基础置于软弱下卧层以下的较坚实的土层上，或是进行地基处理提高软弱下卧层的承载力。

5-7　**【答】**无筋扩展基础除基础高度需满足刚性角要求外，还应按基础采用材料的特点满足相应的构造要求：

①砖基础：砖基础采用的砖强度等级应不低于 MU10，砂浆不低于 M5，在地下水位以下或地基土潮湿时应采用水泥砂浆砌筑。基础底面以下一般先做 100mm 厚的素混凝土垫层，混凝土强度等级为 C10。

②毛石基础：毛石基础是由强度较高而未风化的毛石砌筑而成。采用的毛石强度等级不低于 MU30，砂浆不低于 M5。

③灰土、三合土基础：灰土基础由石灰和黏性土按一定比例加适量的水混合而成，其体积配合比为 3∶7 或 2∶8；三合土基础是由石灰、砂和骨料（矿渣、碎石和石子），按一定体积比 1∶2∶4 或 1∶3∶6 配制而成，经加适量水拌和后，铺入基槽内分层夯实，每层夯实前虚铺 220mm，夯实至 150mm。

④混凝土和毛石混凝土基础：混凝土基础采用的混凝土强度等级一般为 C15，在严寒地区，应采用的混凝土强度等级不低于 C20。为节约混凝土用量，对于体积较大的混凝土基础，可以在浇筑混凝土时，掺入冲洗干净、少于基础体积 30％的毛石，做成毛石混凝土基础。

5-8　**【答】**墙下钢筋混凝土条形基础的基础高度由混凝土的抗剪切条件确定；配筋计

算时，将基础底板视为一倒置的悬臂梁，在基底净反力作用下，计算墙边弯矩，然后按弯矩大小进行配筋计算。

5-9 【答】深基础与浅基础有以下几个方面的不同点：

（1）从设计的角度看。浅基础将上部荷载通过基础底面传到持力层及以下的地基中，基础埋深范围内的摩阻力忽略不计；深基础除由深层较好的土来承受上部结构的荷重以外，还由深基础周壁的摩阻力共同承受上部的荷重。

（2）从施工的角度看。浅基础可以采用简便的方法和机具进行基坑开挖；深基础需要用特殊的方法进行施工。例如：预制桩需要有打桩机；沉井需要现场浇筑沉井的设备，井点降水、沉降观测及纠偏等设备；沉箱需要有专门的密闭气闸、工作室和压缩空气与通风等一整套设备等。

（3）从承载能力看。深基础的承载力高，浅基础的承载力较低。

（4）从造价看。深基础的造价较高，约占整个工程造价的 1/4，浅基础的造价较低。

（5）从工期看。深基础的工期较长，浅基础的工期较短。

（6）从技术要求上看。深基础的技术较复杂，需要专职技术人员负责施工及质量检查，发现问题及时处理；浅基础的技术要求相对较低。

5-10 【答】在进行地基基础设计时，所采用的作用效应与相应的抗力限值应按下列规定：

（1）按地基承载力确定基础底面积及埋深或按单桩承载力确定桩数时，传至基础或承台底面上的作用效应应按正常使用极限状态下作用的标准组合。相应的抗力应采用地基承载力特征值或单桩承载力特征值。

（2）计算地基变形时，传至基础底面上的作用效应应按正常使用极限状态下作用的准永久组合，不应计入风荷载和地震作用。相应的限值应为地基变形允许值。

（3）计算挡土墙土压力、地基或滑坡稳定及基础抗浮稳定时，作用效应应按承载能力极限状态下作用效应的基本组合，但其荷载分项系数均取 1.0。

（4）在确定基础或桩台高度、支挡结构截面，计算基础或支挡结构内力，确定配筋和验算材料强度时，上部结构传来的作用效应和相应的基底反力、挡土墙土压力以及滑坡推力，应按承载能力极限状态下作用的基本组合，采用相应的分项系数，当需要验算基础裂缝宽度时，应按正常使用极限状态作用的标准组合。

5-11 【答】为保证柱下钢筋混凝土独立基础不发生冲切破坏，基础应有足够的高度，使在基础冲切破坏面以外由地基净反力产生的冲切力 F_l 应小于基础冲切面处混凝土的抗冲切强度，即柱下钢筋混凝土独立基础高度是根据短边一侧的冲切破坏条件确定。

5-12 【答】减轻建筑物自重，可以采取以下措施：

（1）采用轻质材料，如采用多孔砖墙或其他轻质墙等。

（2）选用轻型结构，如预应力钢筋混凝土结构、轻钢结构以及各种轻型空间结构。

（3）减轻基础及其上回填土的重量，选用自重较轻、覆土较少的基础型式，如浅埋的宽基础和有半地下室、地下室的基础，或者室内地面采用架空地坪。

5-13 【答】防止和减轻不均匀沉降的危害，常用的方法有：

（1）对地基某一深度内或局部进行人工处理。

（2）采用桩基础或其他深基础方案。

(3) 在建筑设计、结构设计和施工方面采取某些措施。

建筑措施：

①建筑物的体型应力求简单。

②控制建筑物的长高比。

③设置沉降缝。

④相邻建筑物之间应有一定距离。

⑤调整建筑标高。

结构措施：

①减轻建筑物自重。

②设置圈梁和钢筋混凝土构造柱。

③减小或调整基础底面的附加压力。

④设置连系梁。

⑤采用联合基础或连续基础。

⑥使用能适应不均匀沉降的结构，如排架等铰接结构。

施工措施：

①在基坑开挖时，不要扰动基底土的原来结构，如发现坑底土已被扰动，将已扰动的土挖去，并用砂、碎石回填夯实至要求的标高。

②当建筑物存在高低或轻重不同部分时，应先建高、重部分，后施工低、轻部分；如果在高低层之间使用连接体时，应最后修建连接体，以部分消除高低层之间沉降差异的影响。

8.6.6 计算题解答

6-1 【解】基础埋深范围内土层的加权平均重度：

$$\gamma_0 = \frac{1.5 \times 19.8 + 0.3 \times 10.9}{1.8} = 18.32\ \text{kN/m}^3$$

持力层为中密的碎石，查表得地基承载力深度修正系数 $\eta_b = 3.0$，$\eta_d = 4.4$，则

$$\begin{aligned} f_a &= f_{ak} + \eta_b \gamma (b-3) + \eta_d \gamma_0 (d-0.5) \\ &= 500 + 3.0 \times 10.9 \times (3.5-3) + 4.4 \times 18.32 \times (1.8-0.5) \\ &= 621\text{kPa} \end{aligned}$$

6-2 【解】①先按轴心荷载作用，初步估算基底面积 A_0

$$\begin{aligned} f_a &= f_{ak} + \eta_d \gamma_0 (d-0.5) \\ &= 160 + 1.0 \times 18 \times (1.5-0.5) \\ &= 178\text{kPa} \end{aligned}$$

则
$$A_0 \geqslant \frac{F_k}{f_a - \gamma_G d} = \frac{800}{178 - 20 \times 1.5} = 5.4\text{m}^2$$

②初步确定偏心荷载作用下基底面积 A_1

考虑偏心荷载不利影响，将 A_0 扩大 1.1 倍：

$$A = 1.1A_0 = 1.1 \times 5.4 = 5.94\text{m}^2$$

设 $l/b = 1.5$，取 $l = 3.0\text{m}$，$b = 2.0\text{m}$，实际基底面积 $A_1 = 3.0 \times 2.0 = 6\text{m}^2$。

③验算地基承载力

作用于基底的总竖向荷载为

合力偏心距：

$$e=\frac{M_k}{F_k+G_k}=\frac{100}{800+2\times3\times1.5\times20}=0.102\text{m}<\frac{l}{6}(=0.5\text{m})$$

基底压力：

$$P_{\substack{kmax\\kmin}}=\frac{F_k+G_k}{bl}\left(1\pm\frac{6e}{l}\right)$$

$$=\frac{800+2\times3\times20\times1.5}{2\times3}(1\pm\frac{6\times0.102}{2})$$

$$=\begin{matrix}196.6\\130\end{matrix}\text{kPa}$$

$$P_{kmax}=196.6\text{kPa}<1.2f_a(=1.2\times178=213.6\text{kPa})$$

$$P=(P_{kmax}+P_{kmin})/2=(196.6+130)/2=163.3\text{kPa}<f_a(=178\text{kPa})$$

满足要求。

6-3 【解】①验算持力层承载力

埋深范围内 $\gamma_0=\frac{16.5\times1.0+18\times0.5}{1.5}=17\ \text{kN/m}^3$

持力层承载力特征值为：

$$f_a=f_{ak}+\eta_d\cdot\gamma_0(d-0.5)=190+1.0\times17\times(1.5-0.5)=207\text{kPa}$$

$$P_k=\frac{F_k+G_k}{A}=\frac{980+2\times3\times20\times1.5}{2\times3}=193.3\text{kPa}<f_a$$

持力层承载力满足要求。

②软弱下卧层承载力验算

$$\gamma_0=\frac{16.5\times1.0+2\times18}{1+2}=17.5\ \text{kN/m}^3$$

软弱下卧层承载力特征值为：

$$f_{az}=80+1.0\times17.5\times(3.0-0.5)=123.75\text{kPa}$$

由 $E_{s1}/E_{s2}=5$，查表得应力扩散角 $\theta=25°$，则作用于软弱下卧层顶面处的附加应力：

$$P_z=\frac{bl(P-\gamma d)}{(b+2z\tan\theta)(l+2z\tan\theta)}$$

$$=\frac{2.0\times3.0\times(193.3-17\times1.5)}{(2+2\times1.5\tan25°)\times(3+2\times1.5\tan25°)}$$

$$=67.3\text{kPa}$$

作用于软弱下卧层顶面处的自重应力：

$$P_{cz}=16.5\times1+2\times18=52.5\text{kPa}$$

$$P_z+P_{cz}=67.3+52.5=119.8\text{kPa}<f_{az}$$

软弱下卧层承载力满足要求。

6-4 【解】①验算持力层承载力

持力层承载力特征值 f_a=220kPa

$$P_k = \frac{F_k + \gamma_G A\bar{d}}{A} = \frac{950 + 2.0 \times 3.0 \times 20 \times 1.8}{2.0 \times 3.0} = 194\text{kPa} < f_a$$

持力层承载力满足要求。

②软弱下卧层承载力验算

$$\gamma_0 = \frac{18.0 \times 1.5 + 1.0 \times 19 + 5 \times 10}{7.5} = 12.8\ \text{kN/m}^3$$

软弱下卧层承载力特征值为：

$$f_{az} = 60 + 1.0 \times 12.8 \times (7.5 - 0.5) = 149.6\text{kPa}$$

由 $E_{s1} / E_{s2} = 4$，查表得应力扩散角 $\theta = 24°$，则作用于软弱下卧层顶面处的附加应力：

$$P_z = \frac{bl(P_k - \gamma d)}{(b + 2z\tan\theta)(l + 2z\tan\theta)} = \frac{2.0 \times 3.0 \times (194 - 18 \times 1.5)}{(2 + 2 \times 6\tan 24°) \times (3 + 2 \times 6\tan 24°)} = 16.37\text{kPa}$$

作用于软弱下卧层顶面处的自重应力：

$$P_{cz} = 1.5 \times 18 + 1 \times 19 + 5 \times 10 = 96\text{kPa}$$

$$P_z + P_{cz} = 96 + 16.37 = 112.37\text{kPa} < f_{az}$$

软弱下卧层承载力满足要求。

6-5 【解】 ①按持力层承载力初选基础底面尺寸

假设基础宽度 $b < 3\text{m}$，$\eta_b = 0$，$\eta_d = 1.0$，则

$$f_a = f_{ak} + \eta_d \cdot \gamma_0 (d - 0.5) = 75 + 1.0 \times 18 \times (1.3 - 0.5) = 89.4\text{kPa}$$

$$b \geqslant \frac{F_k}{f_a - \gamma_G \bar{d}} = \frac{110}{89.4 - 20 \times \frac{1}{2} \times (1.3 \times 2 + 0.45)} = 1.87\text{m}$$

取 $b = 1.9\text{m}$。

②选择基础材料、基础做法，并确定基础剖面尺寸

方案Ⅰ采用 MU10 砖、M5 砂浆，砌“二一间隔收”砖基础，基底下做 100 厚 C15 素混凝土垫层，则砖基础所需台阶数为：

$$n = \frac{b - b_0}{2 \times 60} = \frac{1900 - 240}{2 \times 60} = 13.8\ \text{阶}$$

取 14 阶。

故基础高度 $H_0 = 120 \times 7 + 60 \times 7 = 1260\text{mm}$，取基础顶面至地表 100mm，则基坑最小开挖深度 $D_{min} = 1260 + 100 + 100 = 1460\text{mm}$，已超过基础埋深 1.3m，可见方案Ⅰ不合理。

方案Ⅱ 基础下层采用 400 厚 C15 素混凝土，其上砌“二一间隔收”砖基础。对素混凝土垫层，其基底压力：

$$P_k = \frac{F_k + G_k}{A} = \frac{110 + 20 \times 1.9 \times 1.525}{1.9} = 88.4\text{kPa}$$

查表，C15 素混凝土的宽高比允许值 $[b/h] = 1.0$。

所以，混凝土台阶收进宽度为 400mm，该砖基础所需台阶数为：

$$n = \frac{1900 - 240 - 2 \times 400}{2 \times 60} = 7.2\ \text{阶}$$

取 8 阶。

故基础高度为 $H_0 = 120 \times 4 + 60 \times 4 + 400 = 1120\text{mm}$，基础顶面至地表距离取为

180mm，则基础埋深 $d=1.3$m，所以方案Ⅱ合理。

基础剖面形状及尺寸如图 8-13 所示。

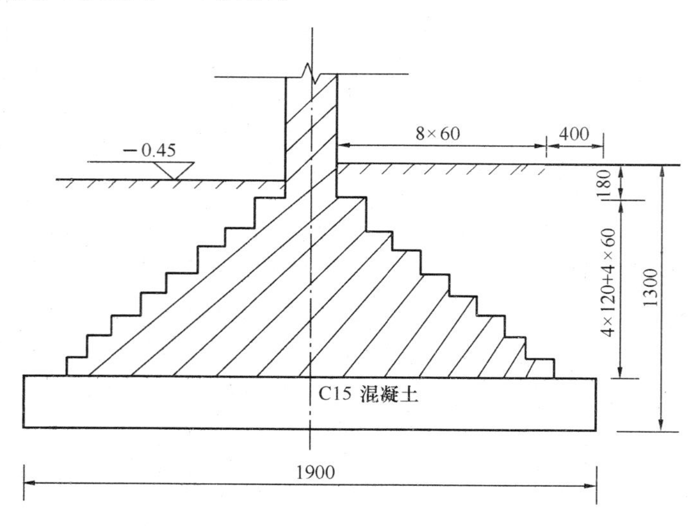

图 8-13　计算题 6-5 解答图

6-6【解】 墙下钢筋混凝土条形基础，材料采用混凝土强度等级 C25（$f_t=1.27\text{N/mm}^2$）、钢筋 HPB300（$f_y=270\ \text{N/mm}^2$）

①求基础宽度

$$f_a=f_{ak}+\eta_d\cdot\gamma_0(d-0.5)=75+1.0\times18\times(0.8-0.5)=80.4\text{kPa}$$

$$b\geqslant\frac{F_k}{f_a-\gamma_G\bar{d}}=\frac{110}{80.4-20\times\dfrac{1}{2}\times(0.8\times2+0.45)}=1.84\text{m}$$

取 $b=1.85\text{m}=1850\text{mm}$。

②确定基础底板厚度

基底净反力为：

$$P_j=\frac{F}{b}=\frac{1.35\times110}{1.85}=80.27\text{kPa}$$

$$V=\frac{1}{2}P_j(b-a)=\frac{1}{2}\times80.27\times(1.85-0.24)=64.62\text{kN/m}$$

$$h_0\geqslant\frac{V}{0.7f_t}=\frac{64.62}{0.7\times1.27}=72.7\text{mm}$$

若基底下采用厚 100mm 的 C15 素混凝土垫层，则

$h=h_0+40=72.7+40=112.7\text{mm}$，取 $h=300\text{mm}$，此时 $h_0=260\text{mm}$。

③基础底板配筋计算

$$M=\frac{1}{8}P_j(b-a)^2=\frac{1}{8}\times80.27\times(1.85-0.24)^2=26\text{kN}\cdot\text{m/m}$$

$$A_s=\frac{M}{0.9f_yh_0}=\frac{26\times10^6}{0.9\times270\times260}=412\ \text{mm}^2$$

选配 $\phi10@150$，分布钢筋 $\phi8@250$，基础剖面如图 8-14 所示。

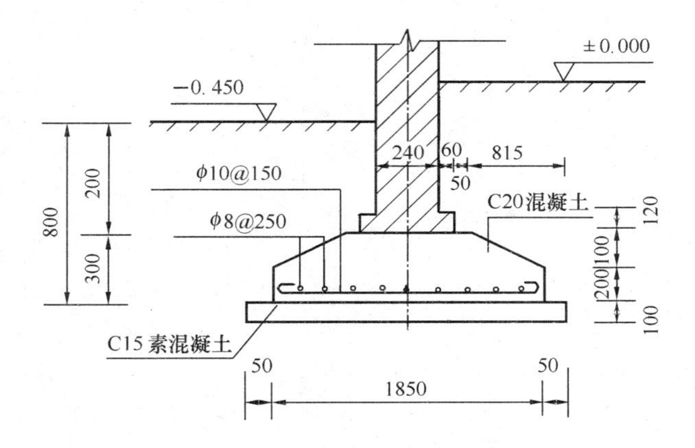

图 8-14　计算量 6-6 解答图

6-7【解】 查表：C25 混凝土，$f_t=1.27\text{N/mm}^2$，钢筋 HRB335，$f_y=300\ \text{N/mm}^2$

已知 $a_c=600\text{mm}$，$b_c=400\text{mm}$，$l=3.2\text{m}$，$b=2.2\text{m}$

初步选择基础高度 $h=600\text{mm}$，其下采用 100 厚 C15 素混凝土垫层，$h_0=h-40=560\text{mm}$

①求基底净反力

偏心距　$e=\dfrac{M}{F}=\dfrac{1.35M_k}{1.35F_k}=\dfrac{1.35\times(220+0.6\times50)}{1.35\times1000}=0.25\text{m}<\dfrac{l}{6}(=0.53\text{m})$

基础底面地基净反力最大值和最小值分别为：

$$P_{\substack{\text{jmax}\\ \text{jmin}}}=\frac{F}{A}\left(1\pm\frac{6e}{l}\right)=\frac{1.35\times1000}{3.2\times2.2}\times\left(1\pm\frac{6\times0.25}{3.2}\right)=\begin{matrix}281.7\\101.8\end{matrix}\text{kPa}$$

$$P_j=\frac{F}{bl}=\frac{1.35\times700}{2.2\times3.2}=191.76\text{kPa}$$

②确定基础高度

冲切验算：

因为　$b_c+2h_0=400+2\times560=1520\text{mm}=1.52\text{m}<b\ (=2.2\text{m})$

所以　$A_l=\left(\dfrac{l}{2}-\dfrac{a_c}{2}-h_0\right)b-\left(\dfrac{b}{2}-\dfrac{b_c}{2}-h_0\right)^2$

$$=\left(\frac{3.2}{2}-\frac{0.6}{2}-0.56\right)\times2.2-\left(\frac{2.2}{2}-\frac{0.4}{2}-0.56\right)^2$$

$$=0.74\times2.2-0.1156=1.51\text{m}^2$$

$$a_m=\frac{1}{2}(b_c+b_c+2h_0)=\frac{1}{2}\times(0.4+0.4+2\times0.56)=0.96\text{m}$$

冲切力设计值　$P_{\text{jmax}}A_l=281.7\times1.51=425.4\text{kN}$

抗冲切力　$0.7\beta_{hp}f_ta_mh_0=0.7\times1.0\times1.27\times10^3\times0.96\times0.56=478\text{kN}$

$$P_{\text{jmax}}A_l<0.7\beta_{hp}f_ta_mh_0$$

满足要求。

③配筋计算

基础长边方向：

Ⅰ-Ⅰ截面处，柱边地基净反力：

$$P_{\mathrm{jI}}=P_{\mathrm{jmin}}+\frac{l+a_{\mathrm{c}}}{2l}(P_{\mathrm{jmax}}-P_{\mathrm{jmin}})$$

$$=101.8+\frac{3.2+0.6}{2\times3.2}\times(281.7-101.8)=208.7\mathrm{kPa}$$

Ⅰ-Ⅰ截面弯矩

$$M_{\mathrm{I}}=\frac{1}{48}(P_{\mathrm{jmax}}+P_{\mathrm{jI}})(l-a_{\mathrm{c}})^2(2b+b_{\mathrm{c}})$$

$$=\frac{1}{48}\times(281.7+208.7)\times(3.2-0.6)^2\times(2\times2.2+0.4)=331.5\mathrm{kN\cdot m}$$

$$A_{\mathrm{sI}}=\frac{M_{\mathrm{I}}}{0.9f_yh_0}=\frac{331.5\times10^6}{0.9\times300\times560}=1973\ \mathrm{mm}^2$$

沿基础每米配筋面积 $A_{\mathrm{sI}}=\frac{1973}{2.2}=897\ \mathrm{mm}^2$，选配 $\phi14@170$ 钢筋，实际 $A_s=905\mathrm{mm}^2$。

基础短边方向：

因该基础受单向偏心荷载作用，所以在基础短边方向的基底反力按均布计算：

$$M_{\mathrm{II}}=\frac{1}{48}(P_{\mathrm{jmax}}+P_{\mathrm{jmin}})(b-b_{\mathrm{c}})^2(2l+a_{\mathrm{c}})$$

$$=\frac{1}{48}\times(281.7+101.8)\times(2.2-0.4)^2\times(2\times3.2+0.6)=181.2\mathrm{kN\cdot m}$$

$$A_{\mathrm{sII}}=\frac{M_{\mathrm{II}}}{0.9f_yh_0}=\frac{181.2\times10^6}{0.9\times300\times560}=1198\ \mathrm{mm}^2$$

沿基础每米配筋面积 $A_{\mathrm{sII}}=\frac{1198}{3.2}=374\ \mathrm{mm}^2$，选配 $\phi10@200$ 钢筋，实际 $A_s=393\mathrm{mm}^2$。

基础剖面如图 8-15 所示。

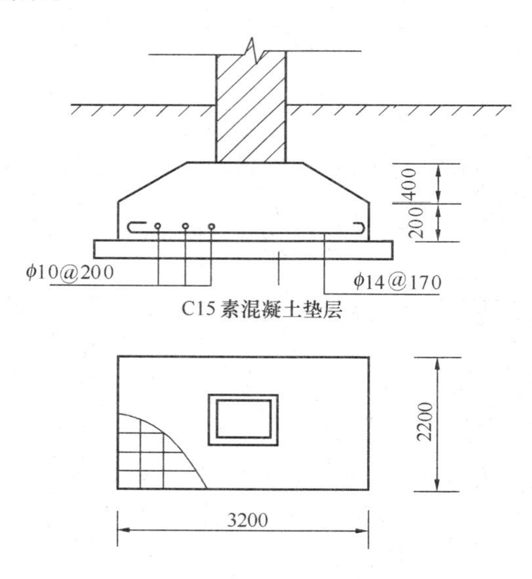

图 8-15　计算题 6-7 解答图

第9章 桩 基 础

本章学习要求

通过本章的学习，了解桩基础的分类、构造与适用条件；掌握单桩竖向承载力特征值的确定方法；了解桩基础设计的一般规定、设计步骤，掌握桩身构造设计的要求。

9.1 学习指导

桩是一种全部或部分深埋于土中、截面尺寸比其长度小得多的细长构件，桩群的上部与承台连接，组成桩基础，再在承台上修筑上部结构。通过桩基础将上部结构的竖向荷载传至地层深处坚实的土层上或将地震作用等水平荷载传至承台和桩前方的土体中。所以，桩基础不仅能有效地承受竖向荷载，还能承受水平力和上拔力，也可用来减小机器基础的振动和地震区作为结构的抗震措施。

9.1.1 桩的类型

桩基础的类型随着桩的材料、构造型式和施工技术等的不同而名目繁多，可按多种方法分类：

1. 按桩身材料的性质

分为混凝土桩、钢筋混凝土桩、钢桩及组合材料桩等。

2. 按承台的位置

分为低桩承台桩和高桩承台桩。

3. 按承载性状

竖向受压桩按桩身竖向受力情况可分为摩擦型桩和端承型桩。

4. 按桩的使用功能

分为竖向抗压桩、竖向抗拔桩、水平受荷桩和复合受荷桩。

5. 按成桩方法

根据成桩方法和成桩过程的挤土效应将桩分为非挤土桩、部分挤土桩和挤土桩。

6. 按桩径大小

分为小直径桩、中等直径桩和大直径桩。

7. 按施工方法

分为预制桩和灌注桩。其中灌注桩按成孔方式的不同可分为沉管灌注桩、钻（冲）孔灌注桩、挖孔灌注桩。

9.1.2 单桩竖向承载力特征值

单桩竖向承载力是指竖直单桩所具有的承受竖向荷载的能力，其最大值称为单桩极限承载力，是桩基设计的最重要的设计参数。其取决于桩身材料强度和地基土对桩的支承力，前者由结构计算确定，后者一般应由单桩静载荷试验确定，或用其他方法（如规范中的经验参数法、原位测试等）确定。

根据《建筑桩基技术规范》（JGJ 94—2008）的规定，单桩竖向承载力应按下列原则确定：设计等级为甲级的建筑桩基应采用现场静载荷试验确定；设计等级为乙级的建筑桩基，当地质条件简单时，可参照地质条件相同的试桩资料，结合静力触探等原位测试和经验参数综合确定，其余均应通过单桩静载荷试验确定；设计等级为丙级的建筑桩基，可根据原位测试和经验参数确定。

1. 按桩身材料强度确定

通常桩总是同时承受轴力、弯矩和剪力的作用，按桩身材料强度计算单桩的竖向承载力时，将桩视为轴心受压构件。对于钢筋混凝土桩，其计算公式为：

$$R_a = \psi_c f_c A_{ps} \tag{9.1}$$

式中 R_a——单桩竖向承载力特征值，kN；

f_c——混凝土的轴心抗压强度设计值，N/mm^2；

A_{ps}——桩身的横截面面积，m^2；

ψ_c——桩基成桩工艺系数，对混凝土预制桩，取 $\psi_c = 0.85$；干作业非挤土灌注桩，取 $\psi_c = 0.9$；泥浆护壁和套管非挤土灌注桩、部分挤土灌注桩、挤土灌注桩，取 $\psi_c = 0.7 \sim 0.8$。

2. 按土对桩的支承力确定

（1）按静载荷试验确定

单桩竖向静载荷试验是按照设计要求在建筑场地先打试桩，然后在试桩顶上分级施加静载荷，并观测各级荷载作用下的沉降量，直到桩周围地基破坏或桩身破坏，从而求得桩的极限承载力。要求在同一条件下试桩数量不宜少于桩总数的1%，且不应少于3根。从成桩到开始试验的间歇时间：预制桩，打入砂土中不宜少于7d，黏性土中不得少于15d，饱和软黏土中不得少于25d；灌注桩应待桩身混凝土达到设计强度后才能进行试验。

试验加载时，荷载由小到大分级增加，加载分级不应小于8级，可由千斤顶上的压力表控制，每级加荷为预估极限承载力的1/8～1/10。

每级加载后间隔5min、10min、15min各测读一次，以后每隔15min测读一次，累计1h后每隔30min测读一次，每次测读值记入试验记录表。

在每级荷载作用下，桩的沉降量连续两次在每小时内小于0.1mm时可视为稳定。

当试验过程中出现下列情况时，即可终止加载：

①当荷载－沉降曲线（Q-s 曲线）上有可判定极限承载力的陡降段，且桩顶总沉降量超过40mm；

②某级荷载下桩的沉降量大于前一级沉降量的2倍，且经24h尚未达到稳定；

③25m以上的非嵌岩桩，Q-s 曲线呈缓变型时，桩顶总沉降量大于60～80mm；

④在特殊条件下，可根据具体要求加载至桩顶总沉降量大于100mm。

在满足终止加载条件后进行卸载，每级卸载值为加载值的2倍，每级卸载后隔15min测读一次残余沉降，读两次后，隔30min再读一次，即可卸下一级荷载，全部卸载后，隔3～4h再测读一次。

根据《建筑地基基础设计规范》（GB 50007—2011）的规定，单桩极限承载力是由荷载－沉降（Q-s）曲线按下列条件确定：

①当曲线存在明显陡降段时，取相应于陡降段起点的荷载值为单桩极限承载力；

②对于直径或桩宽在550mm以下的预制桩，在某级荷载Q_{i+1}作用下，其沉降量与相应荷载增量的比值$\frac{\Delta s_{i+1}}{\Delta Q_{i+1}} \geqslant 0.1\text{mm/kN}$时，取前一级荷载$Q_i$之值作为极限承载力；

③当符合终止加载条件第②点时，在Q-s曲线上取桩顶总沉降量s为40mm时的相应荷载值作为极限承载力。

此外，《建筑地基基础设计规范》（GB 50007—2011）还规定，对桩基沉降有特殊要求者，应根据具体情况确定Q_u。

对静载试验所得的极限荷载（或极限承载力）必须进行数理统计，求出每根试桩的极限承载力后，按参加统计的试桩数取试桩极限荷载的平均值。要求极差（最大值与最小值之差）不得超过平均值的30%。当极差超过时，应查明原因，必要时宜增加试桩数；当极差符合规定时，取其平均值作为单桩竖向极限承载力，但对桩数为3根以下的桩下承台，取试桩的最小值为单桩竖向极限承载力。最后，将单桩竖向极限承载力除以2，即得单桩竖向承载力特征值R_a。

（2）按经验公式确定

①《建筑地基基础设计规范》（GB 50007—2011）公式

单桩的承载力特征值是由桩侧总极限摩擦力Q_{su}和总极限桩端阻力Q_{pu}组成，即

$$R_a = Q_{su} + Q_{pu} \tag{9.2}$$

对于乙级建筑物，可参照地质条件相同的试验资料，根据具体情况确定。初步设计时，假定同一土层中的摩擦力沿深度方向是均匀分布的，以经验公式进行单桩竖向承载力特征值估算。

摩擦桩：

$$R_a = q_{pa}A_p + \mu_p \sum q_{sia} l_i \tag{9.3}$$

端承桩：

$$R_a = q_{pa}A_p \tag{9.4}$$

式中 R_a——单桩竖向承载力特征值，kN；

q_{pa}——桩端桩阻力特征值，kPa，可按地区经验确定，对预制桩可查表；

A_p——桩底端横截面面积，m^2；

μ_p——桩身周边长度，m；

q_{sia}——桩周围土的摩阻力特征值，kPa，可按地区经验确定，对预制桩可查表；

l_i——按土层划分的各段桩长，m。

②《建筑桩基技术规范》（JGJ 94—2008）公式

对于一般的混凝土预制桩、钻孔灌注桩，根据土的物理指标与承载力参数之间的经验关系确定单桩竖向极限承载力标准值时，宜按式（9.5）计算，即

$$Q_{uk} = Q_{sk} + Q_{pk} = \mu_p \sum q_{ski} l_i + q_{pk} A_p \tag{9.5}$$

式中 Q_{uk}——单桩竖向极限承载力标准值，kN；

Q_{sk}——单桩总极限侧摩阻力标准值，kN；

Q_{pk}——单桩总极限端阻力标准值，kN；

$q_{\text{sk}i}$——桩侧第 i 层土的极限侧阻力标准值，kPa，如无当地经验值时，可查表；

q_{pk}——桩的极限端阻力标准值，kPa，如无当地经验值时，可查表。

对于大直径桩（$d>800$mm），当根据土的物理指标与承载力参数之间的经验关系确定单桩竖向极限承载力标准值时，应考虑桩的侧阻、端阻的尺寸效应系数，宜按式（9.6）计算，即

$$Q_{\text{uk}}=Q_{\text{sk}}+Q_{\text{pk}}=\mu_{\text{p}}\sum\psi_{si}q_{\text{sk}i}l_i+\psi_{\text{p}}q_{\text{pk}}A_{\text{p}} \tag{9.6}$$

式中　q_{pk}——桩径为800mm的极限端阻力标准值，kPa，对于干作业挖孔（清底干净）可采用深层载荷板试验确定；当不能进行深层载荷板试验时，可查表；

ψ_{si}、ψ_{p}——大直径桩侧阻力、端阻力尺寸效应系数，可查表。

单桩竖向承载力特征值 R_{a} 即为

$$R_{\text{a}}=\frac{1}{K}Q_{\text{uk}} \tag{9.7}$$

式中　K——安全系数，取 $K=2$。

根据《建筑桩基技术规范》（JGJ 94—2008），对于端承型桩基、桩数少于4根的摩擦型柱下独立桩基，或由于地层土性、使用条件等因素不宜考虑承台效应时，基桩竖向承载力特征值应取单桩竖向承载力特征值。

对于符合下列条件之一的摩擦型桩基，宜考虑承台效应确定其复合基桩的竖向承载力特征值：

①上部结构整体刚度较好、体型简单的建（构）筑物；

②对差异沉降适应性较强的排架结构和柔性构筑物；

③按变刚度调平原则设计的桩基刚度相对弱化区；

④软土地基的减沉复合疏桩基础。

9.1.3　单桩水平承载力

在工业与民用建筑中的桩基础，大多以承受竖向荷载为主，但在风荷载、地震作用或土压力、水压力等作用下，桩基础上也作用有水平荷载。在某些情况下，也可能出现作用于桩基的外力主要为水平力，因此必须对桩基础的水平承载力进行验算。

影响桩的水平承载力的因素很多，如桩的截面尺寸、材料强度、刚度、桩顶嵌固程度和桩的入土深度以及地基土的土质条件。桩的截面尺寸和地基强度越大，桩的水平承载力越高；桩的入土深度越大，桩的水平承载力越高，但深度达一定值时继续增加入土深度，桩的承载力不会再提高，桩抵抗水平承载作用所需的入土深度，称“有效长度”，当桩的入土深度大于有效长度时，桩嵌固在某一深度的地基中，地基的水平抗力得到充分发挥，桩产生弯曲变形，不致于被拔出或倾斜。桩头嵌固于承台中的桩，其抗弯刚度大于桩头自由的桩，提高了桩的抗弯刚度，桩抵抗横向弯曲的能力也随之提高。

确定单桩水平承载力的方法，有现场静载荷试验和理论计算两大类。

1. 静载荷试验确定单桩水平承载力

静载荷试验是确定桩的水平承载力和地基土的水平抗力系数的最有效的方法，最能反映实际情况。

（1）试验加荷方法

试验加荷时可采用连续加荷法或循环加荷法，其中循环加荷法是最常用的方法。循环加荷法荷载需分级施加，每次荷载等级为预估极限承载力的1/5～1/8，每级加载的增量，一般为5～10kN。每级加荷增量的大小，根据桩径的大小并考虑土层的软硬来确定。对于直径为300～1000mm的桩，每级增量可取2.5～20kN；对于过软的土则可采用2kN的级差。循环加荷法需反复多次加载，加载后先保持10min，测读水平位移，然后卸载到零，再经过10min，测读残余位移，再继续加载，如此循环反复3～5次，即完成本级水平荷载试验，然后接着施加下一级荷载，直至桩达到极限荷载或满足设计要求为止。其中加载时间应尽量缩短，测读位移的时间应准确，试验不能中途停顿。若加载过程中观测到10min时的水平位移还不稳定，应延长该级荷载维持时间，直至稳定为止。

（2）终止加荷的条件

当出现桩身断裂或桩侧地表出现明显裂缝、隆起，或桩顶侧移超过30～40mm（软土取40mm）的情况时即可终止试验。

（3）单桩水平承载力特征值的确定

①对于受水平荷载较大的设计等级为甲级、乙级的建筑桩基，一级建筑桩基，单桩水平承载力特征值应通过单桩水平静载试验确定，试验方法按现行行业标准《建筑基桩检测技术规范》（JGJ 106）执行。

②对于钢筋混凝土预制桩、钢桩、桩身全截面配筋率大于0.65%的灌注桩，可根据单桩水平静载试验结果取地面处水平位移为10mm（对于水平位移敏感的建筑物取水平位移6mm）所对应的荷载的75%为单桩水平承载力特征值。

③对于桩身配筋率小于0.65%的灌注桩，可取单桩水平静载试验的临界荷载的75%为单桩水平承载力特征值。

④当缺少单桩水平静载试验资料时，可按经验公式估算桩身配筋率小于0.65%的灌注桩的单桩水平承载力特征值。

⑤对于混凝土护壁的挖孔桩，计算单桩水平承载力时，其设计桩径取护壁内径。

⑥当桩的水平承载力由水平位移控制，且缺少单桩水平静载试验资料时，可按经验公式估算预制桩、钢桩、桩身配筋率大于0.65%的灌注桩的单桩水平承载力特征值。

⑦验算永久荷载控制的桩基的水平承载力时，应将按上述②、⑤方法计算的单桩水平承载力特征值乘以调整系数0.80；验算地震作用桩基的水平承载力时，应将按上述②、⑧方法计算的单桩水平承载力特征值乘以调整系数1.25。

2. 按理论计算确定单桩水平承载力

承受水平荷载的单桩，对其水平位移一般要求限制在很小的范围内，把它视为一根直立的弹性地基梁，通过挠曲微分方程的解答，计算桩身的弯矩和剪力，并考虑由桩顶竖向荷载产生的轴力，进行桩的强度计算。

理论计算时把土体视为弹性变形体，并忽略桩土之间的摩阻力以及邻桩对水平抗力的影响，假定在深度z处的水平抗力σ_z等于该点的水平抗力系数k_x与该点的水平位移x的乘积。

地基水平抗力系数k_x的计算理论有：常数法、“k”法、“m”法和“c值”法。不同计算理论所假定的分布图k_x不同，所得的计算结果往往相差较大。实测资料表明，“m”法（用于当桩的水平位移较大时）和“c值”法（用于桩的水平位移较小时）比较接近实际。

9.1.4 桩侧负摩阻力和桩的抗拔力

1. 桩侧负摩阻力

在一般情况下，桩在荷载作用下产生沉降，土对桩的摩阻力与位移方向相反，向上起着支承作用，即为正摩阻力。但如果桩身周围的土由于自重固结、自重湿陷、地面附加荷载等原因而产生大于桩身的沉降时，土对桩侧表面所产生的摩阻力向下，称为桩侧负摩阻力。

符合下列条件之一的桩基，当桩周土层产生的沉降超过基桩的沉降，在计算基桩承载力时应计入桩侧负摩阻力：

①桩穿越较厚松散填土、自重湿陷性黄土、欠固结土、液化土层进入相对较硬土层时；

②桩周存在软弱土层，邻近桩侧地面承受局部较大的长期荷载或地面大面积堆载（包括填土）时；

③由于降低地下水位，使桩周土中有效应力增大，并产生显著压缩沉降时。

负摩阻力主要会引起下拉荷载，使桩身轴力增大、桩的承载力降低并使地基的沉降增大，所以在实际工程中应引起重视。

2. 桩的抗拔力

桩的抗拔承载力主要取决于桩身材料强度、桩与土之间的抗拔侧阻力和桩身自重。

影响桩抗拔极限承载力的因素主要有桩周土的土类、土层的形成条件、桩的长度、桩的类型和施工方法、桩的加载历史和荷载的特点等，总之，凡是引起桩周土内应力状态变化的因素，对桩抗拔极限承载力都将产生影响。

在实际工程中，桩的抗拔极限承载力的确定方法如下：

①对于设计等级为甲级和乙级的桩基，桩的抗拔极限承载力应通过现场单桩上拔静载荷试验确定。单桩上拔静载荷试验及抗拔极限承载力标准值取值可按现行行业标准《建筑基桩检测技术规范》(JGJ 106) 执行。

②如无当地经验时，设计等级为丙级的桩基，桩的抗拔极限承载力可按理论公式计算。

9.1.5 桩基础设计

桩基础的设计应力求选型适当、安全适用、技术可行且经济合理，对桩和承台应有足够的强度、刚度和耐久性；对地基（主要指桩端持力层）有足够的承载力和不产生过大的变形。

1. 桩材、桩型和桩的几何尺寸的确定

我国目前桩的材料主要是混凝土和钢筋，《建筑地基基础设计规范》(GB 50007—2011) 规定，预制桩的混凝土强度等级不应低于 C30；灌注桩不应低于 C25；预应力桩不低于 C40。

桩型与成桩工艺的选择应从建筑物的实际情况出发，综合考虑建筑结构类型、上部结构的荷载大小及性质、桩的使用功能、穿越土层、桩端持力层、地下水位情况、施工设备及施工环境、制桩材料供应条件等，按安全适用、经济合理的原则选择。同一建筑物应尽可能采用相同的桩型。

桩长是指自承台底至桩端的长度尺寸。一般应选择坚实土层和岩石作为桩端持力层，在施工条件容许的深度内，若没有坚实土层，可选中等强度的土层作为持力层。

桩端进入坚实土层的深度应满足下列要求：对黏性土和粉土，不宜小于2～3倍桩径；对砂土，不宜小于1.5倍桩径；对碎石土，不宜小于1倍桩径；嵌岩桩嵌入中等风化或微风化岩体的最小深度，不宜小于0.5m；当存在软弱下卧层时，桩端以下硬持力层的厚度，一般不宜小于3倍桩径；嵌岩桩在桩底以下3倍桩径范围内应无软弱夹层、断裂带、洞穴和空隙分布。

桩的截面尺寸应与桩长相适应，同时考虑施工设备的具体情况。预制方桩的截面尺寸一般可在300mm×300mm～500mm×500mm范围内选择，灌注桩的截面尺寸一般可在300mm×300mm～1200mm×1200mm范围内选择。

同一桩基中相邻桩的桩底标高应加以控制，对于桩端进入坚实土层的端承桩，其桩底高差不宜超过桩的中心距；对摩擦桩，在相同土层中不宜超过桩长的1/10。

承台底面标高的选择，应考虑上部建筑物的使用要求、承台本身的预估高度以及季节性冻结的影响。

2. 确定桩数及桩位布置

①确定桩数

根据单桩承载力特征值和上部结构荷载情况可确定桩数。

当桩基础为中心受压时，桩数 n 为：

$$n \geqslant \frac{F_k + G_k}{R_a} \tag{9.8}$$

当桩基础为偏心受压时，桩数 n 为：

$$n \geqslant \mu \frac{F_k + G_k}{R_a} \tag{9.9}$$

式中 n——桩的根数；

F_k——相应于作用的标准组合下，作用于桩基承台顶面的竖向力，kN；

G_k——桩基承台和承台上土自重标准值，kN，地下水位以下应扣除浮力；

μ——考虑偏心荷载的增大系数，一般取1.1～1.2。

②桩的间距

所谓桩距，是指桩的中心距，一般取3～4倍桩径。间距太大会增加承台的体积和用料；太小则使桩基（摩擦性桩）的沉降量增加，且给施工造成困难。桩的最小中心距应符合表9-1的规定。如施工中采取减小挤土效应的可靠措施时，可根据当地经验适当减小。

表9-1 桩的最小中心距

土类和成桩工艺		排数不少于3排且桩数不少于9根的摩擦型桩桩基	其他情况
非挤土灌注桩		3.0d	3.0d
部分挤土桩	非饱和土、饱和非黏性土	3.5d	3.0d
	饱和黏性土	4.0d	3.5d
挤土桩	非饱和土、饱和非黏性土	4.0d	3.5d
	饱和黏性土	4.5d	4.0d
钻、挖孔扩底桩		$2D$ 或 $D+2.0$m(当 $D>2$m)	$1.5D$ 或 $D+1.5$m(当 $D>2$m)

续表

土类和成桩工艺		排数不少于3排且桩数不少于9根的摩擦型桩桩基	其他情况
沉管夯扩、钻孔挤扩桩	非饱和土、饱和非黏性土	2.2D 且 4.0d	2.0D 且 3.5d
	饱和黏性土	2.5D 且 4.5d	2.2D 且 4.0d

注：1. D 为桩端扩底设计直径，d 为圆桩设计直径或方桩设计边长。

2. 当纵横向桩距不相等时，其最小中心距应满足“其他情况”一栏的规定。

3. 当为端承桩时，非挤土灌注桩的“其他情况”一栏可减小至 2.5d。

③桩位的布置

桩位的布置应尽可能使上部荷载的中心与桩群的横截面重心重合；应尽量使其对结构受力有利；尽量使桩基在承受水平力和力矩较大的方向有较大的断面抵抗矩。独立柱桩基常采用对称布置，如三桩承台、四桩承台、六桩承台等；条形基础下的桩，可采用单排或多排布置，多排布置时采用行列式或梅花式，如图 9-1 所示。

3. 桩基中各桩受力验算

（1）桩顶作用效应计算

对一般建筑物和受水平力较小的高层建筑群桩基础，应按下式计算群桩中基桩或复合基桩的桩顶作用效应（图 9-2）：

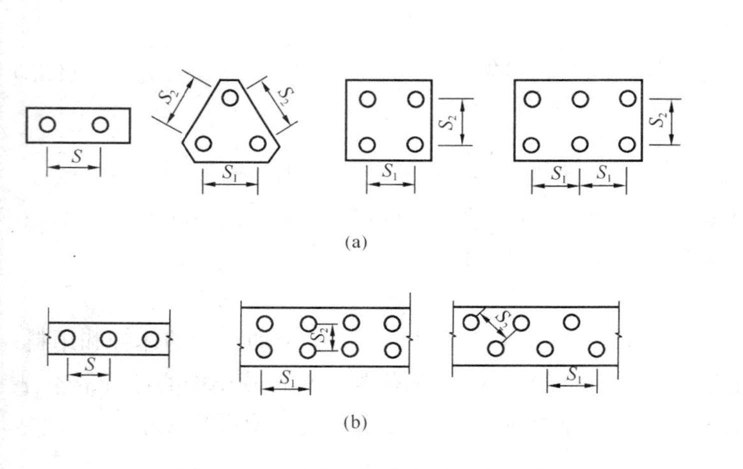

图 9-1　几种常见桩位布置示意图

（a）柱下桩基；（b）条形桩基

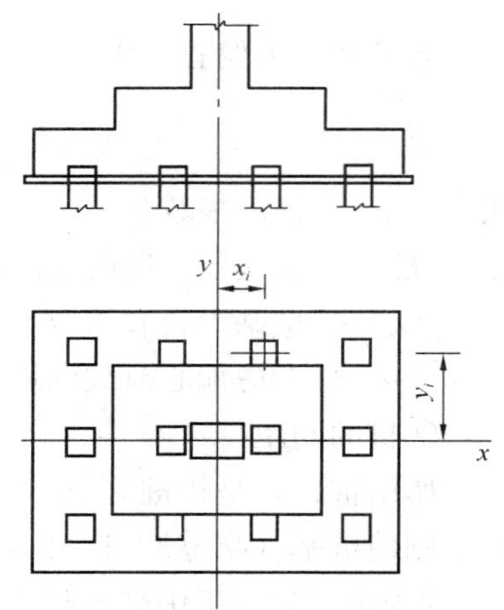

图 9-2　桩顶荷载计算简图

①竖向力作用下

轴心竖向力作用下

$$N_k = \frac{F_k + G_k}{n} \tag{9.10}$$

偏心竖向力作用下

$$N_{ik} = \frac{F_k + G_k}{n} \pm \frac{M_{xk} y_i}{\sum y_j^2} \pm \frac{M_{yk} x_i}{\sum x_j^2} \tag{9.11}$$

②水平力作用下

$$H_{ik}=\frac{H_k}{n} \tag{9.12}$$

式中 N_k——相应于作用的标准组合轴心竖向力作用下，基桩或复合基桩的平均竖向力，kN；

N_{ik}——相应于作用的标准组合偏心竖向力作用下，第 i 基桩或复合基桩的竖向力，kN；

M_{xk}、M_{yk}——相应于作用的标准组合下，作用于承台底面绕通过桩群形心的 x、y 主轴的力矩，kN·m；

x_i、x_j、y_i、y_j——第 i、j 基桩或复合基桩至 y、x 轴的距离，m；

H_k——相应于作用的标准组合下，作用于桩基承台底面的水平力，kN；

H_{ik}——相应于作用的标准组合下，作用于第 i 基桩或复合基桩的水平力，kN。

其余符号同前。

对于主要承受竖向荷载的抗震设防区低承台桩基，在同时满足下列条件时，桩顶作用效应计算可不考虑地震作用：

a. 按现行《建筑抗震设计规范》（GB 50011—2010）的规定可不进行桩基抗震承载力验算的建筑物；

b. 建筑场地位于建筑抗震的有利地段。

（2）桩基竖向承载力验算

①相应于作用的标准组合

轴心竖向力作用下：

$$N_k\leqslant R \tag{9.13}$$

偏心竖向力作用下，除满足上式要求外，尚应满足：

$$N_{kmax}\leqslant 1.2R \tag{9.14}$$

②地震作用效应和相应作用的标准组合

轴心竖向力作用下：

$$N_{Ek}\leqslant 1.25R \tag{9.15}$$

偏心竖向力作用下，除满足上式要求外，尚应满足：

$$N_{Ekmax}\leqslant 1.5R \tag{9.16}$$

式中 N_{kmax}——相应于作用的标准组合轴心竖向力作用下，桩顶最大竖向力，kN；

N_{Ek}——地震作用效应和相应作用的标准组合下，基桩或复合基桩的平均竖向力，kN；

N_{Ekmax}——地震作用效应和相应作用的标准组合下，基桩或复合基桩的最大竖向力，kN。

4. 桩基软弱下卧层验算

桩端虽位于坚硬土层，但厚度有限且有软弱下卧层时，应验算软弱下卧层的承载力，避免因承载力不足而导致持力层发生冲切破坏。

对于桩距 $s_a\leqslant 6d$ 的群桩基础，如图 9-3（a）所示，桩端持力层下存在承载力低于桩端持力层承载力 1/3 的软弱下卧层时，其剪切破坏面发生于桩群外围表面，冲切锥体锥面与竖直线成θ角（压力扩散角）。冲切锥体底面压应力应小于软弱下卧层承载力特征值：

$$\sigma_z + \gamma_m z \leqslant f_{az} \tag{9.17}$$

$$\sigma_z = \frac{(F_k + G_k) - 3/2(A_0 + B_0) \cdot \sum q_{sik} l_i}{(A_0 + 2t \cdot \tan\theta)(B_0 + 2t \cdot \tan\theta)} \tag{9.18}$$

式中 σ_z——作用于软弱下卧层顶面的附加应力，kPa；

γ_m——软弱下卧层顶面以上各土层重度的加权平均值，kN/m³；

f_{az}——软弱下卧层经深度z修正的承载力特征值，kPa；

t——硬持力层厚度，m；

A_0、B_0——桩群外缘矩形底面的长、短边边长，m；

θ——桩端硬持力层压力扩散角，按表9-2取值。

表9-2 桩端硬持力层压力扩散角θ

E_{s1}/E_{s2}	$t=0.25B_0$	$t \geqslant 0.50B_0$
1	4°	12°
3	6°	23°
5	10°	25°
10	20°	30°

对于桩距$s_a > 6d$且硬持力层厚度$t < \frac{(s_a - d_e) \cdot c \cdot \tan\theta}{2}$的群桩基础以及单桩基础，按图9-3（b）所示的冲切破坏模式验算软弱下卧层顶面的承载力，其σ_z按式（9.19）确定：

$$\sigma_z = \frac{4(N - \mu \sum q_{sik} l_i)}{\pi (d_e + 2t \cdot \tan\theta)^2} \tag{9.19}$$

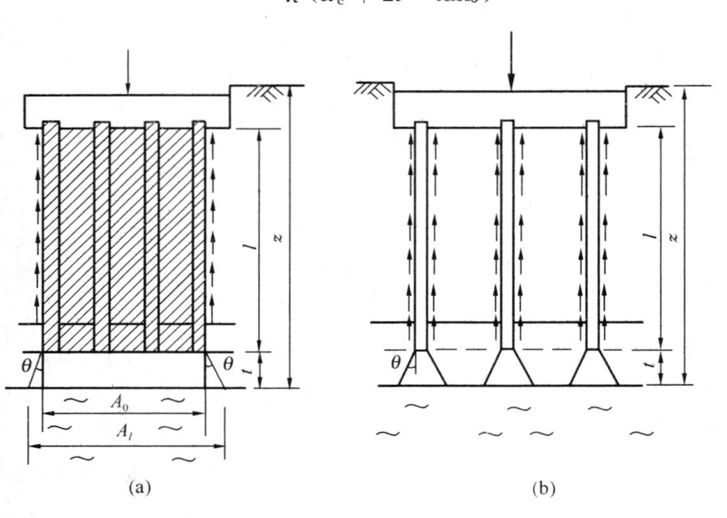

图9-3 软弱下卧层承载力验算

（a）整体冲剪破坏；（b）基桩冲剪破坏

5. 桩基沉降计算

桩基因其稳定性好、沉降量小而均匀，且收敛快，故较少做沉降计算。一般以承载力计算作为桩基设计的主要控制条件，而以变形计算作为辅助验算。

《建筑地基基础设计规范》（GB 50007—2011）规定，对以下建筑物的桩基应进行沉降验算：

①地基基础设计等级为甲级的建筑物桩基；

②体型复杂、荷载不均匀或桩端以下存在软弱土层的实际等级为乙级的建筑物桩基；

③摩擦型桩基。

同时规定：

①对嵌岩桩、设计等级为丙级的建筑物桩基、对沉降无特殊要求的条形基础下不超过两排的桩基、吊车工作级别A5及A5以下的单层工业厂房桩基（桩端下为密实土层），可不进行沉降验算；

②当有可靠地区经验时，对地质条件不复杂、荷载均匀、对沉降无特殊要求的端承型桩基也可不进行沉降验算。

桩基沉降变形指标按下列规定选用：

①由于土层厚度与性质不均匀、荷载差异、体型复杂、相互影响等因素引起的地基沉降变形，对于砌体承重结构应由局部倾斜控制；

②对多层或高层建筑和高耸结构应由整体倾斜值控制；

③当其结构为框架、框架-剪力墙、框架-核心筒结构时，尚应控制柱（墙）之间的差异沉降。

建筑桩基沉降变形计算值不应大于桩基沉降变形允许值［见《建筑桩基技术规范》(JGJ 94—2008)］。计算桩基沉降时，对于桩中心距不大于6d的桩基，其最终沉降量计算可采用等效作用实体深基础分层总和法。

6. 桩身构造设计

（1）钢筋混凝土预制桩

钢筋混凝土预制桩常见的是方桩和管桩。预制桩桩身混凝土强度等级不宜低于C30，预应力混凝土桩的混凝土强度等级不宜小于C40，预制桩纵向钢筋的混凝土保护层厚度不宜小于30mm。混凝土预制桩的截面边长不应小于200mm，预应力混凝土预制实心桩的截面边长不宜小于350mm。

预制桩的桩身应配置一定数量的纵向钢筋（主筋）和箍筋，桩身配筋应按吊运、打桩及桩在使用过程中的受力等条件计算确定，一般主筋选4～8根直径14～25mm的钢筋。当截面边长在300mm以下者，可用4根主筋，箍筋直径6～8mm，间距不大于200mm，在桩顶和桩尖处应适当加密。桩上需埋设吊环的，位置由计算确定。桩身的混凝土强度必须达设计强度的70％才可起吊，达设计强度的100％才可搬运和打桩。

（2）混凝土灌注桩

灌注桩混凝土强度等级不得低于C25。当桩顶轴向压力和水平力满足桩基规范受力条件时，可按构造要求配置桩顶与承台的连接钢筋笼。当桩身直径为300～2000mm时，正截面配筋率可取0.65％～0.2％（小直径桩取高值）。对于受水平荷载的桩，主筋不应小于8ϕ12；对抗压桩和抗拔桩，主筋不应小于6ϕ10；纵向受力筋应沿桩身周边均匀布置，净距不应小于60mm，并尽量减少钢筋接头；箍筋应采用螺旋式箍筋，直径不应小于6mm，间距宜为200～300mm；受水平荷载较大的桩基、承受水平地震作用的桩基及考虑主筋作用计算桩身受压承载力时，桩顶以下5d范围内箍筋应加密，间距不应大于100mm；当桩身位于液化土层范围内时箍筋应加密；当钢筋笼长度超过 4m 时，应每隔 2m 设一道直径不小于 12mm 的焊接加劲箍筋，受力筋的混凝土保护层厚度不应小于 35mm，水下灌注混凝土，不得小于 50mm。

7. 承台的设计

承台是上部结构与群桩之间相联系的结构部分，其作用是把各个单桩联系起来并与上部结构形成整体。承台应进行抗冲切、抗剪及抗弯计算，并符合构造要求。当承台的混凝土强度等级低于柱或桩的混凝土强度等级时，尚应验算柱下或柱上承台的局部受压承载力。

（1）承台的构造要求

承台平面形状应根据上部结构的要求和桩的布置形式决定。常见的形状有矩形、三角形、多边形、圆形、环形等。承台的最小宽度不应小于 500mm，边桩中心至承台边缘的距离不应小于桩的直径或边长，且桩的外边缘至承台边缘的距离不应小于 150mm，对于墙下条形承台梁，桩的外边缘至承台梁边缘的距离不应小于 75mm，承台的最小厚度不应小于 300mm。

承台混凝土强度等级不宜小于 C20，承台底面钢筋的混凝土保护层厚度，当有混凝土垫层时，不应小于 50mm，无垫层时不应小于 70mm，且不应小于桩头嵌入承台内的长度。

承台的配筋如图 9-4 所示。对柱下独立桩基承台的纵向受力筋应通长配置，如图 9-4（a）所示，对四桩以上（含四桩）承台板配筋宜按双向均匀布置，对于三桩承台，应按三向板带均匀配置，且最里面三根钢筋相交围成的三角形应位于柱截面范围内，如图 9-4（b）所示。承台的配筋除应满足计算要求外，还应满足承台梁的纵向受力筋直径不应小于 12mm，间距不应大于 200mm，架立筋直径不宜小于 10mm，箍筋直径不宜小于 6mm，如图 9-5 所示。柱下独立桩基承台的最小配筋率不应小于 0.15%。

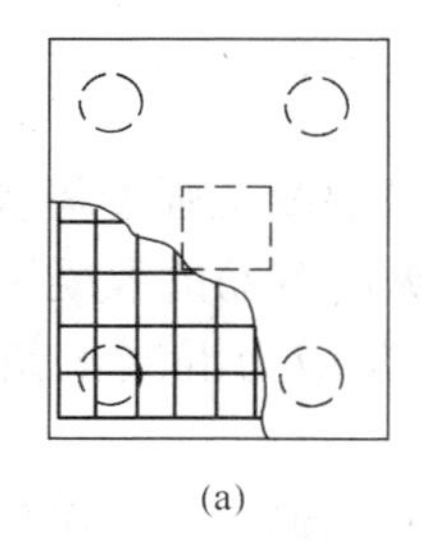

(a)

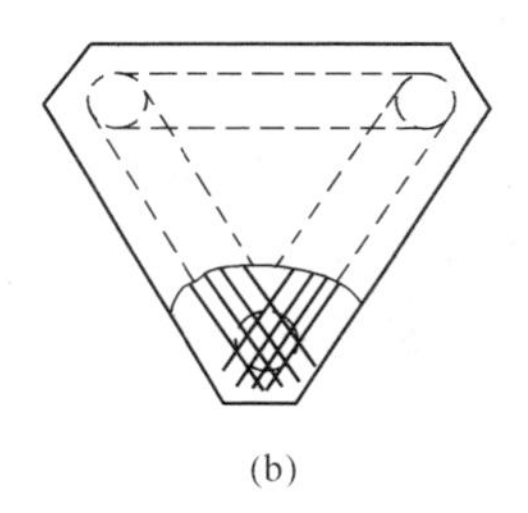

(b)

图 9-4　承台配筋示意图

（a）矩形承台配筋；（b）三桩承台配筋

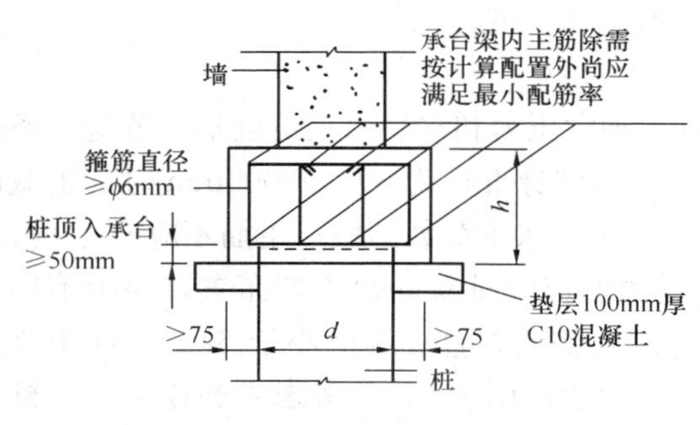

图 9-5　承台梁配筋示意图

桩嵌入承台内的长度对中等直径的桩不宜小于 50mm，对大直径桩不宜小于 100mm；混凝土桩的桩顶纵向主筋应锚入承台内，其锚入长度不宜小于 $35d_g$；对大直径灌注桩，当采用一柱一桩时可设置承台或将桩与柱直接连接。

由于结构受力要求，柱下独立桩基承台当有抗震要求时，纵横方向宜设置连系梁；在一般情况下两桩桩基承台应在其短向设置连系梁；一柱一桩时应在柱顶纵横方向设置连系梁，当桩与柱的截面直径之比大于2时，可不设连系梁。连系梁顶面宜与承台顶面位于同一标高，宽度不宜小于250mm，其高度可取承台中心距的1/10～1/15，且不宜小于400mm；连系梁配筋应按计算确定，梁上、下部纵筋不宜小于2ϕ12，位于同一轴线上的相邻跨连系梁纵筋应连通；承台和地下室外墙与基坑侧壁间隙应灌注素混凝土或搅拌流动性水泥土，或采用灰土、级配砂石、压实性较好的素土分层夯实，其压实系数不宜小于0.94。

（2）承台厚度的确定

桩基承台厚度应满足柱对承台的冲切和基桩对承台的冲切承载力要求。

（3）承台斜截面受剪计算

柱（墙）下桩基承台，应分别对柱（墙）边、变阶处和柱边连线形成的贯通承台的斜截面的受剪承载力进行验算。当承台悬挑边有多排桩基形成多个斜截面时，应对每个斜截面的受剪承载力进行验算。

（4）承台板配筋计算

桩基承台应进行正截面受弯承载力计算。

9.1.6 其他深基础简介

深基础除桩基外，还有沉井、沉箱和地下连续墙等形式。

沉井多用于工业建筑和地下构造物，是一种竖井结构，与大开挖相比，它具有挖土量少、埋置深度大、整体性强、稳定性好、能承受较大的垂直荷载和水平荷载、施工方便、占地少和对相邻基础影响小等优点，适用于黏性土及土粒较粗的砂土中。沉箱是将压缩空气压入一个特殊的沉箱室内以排除地下水，工作人员在沉箱内操作，比较容易排除障碍物，使沉箱顺利下沉，可达地下水位以下35～40m的深度，但目前应用较少。墩基是指利用机械或人工开挖成孔后灌注混凝土形成的大直径桩基础，由于其直径粗大如墩，故称为墩基础，墩基与大直径桩并无明显界限。地下连续墙是近代发展起来的一种新的基础型式，具有无噪声、无振动、对周围建筑影响小，并有节约土方量、缩短工期、安全可靠等优点，它的应用日益广泛。

1. 沉井基础

沉井是一种竖直的井筒状结构物，常用混凝土或钢筋混凝土等材料制成，一般分数节制作。施工时，先就地制作第一节井筒，然后用适当的方法在井筒内挖土，井体借自重克服外壁与土的摩阻力而不断下沉，随下沉再逐节接长井筒。为了减少下沉时的端部阻力，沉井的下端往往装设钢板或角钢加工成的刃脚。井筒下沉到设计标高后，浇筑混凝土封底、填心，使其成为桥梁墩台或其他结构物的基础，也可以作为地下结构使用。沉井适合于在黏性土及较粗的砂土中施工，但土中若有障碍物时会给下沉造成一定的困难。沉井在下沉过程中，井筒就是施工期间的围护结构。在各个施工阶段和使用期间，沉井各部分可能受到土压力、侧水压力、水浮力、摩阻力、底面反力和沉井自重等力的作用，故沉井的构造和计算应按有关规范要求。

沉井按水平断面形式可分为圆形、方形或椭圆形等；按竖直面可分为柱形、阶梯形等；根据沉井孔的布置方式又有单孔、双孔及多孔之分。

沉井主要由刃脚、井筒、内隔墙、封底底板及盖顶等部分组成。

沉井基础施工一般分为旱地施工、水中筑岛及浮运沉井三种。沉井施工时，应将场地平整夯实，在基坑上铺设一定厚度的砂层，在刃脚位置再铺设垫木，然后在垫木上制作刃脚和第一节沉井。当沉井混凝土强度达70%时，才可拆除垫木挖土下沉。

下沉方法分排水下沉和不排水下沉，前者适用于土层稳定不会因抽水而产生大量流砂的情况。当土层不稳定时，在井内抽水易产生大量流砂，此时不能排水，可在水下进行挖土，必须使井内水位始终保持高于井外水位1～2m。井内出土视土质情况，可用机械抓斗水下挖土，或者用高压水枪破土，用吸泥机将泥浆排出。

沉井下沉时，有时会发生偏斜、下沉速度过快或过慢，此时应仔细调查原因，调整挖土顺序和排除施工障碍，甚至借助卷扬机进行纠偏。

为保证沉井能顺利下沉，其重力必须大于或等于沉井外侧四周总摩阻的1.15～1.25倍。沉井的高度由沉井顶面标高（一般埋入地面以下0.2m或在地下水位以上0.5m）及地面标高决定，其平面形状和尺寸根据上部建筑物平面形状要求确定。井筒壁厚和内隔墙厚度应根据施工和使用阶段计算确定。

2. 地下连续墙

地下连续墙是采用专门的挖槽机械，在泥浆护壁的条件下，沿着深基础或地下建筑物的周边在地面下分段挖出一条深槽，待开挖至设计深度并清除沉淀下来的泥渣后，就地将加工好的钢筋笼吊放至槽内，用导管向槽内浇筑混凝土，形成一个单元槽段，然后在下一个单元槽段依此施工，两个槽段之间以各种特定的接头方式相互连接，从而形成地下的钢筋混凝土墙。地下连续墙既可以承受侧壁的土压力和水压力，在开挖时起支护、挡土、防渗等作用，同时又将上部结构的荷载传到地基持力层，作为地下建筑和基础的一个部分。

地下连续墙的优点是可以大量节约土方量、缩短工期、降低造价，施工时振动小、噪声低，不影响邻近建筑安全，具有较好防渗性能。目前地下连续墙已发展有后张预应力、预制装配和现浇等多种形式，其使用日益广泛，主要用于建筑物的地下室、地下停车场、地下街道、地下铁道、地下道路、泵站盾构等工程的竖井、挡土墙、防渗墙及基础结构等。

地下连续墙厚度一般在450～800mm之间，长度按设计不受限制。每一个单元槽段长度一般为4～7m，墙体深度可达几十米。目前，地下连续墙常用的挖槽机械，按其工作机理分为挖斗式、冲击式和回转式三大类。

地下连续墙的强度必须满足施工阶段和使用期间的强度和构造要求。

9.2 考核要点

1. 桩的分类和各类桩的主要特点

考核要点：摩擦型桩和端承型桩的概念；常用的预制桩与灌注桩的类型、特点及适用条件。

2. 单桩竖向承载力特征值的确定

考核要点：单桩竖向承载力确定的原则；静载荷试验的要点、现行规范的经验公式。

3. 桩基础设计

考核要点：掌握桩型、桩长、桩数的确定及桩位布置的要求；掌握单桩受力验算的方法；了解并掌握桩身构造设计及承台设计要点。

4. 其他深基础

考核要点：了解其他深基础如沉井、地下连续墙的特点及适用条件。

9.3　典型题解

【例 9-3-1】 哪些情况可考虑采用桩基础方案？

【答】 下列情况，可考虑选择桩基方案：

①当地基软弱、地下水位高且建筑物荷载大，若采用天然地基，地基承载力明显不足时；

②当地基承载力满足要求，但采用天然地基时沉降量过大；或当建筑物沉降的要求较严格，建筑等级较高时；

③地基软弱，且采用地基加固措施技术上不可行或经济上不合理时；

④高层或高耸建筑物需采用桩基，可防止在水平力作用下发生颠覆；

⑤地基土性不稳定，如液化土、湿陷性黄土、季节性冻土、膨胀土等，要求采用桩基将荷载传至深部土性稳定的土层时；

⑥建筑物受到相邻建筑物或地面堆载影响，采用浅基础将会产生过量沉降或倾斜时。

【例 9-3-2】 试从桩上荷载传递方式、桩的材料、桩的设置效应、桩的施工方法等方面对桩进行分类。

【答】 ①按桩上荷载的传递方式，桩可分为：摩擦型桩、端承型桩。

②按桩的制作材料的不同，桩可分为：混凝土桩、钢桩、土桩。

③按桩的设置效应，桩可分为：挤土桩、部分挤土桩（少量挤土桩）、非挤土桩。

④按施工方法，桩可分为：预制桩、灌注桩。

【例 9-3-3】 在静载荷试验时，桩的破坏状态应如何确定？如何由试验资料确定单桩的极限承载力？

【答】（1）在静载荷试验过程中，若出现下列情况之一，说明桩已破坏：

①当荷载－沉降曲线（Q-s 曲线）上有可判定极限承载力的陡降段，且桩顶总沉降量超过 40mm；

②某级荷载下桩的沉降量大于前一级沉降量的 2 倍，且经 24h 尚未达到稳定；

③25m 以上的非嵌岩桩，Q-s 曲线呈缓变型时，桩顶总沉降量大于 60～80mm。

（2）单桩竖向极限承载力由荷载-沉降（Q-s）曲线按下列条件确定：

①当曲线存在明显陡降段时，取相应于陡降段起点的荷载值为单桩极限承载力；

②对于直径或桩宽在 550mm 以下的预制桩，在某级荷载 Q_{i+1} 作用下，其沉降量与相应荷载增量的比值 $\frac{\Delta s_{i+1}}{\Delta Q_{i+1}} \geqslant 0.1\text{mm/kN}$ 时，取前一级荷载 Q_i 之值作为极限承载力；

③当某级荷载下桩的沉降量大于前一级沉降量的 2 倍，且经 24h 尚未达到稳定时，在 Q-s 曲线上取桩顶总沉降量 s 为 40mm 时的相应荷载值作为极限承载力。

【例 9-3-4】 是非题（　）以控制沉降为目的设置的桩基，桩距可采用 3～4 倍桩身直径。

【答】 ×

【释】 桩距可采用 4～6 倍桩身直径。

【例 9-3-5】 选择题 根据现场单桩静载试验，所提供的承载力数值为（ ）。

A. 基本值　　B. 标准值　　C. 极限值　　D. 特征值

【答】 C

【例 9-3-6】 某单层工业厂房柱下采用桩基础，承台平面尺寸是 3.8m×2.6m，埋置深度 d=1.2m，作用于地面标高的荷载设计值 F_k=3600kN，M_{yk}=500kN·m，桩的平面布置如图 9-6 所示。求 A、B 两桩的受力各是多少。

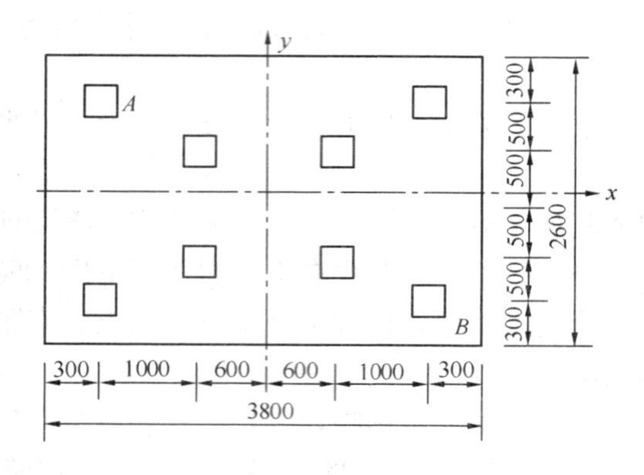

图 9-6 【例 9-3-3】图

解： 由单桩桩顶竖向力计算公式

$$Q_{ik}=\frac{F_k+G_k}{n}\pm\frac{M_{yk}\cdot x_i}{\sum x_i^2}$$

得

$$Q_{\substack{ikmax\\ikmin}}=\frac{F_k+G_k}{n}\pm\frac{M_{yk}\cdot x_{max}}{\sum x_i^2}$$

$$=\frac{3600+20\times3.8\times2.6\times1.2}{8}\pm\frac{500\times1.6}{4\times1.6^2+4\times0.6^2}$$

$$=479.6\pm68.49$$

$$Q_{Amin}=411.11\text{kN}\qquad Q_{Bmax}=548.09\text{kN}$$

9.4 习　　题

9.4.1 填空题

1-1 当地基的强度和变形都无法满足建筑的要求，而又不宜进行地基处理时，就要利用深处的土层和岩层作为持力层，采用____方案，该方案中最早和最广泛应用的基础类型是____。

1-2 桩基础一般由设置于____和____两部分组成。

1-3 按承台底面的相对位置，桩基础分为____和____两种类型，广泛应用于房屋工程中的桩基属于____。

1-4 按施工方法不同，桩可分为____和____两大类。

1-5 现浇预制混凝土桩，长度一般在____以内。工厂预制时，分节长度一般不超过____，可根据需要在沉桩过程中加以接长。

1-6 在同一条件下，进行静载荷试验的桩数不宜少于总桩数的____且不宜少于____根。

1-7 桩端进入持力层的深度，宜为桩身直径的____，嵌岩桩桩端进入中等风化基岩体的最小深度不宜小于____，以确保桩端嵌入岩层。

1-8 桩的间距（中心距）一般采用____的桩径。

1-9 混凝土预制桩的截面边长不应小于____，预应力混凝土预制桩的截面边长不宜小于____；预应力混凝土离心管桩的外径不宜小于____。

1-10 预制桩的混凝土强度等级不宜低于____，预应力混凝土桩的混凝土强度等级不宜低于____。

1-11 灌注桩的混凝土等级，一般不得低于____，混凝土预制桩的强度等级不得低于____。

1-12 单桩竖向承载力的确定，取决于两个方面：其一，取决于____；其二，取决于____。

1-13 承台混凝土强度等级不宜小于____，承台的最小宽度不应小于____，承台边缘至边桩中心的距离不宜小于桩的直径或边长，桩的外边缘至承台边缘的距离不应小于____。

1-14 对条形承台梁，桩的外边缘至承台梁边缘的距离____ 75mm。

1-15 为满足承台的基本刚度、桩与承台的连接构件等需要，条形承台和柱下独立桩基承台的最小厚度不应小于____ mm。

1-16 各种承台均应按现行的《混凝土结构设计规范》进行受弯、____、____、____承载力计算。

1-17 承台梁的纵向受力钢筋直径不宜小于____，间距不应大于____，架立筋直径不宜小于10mm，箍筋直径不宜小于____。

1-18 承台的最小埋深为____ mm

1-19 桩基宜选用____土层作为桩端持力层。

1-20 所有桩基均应进行____和____计算。

1-21 对位于坡地、岸边的桩基应进行桩基的____验算。

1-22 桩侧负摩阻力会引起下拉荷载，使桩身轴力____、桩的承载力____并使地基的沉降增大。

1-23 参加统计的试桩，当满足其极差____时，可取其平均值为单桩竖向极限承载力。

1-24 确定桩长的关键在于选择____和确定____。

1-25 桩基础具有承载力高、沉降量小的特点，不仅能承受竖向荷载，还能承受____和____，也能减少机器基础的振动。

9.4.2 单项选择题

2-1 对于砂土中的挤土桩，在桩身强度达到设计要求的前提下，静载荷试验应该在打桩后经过（ ）天进行。

A. 3　　B. 7　　C. 10　　D. 15

2-2 以下（ ）不属于桩基础验算内容。

A. 桩基沉降计算　　B. 桩的数量计算
C. 单桩受力计算　　D. 群桩地基承载力计算

2-3　群桩基础桩中的单桩又叫作（　）。
A. 单桩基础　　B. 桩基　　C. 复合桩基　　D. 基桩

2-4　嵌岩桩桩孔应深入持力岩层不小于（　）倍桩径。
A. 2～3　　B. 4～5　　C. 3～5　　D. 2～4

2-5　下列桩中，不属于挤土桩的是（　）。
A. 沉管灌注桩　　B. 开口预应力混凝土管桩
C. 下端封闭的管桩　　D. 木桩

2-6　冲孔灌注桩，按成桩方法分类应为（　）。
A. 非挤土桩　　B. 挤土桩
C. 部分挤土桩　　D. 摩擦桩

2-7　下列桩中，属于部分挤土桩的是（　）。
A. 冲孔桩　　B. 下端封闭的管桩
C. H 型钢桩　　D. 实心的预制桩

2-8　挖孔桩不能在（　）地基中采用。
A. 粉质黏土　　B. 淤泥和淤泥质土
C. 黏土　　D. 黏土与杂填土

2-9　下列（　）不属于桩基承载力能力极限状态计算的内容。
A. 承台的抗冲切验算　　B. 承台的抗剪切验算
C. 桩身结构计算　　D. 裂缝宽度验算

2-10　混凝土预制桩的截面边长不宜小于（　）。
A. 200mm　　B. 300mm　　C. 350mm　　D. 250mm

2-11　预应力混凝土预制桩的截面边长不宜小于（　）。
A. 200mm　　B. 300mm　　C. 350mm　　D. 250mm

2-12　承台的埋深不宜小于（　）。
A. 300mm　　B. 400mm　　C. 500mm　　D. 600mm

2-13　桩顶嵌入承台的长度对于中等直径桩，不宜小于（　）。
A. 100mm　　B. 50mm　　C. 70mm　　D. 150mm

2-14　混凝土预制桩的混凝土强度等级不低于（　）。
A. C30　　B. C20　　C. C40　　D. C15

2-15　桩的间距（中心距）一般采用（　）倍的桩径。
A. 3　　B. 4　　C. 2～3　　D. 3～4

2-16　桩端进入坚实土层的深度，对于黏性土和粉土，进入的深度不宜小于（　）桩径。
A. 1.5 倍　　B. 2 倍　　C. 2～3 倍　　D. 3～4 倍

2-17　若在地层中存在有比较多的大孤石而又无法排除时，则宜选用（　）。
A. 钢筋混凝土预制桩　　B. 预应力管桩
C. 木桩　　D. 冲孔灌注桩

2-18 承台底面的钢筋混凝土保护层厚度，无垫层时不宜小于（ ），且不应小于桩头嵌入承台内的长度。

A. 50mm B. 70mm C. 35mm D. 100mm

2-19 桩侧负摩阻力的产生，使桩的竖向承载力（ ）。

A. 增大 B. 减小 C. 不变 D. 不确定

2-20 桩基础用的桩，按其受力情况可分为摩擦桩和端承桩两种，摩擦桩是指（ ）。

A. 桩上的荷载全部由桩侧摩擦力承受

B. 桩上的荷载由桩侧摩擦力和桩端阻力共同承受

C. 桩端为锥形的预制桩

D. 不要求清除桩端虚土的灌注桩

2-21 桩侧负摩阻力的产生，使桩身轴力（ ）。

A. 增大 B. 减小 C. 不变 D. 不确定

2-22 沉管灌注桩质量问题多发的基本原因是（ ）。

A. 振动效应 B. 混凝土搅拌不匀

C. 缩孔 D. 测量误差

2-23 在不出现负摩阻力的情况下，摩擦桩桩身轴力分布的特点之一是（ ）。

A. 桩顶轴力最小 B. 桩顶轴力最大

C. 桩端轴力最大 D. 桩身轴力为常数

2-24 当土层相对于桩侧向下位移时，产生于桩侧的负摩阻力方向为（ ）。

A. 始终向上 B. 始终向下

C. 有时上，有时下 D. 与桩侧成一角度

2-25 混凝土预制桩的优点在于（ ）

A. 桩身质量易保证 B. 直径大

C. 对周围环境影响小 D. 适用于所有土层

2-26 最宜采用桩基础的地基土质情况为（ ）。

A. 地基上部软弱而下部不太深处埋藏有坚实地层时

B. 地基有过大沉降时

C. 软弱地基

D. 淤泥质土

9.4.3 多项选择题

3-1 桩端的持力层可选择（ ）。

A. 坚实的土层 B. 岩层

C. 中等强度的土层 D. 淤泥质土

3-2 承台土阻力发挥的程度与（ ）有关。

A. 桩距 B. 桩长

C. 桩的排列 D. 承台宽度

3-3 乙级建筑桩基应采用（ ）方法综合确定单桩的竖向极限承载力标准值。

A. 静力触探 B. 标准贯入

C. 经验公式　　D. 参照地质条件相同的试桩资料

3-4　静载荷试验确定单桩的竖向承载力时，为了使试验能反映真实的承载力值，一般间歇时间是：在桩身强度达到设计要求的前提下，对于砂土不得少于（　）天，粉土和黏性土不得少于（　）天，饱和黏性土不得少于（　）天。

A. 10　　B. 15　　C. 20　　D. 25

3-5　下列桩中，属于挤土桩的是（　）。

A. H 型钢桩　　B. 下端封闭的管桩

C. 沉管灌注桩　　D. 实心的预制桩

3-6　桩身质量检验的方法有（　）。

A. 开挖检查　　B. 钻芯法

C. 声波检测法　　D. 动测法

3-7　按设置效应，桩有以下几种类型：（　）。

A. 挤土桩　　B. 非挤土桩

C. 预制桩　　D. 部分挤土桩

3-8　下列桩中，属于部分挤土桩的是（　）。

A. 沉管灌注桩　　B. 低端开口的钢管桩

C. H 型钢桩　　D. 下端封闭的管桩

3-9　对于长径比 l/d（l 为桩的长度，d 为桩的直径）较小（一般小于 10），桩身穿越软弱土层，桩端设置于（　）中的桩，可看作是端承桩。

A. 密实砂层　　B. 碎石类土层

C. 中等风化的岩层　　D. 微风化的岩层

3-10　挖孔桩在（　）中不能采用。

A. 流砂层　　B. 软土层　　C. 粉土层　　D. 黏土层

3-11　预制桩沉桩的方式有（　）。

A. 锤击法　　B. 振动法　　C. 静力压入　　D. 水冲法

3-12　验算桩基的水平变位、抗裂、裂缝宽度时，根据使用要求和裂缝控制等级，应分别采用作用效应的（　）。

A. 短期效应组合　　B. 短期效应组合考虑长期荷载的影响

C. 长期效应组合　　D. 短期效应组合并计入地震作用

3-13　下列（　）应验算变形。

A. 地基基础设计等级为甲级的建筑物桩基

B. 桩端以下存在软弱下卧层的乙级建筑桩基

C. 摩擦型桩基

D. 体型复杂、荷载不均匀的乙级建筑桩基

3-14　下列荷载的取值，正确的是（　）。

A. 计算桩基的最终沉降量时，应采用荷载的长期效应组合

B. 桩基承载能力极限状态的计算应采用作用效应的基本组合和地震作用效应的组合

C. 按正常使用极限状态验算桩基沉降时应采用荷载的短期效应组合并计入地震作用

D. 按正常使用极限状态验算桩基沉降时应采用荷载的长期效应组合

3-15　在确定桩顶标高时，应考虑桩顶嵌入承台内长度和主筋伸入承台的锚固长度。特别是桩主要承受水平力时，下列叙述正确的是（　）。

A. 桩顶嵌入承台长度不小于 100mm

B. 对于大直径桩，桩顶嵌入长度不小于 100mm

C. 主筋伸入承台的锚固长度不小于 40 倍钢筋直径

D. 主筋伸入承台的锚固长度不小于 30 倍钢筋直径

3-16　下列叙述中，正确的是（　）。

A. 预制桩的混凝土强度等级不宜低于 C30

B. 灌注桩的混凝土强度等级，一般不得低于 C25

C. 预应力混凝土桩的混凝土强度等级不宜低于 C40

D. 沉管灌注桩的预制桩尖，其混凝土的强度等级不得低于 C40

3-17　对有抗震设防要求的柱下单桩基础，宜设置纵横向连系梁，下列有关连系梁的说法中正确的是（　）。

A. 连续梁的顶面宜高于承台面

B. 连系梁上、下部纵筋不宜小于 $2\phi12$

C. 连续梁的宽度不应小于 250mm，其高度可取承台中心距的 1/10～1/15

D. 连续梁的顶面宜与承台顶面位于同一标高

3-18　下列有关承台的构造尺寸，正确的是（　）。

A. 承台的最小宽度不应小于 500mm

B. 条形承台和柱下单独桩基承台的最小厚度不小于 300mm

C. 承台的最小埋深为 600mm

D. 条形承台和柱下独立承台，边缘挑出部分不应小于 200mm

3-19　下列（　）会产生桩侧负摩阻力。

A. 位于桩周的欠固结黏土或松散后填土在重力作用下产生固结

B. 大面积堆载或桩侧底面局部较大的长期荷载使桩周高压缩性土层压密

C. 在正常固结或弱超固结的软黏土地区，由于地下水位全面降低（例如长期抽取地下水），致使有效应力增加，引起大面积沉降

D. 打桩时使已设置的邻桩抬升

3-20　桩与承台的连接应满足要求，下列叙述中正确的是（　）。

A. 桩顶嵌入承台的长度不应小于 50mm

B. 混凝土桩的桩顶主筋应伸入承台内，其锚固长度不宜小于 40 倍主筋直径

C. 预应力混凝土桩可采用钢筋与桩头钢板焊接的连接方法

D. 对于钢桩，为使桩顶与承台形成可靠连接，可于桩顶加焊锅形钢板或钢筋

3-21　承台之间的连接要满足要求，下列叙述正确的是（　）。

A. 对于有抗震设防要求的柱下单桩基础，宜设置横向连系梁

B. 对于双桩基础，由于其长向的抗剪、抗弯能力较强，一般无需设置承台之间的连系梁，而其短向抗弯刚变较小，宜设置承台间的连系梁

C. 柱下单桩桩基宜在相互垂直的两个方向设置连系梁

D. 对于有抗震设防要求的柱下单桩基础，宜设置纵横向连系梁

3-22 根据《建筑桩基技术规范》(JGJ 94—2008)的规定，群桩基础在（ ）情况下，才可考虑承台底土阻力。

A. 桩数 $n \leqslant 3$ 的非端承桩

B. 桩数 $n > 3$ 的端承桩

C. 桩数 $n > 3$ 的非端承桩

D. 承台底面以下不存在可液化土、湿陷性黄土、高灵敏度软土、欠固结土、新填土

3-23 下列（ ）的基桩承载力可不考虑群桩效应。

A. 摩擦桩基　　B. 桩数不超过 3 根的非端承桩基

C. 端承桩基　　D. 复合桩基

3-24 采用静载荷试验确定单桩的承载力时，出现下列（ ）情况之一时，即可终止加荷。

A. 某级荷载作用下，桩的沉降量为前一级荷载作用下沉降量的 5 倍

B. 某级荷载作用下，桩的沉降量为前一级荷载作用下沉降量的 3 倍

C. 某级荷载作用下，桩的沉降量大于前一级荷载作用下沉降量的 2 倍，且经 24h 尚未达到相对稳定

D. 当荷载－沉降曲线（Q-s 曲线）上有可判定极限承载力的陡降段，且桩顶总沉降量超过 40mm

3-25 采用静载荷试验确定单桩竖向承载力时，常用慢速维持荷载法，每级荷载值约为估算的极限荷载的（ ），第一级可按（ ）倍分级荷载加荷。

A. 1/10　　B. 1　　C. 1/8～1/10　　D. 2

3-26 第 25 题所述的这种加载方式，在每级荷载作用下，桩顶的沉降量在每小时内不超过（ ）mm 并连续出现（ ）次时，则认为已趋稳定，可施加下一级荷载。

A. 0.3　　B. 0.1　　C. 2　　D. 3

3-27 静载荷试验所得单桩竖向极限承载力可按（ ）综合分析确定。

A. 对于有明显变化阶段的 Q-s 曲线，取陡降段起点所对应的荷载值为单桩的竖向极限承载力

B. 对于 Q-s 曲线呈缓变型时，取桩顶总沉降量 $s=60$mm 对应的荷载作为单桩的竖向极限承载力

C. 对于 Q-s 曲线呈缓变型时，取桩顶总沉降量 $s=40$mm 对应的荷载作为单桩竖向极限承载力

D. 取 s-lg$t$ 曲线尾部出现明显向下弯曲的前一级荷载值作为单桩的竖向极限承载力

3-28 砂土和碎石类土中桩的极限端阻力取值，要综合考虑（ ）确定。

A. 土的密实度　　B. 桩端进入持力层的深度

C. 桩的类型　　D. 施工方法

3-29 现场预制的桩，长度一般在（ ）m 以内，工厂预制的桩，分节长度一般不超过（ ）m。

A. 25～30　　B. 20～30　　C. 15　　D. 12

3-30 关于在平面上的布桩，下列说法正确的是（ ）。

A. 为了使桩基中各桩受力比较均匀，群桩横截面的重心应与荷载合力的作用点重合或

接近

B. 在有门洞的墙下布桩应将桩设置在门洞的两侧

C. 同一结构单元宜避免采用不同类型的桩

D. 梁式或板式承台下的群桩，布桩时应注意使梁、板中的弯矩尽量减小

3-31　同一基础相邻桩的桩底标高差，应符合（　）。

A. 对于非嵌岩端承型桩，不宜超过相邻桩的中心距

B. 对于嵌岩端承型装，不宜超过相邻桩的中心距

C. 对于摩擦型桩，在相同土层中不宜超过桩长的 1/10

D. 对于摩擦型桩，在相同土层中不宜超过桩长的 1/15

3-32　桩数较少而桩长较大的桩基一般在（　）方面比桩数多而桩长小的桩基优越。

A. 承台设计　　B. 承台施工

C. 提高群桩的承载力　　D. 减小桩基沉降量

3-33　群桩效应系数 η 可能（　）。

A. 大于 1　　B. 小于 1　　C. 等于 1　　D. 无法确定

3-34　单桩竖向极限承载力应根据（　）综合确定。

A. 试桩位置　　B. 试桩数量

C. 实际地质条件　　D. 施工情况

3-35　下列（　）可不做变形验算。

A. 设计等级为丙级的建筑物桩基

B. 地质条件不复杂、荷载均匀的端承型桩基

C. 受水平荷载较大的甲级建筑桩基

D. 桩端持力层为软弱土的乙级建筑桩基

9.4.4　判断题

4-1　（　）体型复杂、荷载不均匀的设计等级为乙级的建筑物桩基可不进行沉降验算。

4-2　（　）摩擦型桩基可不进行沉降验算。

4-3　（　）计算桩基沉降时，最终沉降量宜按单向压缩分层总和法计算。

4-4　（　）桩端进入较好的土层，桩端平面处土层应满足下卧层承载力设计要求。

4-4　（　）扩底灌注桩的扩底直径，不应大于桩身直径的 2 倍。

4-5　（　）摩擦桩的桩顶荷载绝大部分由桩端阻力承受，桩侧阻力很小。

4-6　（　）高层或高耸建筑物采用桩基，可防止在水平力作用下发生倾覆。

4-7　（　）桩顶嵌入承台内的长度，对大直径的桩不宜小于 50mm。

4-8　（　）单桩承台应在两个互相垂直的方向上设置连系梁。

4-9　（　）以控制沉降为目的的设置的桩基，桩身强度应按桩顶荷载标准值验算。

4-10　（　）桩基承台的最小宽度不应小于 500mm，边桩中心至承台边缘的距离不应小于桩的直径或边长。

9.4.5　简答题

5-1　说明常见桩型的优缺点及适用条件。

5-2 简述高桩承台与低桩承台的特点和区别。

5-3 单桩竖向承载力特征值如何确定?

5-4 单桩水平承载力可由哪几种方法确定?

5-5 试述桩基础设计内容及步骤。

5-6 试述桩侧负摩阻力的概念及其产生的条件和场合。

5-7 对可能出现负摩阻力的桩基，应按什么原则设计?

5-8 桩基承台的作用是什么?如何进行桩基承台的设计?

5-9 承台设计的构造要求主要有哪些?

5-10 沉井施工中应注意哪些问题?如果在沉井施工过程中发生倾斜该如何处理?

5-11 什么是地下连续墙?地下连续墙有何优点?

9.4.6 计算题

6-1 已知预制方桩的断面尺寸为350mm×350mm，桩长24m（从承台底面算起），穿越的土层厚度及相应的指标或状态依次如下：第一层为黏性土，厚1.5m，$I_L=0.4$；第二层为淤泥，厚20.5m，含水量$w=55\%$；第三层为中密粗砂，桩打入1.0m。试按《建筑桩基技术规范》(JGJ 94—2008）经验参数法确定单桩竖向承载力特征值R_a。

6-2 某住宅为框架结构，钢筋混凝土柱的截面尺寸为350mm×400mm，采用预制的300mm×300mm方桩。已知作用于桩基顶面上的荷载效应标准组合值为：竖向荷载F_k=2300kN，弯矩M_{yk}=300kN·m。地基土表层为杂填土，厚1.5m；第二层为软塑黏土，厚10m，q_{s2a}=18kPa；第三层为可塑粉质黏土，厚5m，q_{s3a}=30kPa，q_{pa}=970kPa。试①确定单桩竖向承载力特征值R_a；②确定桩数和合理布置桩位；③验算群桩中单桩的受力。

9.5 习题解答

9.5.1 填空题解答

1-1 <u>深基础</u> <u>桩基础</u>

1-2 <u>土中的桩</u> <u>承接上部结构的承台</u>

1-3 <u>低承台桩基</u> <u>高承台桩基</u> <u>低承台桩基</u>

1-4 <u>预制桩</u> <u>灌注桩</u>

1-5 <u>25～30m</u> <u>12m</u>

1-6 <u>1%</u> <u>3</u>

1-7 <u>1～3倍</u> <u>0.5m</u>

1-8 <u>3～4倍</u>

1-9 <u>200mm</u> <u>350mm</u> <u>300mm</u>

1-10 <u>C30</u> <u>C40</u>

1-11 <u>C25</u> <u>C30</u>

1-12 <u>桩身材料强度</u> <u>地基的支承力</u>

1-13 <u>C20</u> <u>500mm</u> <u>150mm</u>

1-14 不小于

1-15 300

1-16 受冲切　受剪切　局部承压

1-17 12mm　200mm　6mm

1-18 600

1-19 中、低压缩性

1-20 承载力　桩身强度

1-21 整体稳定性

1-22 增大　降低

1-23 不超过平均值的30%

1-24 持力层　桩端进入持力层深度

1-25 水平力　上拔力

9.5.2 单项选择题解答

2-1	(A)	**2-2**	(B)	**2-3**	(D)	**2-4**	(C)	**2-5**	(B)
2-6	(A)	**2-7**	(C)	**2-8**	(B)	**2-9**	(D)	**2-10**	(A)
2-11	(C)	**2-12**	(D)	**2-13**	(B)	**2-14**	(A)	**2-15**	(D)
2-16	(C)	**2-17**	(D)	**2-18**	(B)	**2-19**	(B)	**2-20**	(A)
2-21	(A)	**2-22**	(C)	**2-23**	(B)	**2-24**	(B)	**2-25**	(A)
2-26	(A)								

9.5.3 多项选择题解答

3-1	(ABC)	**3-2**	(ABCD)	**3-3**	(ABCD)	**3-4**	(ABD)
3-5	(BCD)	**3-6**	(ABCD)	**3-7**	(ABD)	**3-8**	(BC)
3-9	(ABCD)	**3-10**	(AB)	**3-11**	(ABCD)	**3-12**	(AB)
3-13	(ABCD)	**3-14**	(ABD)	**3-15**	(BD)	**3-16**	(ABC)
3-17	(BCD)	**3-18**	(ABC)	**3-19**	(ABCD)	**3-20**	(CD)
3-21	(BCD)	**3-22**	(CD)	**3-23**	(BC)	**3-24**	(CD)
3-25	(CD)	**3-26**	(BC)	**3-27**	(ACD)	**3-28**	(ABCD)
3-29	(AD)	**3-30**	(ABCD)	**3-31**	(AC)	**3-32**	(ABCD)
3-33	(ABC)	**3-34**	(ABCD)	**3-35**	(AB)		

9.5.4 判断题解答

4-1	(×)	**4-2**	(×)	**4-3**	(√)	**4-4**	(×)	**4-5**	(×)
4-6	(√)	**4-7**	(×)	**4-8**	(√)	**4-9**	(×)	**4-10**	(√)

9.5.5 简答题解答

5-1【答】 常见的桩基础按施工工艺不同，可分为预制桩和灌注桩。

预制桩：在工厂或施工现场预先制作成型，然后运送到桩位，采用锤击、振动或静压的方法将桩沉至设计标高的桩型。优点：①预制桩的单位面积承载力较高，由于其属挤土桩，桩打入后其四周的土层被挤密，从而能提高地基承载力；②预制桩桩身质量易于保证和检查；③预制桩适用于水下施工；④桩身混凝土的密度大，抗腐蚀性能强；⑤预制桩因其打入桩的施工工序较灌注桩简单，施工工效也高。缺点：预制桩的配筋是根据搬运、吊装和压入桩时的应力设计的，远超过正常工作荷载的要求，用钢量大。接桩时，还需增加相关费用，所以预制桩单价较灌注桩高。锤击和振动法下沉的预制桩施工时，振动噪声大，影响四周环境；预制桩是挤土桩，施工时易引起四周地面隆起，有时还会引起已就位邻桩上浮；受起吊设备能力的限制，单节桩的长度不能过长，一般为10余米，长桩需接桩时，接头处形成薄弱环节，如不能确保全桩长的垂直度，则将降低桩的承载能力，甚至还会在打桩时出现断桩；不易穿透较厚的坚硬地层，当坚硬地层下仍存在需穿过的软弱层时，则需辅以其他施工措施，如采用预钻孔等。

灌注桩：在设计桩位用钻、冲或挖等方法先成孔，然后在孔中灌注混凝土成桩的桩型。优点：灌注桩不存在起吊和运输的问题，桩身钢筋可按使用期内力大小配筋或不配筋，用钢量较省；桩长可因地改变，没有接头。缺点：灌注桩施工桩身质量不易控制，容易出现断桩、缩颈、露筋和夹泥的现象；灌注桩桩身直径较大，孔底沉积物不易清除干净，因而单桩承载力变化较大。

5-2【答】 高承台桩基础由于承台位置较高或设在施工水位上，可避免或减少墩台的水下作业，施工较为方便，且更经济。但高承台桩基础刚度较小，在水平力作用下，由于承台及基桩露出地面的一段自由长度周围无土来共同承受水平外力，对基桩的受力情况较为不利，桩身内力和位移都将大于同样外力作用条件下的低承台桩基础；在稳定性方面低承台桩基础也比高承台桩基础好。

5-3【答】 单桩竖向承载力取决于桩本身的材料强度和土对桩的支撑力，取其小值作为单桩承载力的特征值。一般情况下，土对桩的支撑力小于桩身的材料强度，桩的承载力由土的强度和变形条件确定，如果土对桩的支撑力大于桩身的材料强度，则桩的承载力应根据桩身材料的最大承压强度计算。

5-4【答】 确定单桩水平承载力的方法，有现场静载荷试验和理论计算两大类。

5-5【答】 桩基础设计内容及步骤如下：

①选择桩的类型，确定桩长及桩的截面尺寸；

②确定单桩承载力特征值；

③确定桩数及桩的平面布置，包括承台的平面形状尺寸；

④确定群桩或单桩基础的承载力，必要时验算群桩地基强度和变形；

⑤桩身构造设计及强度计算；

⑥承台设计，包括构造和受弯、冲切、剪切计算；

⑦绘制桩基础施工图。

5-6【答】 桩身周围的土由于自重固结、自重湿陷、地面附加荷载等原因而产生大于桩身的沉降时，土对桩侧表面所产生的摩阻力向下，称为桩侧负摩阻力。

产生负摩阻力的情况有很多种：位于桩周的欠固结黏土或松散厚填土在重力作用下产生固结；大面积堆载或桩侧地面局部较大的长期荷载使桩周高压缩性土层压密；在正常固结或

弱超固结的软黏土地区，由于地下水位全面降低（例如长期抽取地下水），致使有效应力增加，因而引起大面积沉降；自重湿陷性黄土浸水后产生湿陷；打桩时已设置的邻桩抬升等。负摩阻力主要会引起下拉荷载，使桩身轴力增大、桩的承载力降低并使地基的沉降增大，所以在实际工程中应引起重视。

5-7【答】 桩侧负摩阻力的产生，使桩身轴力加大，而桩的竖向承载力减小，因此，负摩阻力的存在对桩基础是极为不利的。对可能出现负摩阻力的桩基，宜按下列原则设计：

①对于填土建筑场地，先填土并保证填土的密实度，待填土地面沉降基本稳定后成桩。

②对于地面大面积堆载的建筑物，采取预压等处理措施，减少堆载引起的地面沉降。

③对位于中性点以上的桩身进行处理（如在预制桩表面涂上一层沥青油），以减少负摩阻力。

④对于自重湿陷性黄土地基，采用强夯、挤密土桩等先行处理，消除上部或全部土层的自重湿陷性。

⑤采用其他有效而合理的措施。

5-8【答】 承台是上部结构与群桩之间相联系的结构部分，其作用是把各个单桩联系起来并与上部结构形成整体。

承台应进行抗冲切、抗剪及抗弯计算，并符合构造要求。当承台的混凝土强度等级低于柱或桩的混凝土强度等级时，尚应验算柱下或柱上承台的局部受压承载力。

5-9【答】 承台设计的构造要求主要有：①承台的最小厚度不应小于300mm；②承台的最小宽度不应小于500mm，边桩中心至承台边缘的距离不应小于桩的直径或边长，且桩的外边缘至承台边缘的距离不应小于150mm，对于墙下条形承台梁，桩的外边缘至承台梁边缘的距离不应小于75mm；③承台混凝土强度等级不宜小于C20，承台底面钢筋的混凝土保护层厚度，当有混凝土垫层时，不应小于50mm，无垫层时不应小于70mm，且不应小于桩头嵌入承台内的长度；④承台的配筋除应满足计算要求外，还应满足承台梁的纵向受力筋直径不应小于12mm，间距不应大于200mm，架立筋直径不宜小于10mm，箍筋直径不宜小于6mm。

5-10【答】 沉井在施工中应注意的问题主要有：突然下沉、发生偏斜、下沉过慢或停沉、出现流砂现象等。

如果产生倾斜，可采用除土、压重、顶部施加水平力或刃脚下支垫等方法处理。

5-11【答】 地下连续墙是采用专门的挖槽机械，在泥浆护壁的条件下，沿着深基础或地下建筑物的周边在地面下分段挖出一条深槽，待开挖至设计深度并清除沉淀下来的泥渣后，就地将加工好的钢筋笼吊放至槽内，用导管向槽内浇筑混凝土，形成一个单元槽段，然后在下一个单元槽段依此施工，两个槽段之间以各种特定的接头方式相互连接，从而形成地下的钢筋混凝土墙。

地下连续墙的优点是可以大量节约土方量、缩短工期、降低造价，施工时振动小、噪声低，不影响邻近建筑安全，具有较好的防渗性能。

9.5.6 计算题解答

6-1【解】 按《建筑桩基技术规范》(JGJ 94—2008) 经验参数法

查表：桩身穿过黏土层，$I_L=0.4$，$q_{sk}=80\text{kPa}$，淤泥 $q_{sk}=17\text{kPa}$，持力层中密粗砂，

$q_{pa}=9140\text{kPa}$，$q_{sa}=85\text{kPa}$，故

$$Q_{uk}=Q_{sk}+Q_{pk}=\mu_p\sum q_{ski}l_i+q_{pk}A_p$$
$$=9140\times0.35^2+0.35\times4\times(80\times1.5+17\times20.5+85\times1.0)$$
$$=1673.2\text{kN}$$

单桩竖向承载力特征值 $R_a=Q_{uk}/2=1673.2/2=837\text{kN}$。

6-2【解】 ①选取钢筋混凝土预制桩的截面边长为 300mm×300mm

②确定桩长 l

由题中所给地质条件资料情况，选取承台埋深 $d=1.5\text{m}$，选第三层可塑粉质黏土为桩端持力层。桩进入第三层的深度取至少 3 倍桩径即 3×0.3=0.9m，则桩长为：

$l=0.05+10+0.9=10.95\text{m}$，取 $l=11\text{m}$。

③确定单桩的竖向承载力特征值 R_a

由经验公式 $R_a=q_{pa}A_p+\mu_p\sum q_{sia}l_i$，得

单桩竖向承载力特征值为：

$$R_a=q_{pa}A_p+\mu_p\sum q_{sia}l_i$$
$$=970\times0.3^2+0.3\times4\times(10\times18+0.95\times30)=338\text{kN}$$

④确定桩数和合理布置桩位

初选桩数 $$n=1.1\frac{F_k}{R_a}=1.1\times\frac{2300}{338}=7.5$$

暂取 8 根，桩距 $s>3.5d=3.5\times0.3=1.05$

取 $s=1.3\text{m}$（纵向），$s=1.10$（横向）。布置方式如图 9-7 所示。

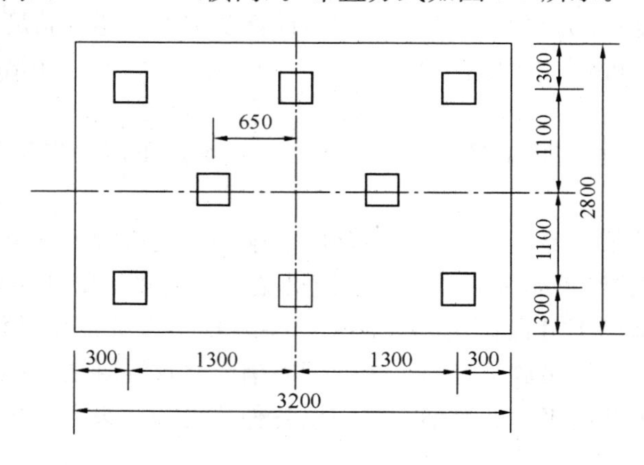

图 9-7　计算题 6-2 解答图

⑤验算群桩中单桩的受力

初步确定桩承台尺寸：2.8m×3.2m；承台高：1.5−0.5=1.0m，埋深 1.5m

承台及其上覆土重量为：

$$G_k=\gamma_G\times d\times2.8\times3.2=20\times1.5\times2.8\times3.2=268.8\text{kN}$$

则单桩受力的平均值为：

$$Q_k = \frac{F_k + G_k}{n} = \frac{2300 + 268.8}{8} = 321.1\text{kN} < R_a$$

单桩受力的最大、最小值为：

$$Q_{\substack{ik\max\\ik\min}} = \frac{F_k + G_k}{n} \pm \frac{M_{yk} \cdot x_{\max}}{\sum x_i^2}$$

$$= \frac{2300 + 20 \times 1.5 \times 2.8 \times 3.2}{8} \pm \frac{300 \times 1.3}{4 \times 1.3^2 + 2 \times 0.65^2}$$

$$= 321.1 \pm 51.28$$

$$= \begin{cases} 372.4\text{kN} < 1.2R_a (= 405.6\text{kN}) \\ 270\text{kN} > 0 \end{cases}$$

满足要求。

参考文献

[1] GB 50007—2011 建筑地基基础设计规范[S]. 北京：中国建筑工业出版社，2011.
[2] JGJ 94—2008 建筑桩基技术规范[S]. 北京：中国建筑工业出版社，2008.
[3] GB 50010—2010 混凝土结构设计规范[S]. 北京：中国建筑工业出版社，2010.
[4] GB 50011—2010 建筑抗震设计规范[S]. 北京：中国建筑工业出版社，2010.
[5] GB 50021—2001 岩土工程勘察规范[S]. 北京：中国建筑工业出版社，2002.
[6] GB/T 50123—1999 土工试验方法标准[S]. 北京：中国建筑工业出版社，1999.
[7] 杨太生. 地基与基础. 第 2 版[M]. 北京：中国建筑工业出版社，2007.
[8] 肖明和，等. 地基与基础[M]. 北京：北京大学出版社，2009.
[9] 卓玲. 地基基础工程[M]. 北京：中国建材工业出版社，2012.
[10] 陈宝璠. 土木工程材料. 第 2 版[M]. 北京：中国建材工业出版社，2012.
[11] 陈宝璠. 土木工程材料检测实训[M]. 北京：中国建材工业出版社，2009.
[12] 陈晓平，陈书申. 土力学与地基基础. 第 2 版[M]. 武汉：武汉理工大学出版社，2003.
[13] 陈希哲. 土力学地基基础. 第 4 版[M]. 北京：清华大学出版社，2008.
[14] 赵明华，余晓. 土力学与基础工程. 第 2 版[M]. 武汉：武汉理工大学出版社，2000.
[15] 丁梧秀. 地基与基础[M]. 郑州：郑州大学出版社，2006.
[16] 朱永祥. 地基与基础 . 第 2 版[M]. 武汉：武汉理工大学出版社，2004.
[17] 黄林青，等. 地基基础工程[M]. 北京：化学工业出版社，2003.
[18] 苏德利，等. 地基与基础 [M]. 大连：大连理工大学出版社，2010.
[19] 陈晋中. 土力学与地基基础[M]. 北京：机械工业出版社，2008.
[20] 叶观宝，等. 地基处理. 第 2 版[M]. 北京：中国建筑工业出版社，2009.
[21] 孔军 . 土力学与地基基础学习指导. 第 2 版[M]. 北京：中国电力出版社，2009.
[22] 璩继立，张鹏飞，李国际 . 土力学学习指导及典型习题解析[M]. 武汉：华中科技大学出版社，2009.
[23] 莫海鸿，杨小平，刘叔灼 . 土力学及基础工程学习辅导与习题精解[M]. 北京：中国建筑工业出版社，2006.
[24] 马虹 . 土力学及地基基础自学考试指导与题解[M]. 北京：中国建材工业出版社，2002.